KB272531

# 시간이 만든 건축:
## 서양 건축 재이용의 역사

시간이 만든 건축: 서양 건축 재이용의 역사
時がつくる建築：リノベーションの西洋建築史
© 加藤耕一, 2026

**초판 1쇄 펴낸날**  2026년 2월 25일
**지은이**  가토 고이치
**옮긴이**  권윤경
**펴낸이**  이상희
**펴낸곳**  도서출판 집
**디자인**  로컬앤드

**출판등록**  2013년 5월 7일 2013-000132호
**주소**  서울 종로구 사직로8길 15-2 4층
**전화**  02-5052-7013
**팩스**  02-5499-3049
**이메일**  zippub@naver.com

**ISBN**  979-11-88679-31-7 93540

- 잘못 만들어진 책은 바꿔드립니다.
- 책값은 뒤표지에 쓰여 있습니다.

# 시간이 만든 건축:

## 서양 건축 재이용의 역사

가토 고이치 지음
권윤경 옮김

집

# 차례

# 들어가는 말

## 건축은 대형 쓰레기가 아니다

이 책은 근대가 이제 막을 내리고 있으며, 우리가 근대라는 성장 시대와 다가올 미래 사이의 과도기에 있다는 전제에서 출발한다. 여기서 말하는 근대란 간단히 말하면, 성장 시대로서의 근대다.

거시적으로 보면, 지금은 성장 시대에서 축소 시대로 가는 역사적 전환기에 해당한다. 물론 아직 한창 성장기인 지역도 남아 있다. 그러나 선진국은 성장기를 끝내고 성숙기에 들어갔으며, '성장', '성숙'이라는 비유가 제시하듯, 성숙한 어른이 물리적으로 계속 성장하길 바라도, 발달하는 것은 허리둘레뿐이다.

축소 시대에 진입한 우리가 직면한 것은 인구 감소, 저출생·고령화, 축소 도시(shrinking city), 교외·지방 도시의 공동화, 빈집 문제 등이다.[1] 이것은 근대 건축이 직면했던 문제와는 정반대의 벡터라고 할 수 있다. 성장 시대에는 인구 폭발, 도시의 확산(sprawl)이 문제였으며, 두 번의 전쟁을 거친 후 전 세계에서는 주택 대량 공급이 문제였다. 모더니즘이라고 불리는 20세기 초반의 건축은 이런 문제를 해결하기 위해 등장했고, 20세기 후반이 되면 계속해서 성장해 나가는 도시에서 발생하는 문제를 얼마나 건축적으로 대응할 수 있을까가 큰 테마였다.

20세기의 건축 문제와 도시문제를 해결해 온 방법론을 아직 성장기인 지역에 도입하면 여전히 유효할지도 모른다. 그러나 일본은 어떨까. 20세기적인 방법론의 지속은 우리를 행복하게 해줄 것인가.

마찬가지로 성숙기에 있는 유럽과 일본을 비교했을 때, 일본인의 건축관은 지극히 이질적이다. 예를 들어 일본의 경우 35년짜리 주택담보대출 상환이 끝났

---

1 — 책을 집필하면서 이 문제를 다룬 책에서 큰 자극을 받았다. 松村秀一, 《建築―新しい仕事のかたち―箱の産業から場の産業へ》, 彰国社, 2013; 大野秀敏＋MPF, 《ファイバーシティ: 縮小の時代の都市像》, 東京大学出版会, 2016

을 때 주택은 상환한 총액만큼의 가치를 가지지 않는다. 지어진 지 35년 된 주택의 자산가치는 놀랄 정도로 낮다. 그 주택이 서 있는 토지를 매매하려고 하면 오래된 주택을 철거하는 비용이 들기 때문에 나대지로 만든 다음에 판매하는 편이 비싸게 팔린다. 주택은 거의 대형 쓰레기 취급이다. 일본 전국의 빈집 비율은 2000년 무렵을 경계로 10%를 넘어섰으며, 더욱 늘어나고 있다.[2] 빈집은 현재 성가신 대형 쓰레기 취급을 받고 있다.

그러나 유럽에서 주택에 대한 투자액과 자산액이 일치하는 경우도 많다. 즉 유럽에서는 오래된 주택은 대형 쓰레기가 아니다. 그뿐 아니라 투자액에 걸맞은 가치 있는 자산으로서 중고 주택이 부동산 시장에서 매매된다. 내가 유학생 시절에 파리에서 만난 부동산업자도 "파리의 아파트는 매입한 가격과 같은 가격에 판매됩니다"라고 말했다. 안타깝게도 그는 영업할 상대를 잘못 찾았지만…….

유럽 사람들과 일본 사람들의 중고 주택에 대한 감각 차이는 대체 어디에서 온 것일까. 일본인에게는 전통적, 문화적인 신축 신앙이 있어서 바뀔 수 없는 것일까. 확실히 일본에는 이세 신궁(伊勢神宮)이 있다. 20년마다 신축해서 새로운 신전으로 신을 모시는 식년천궁(式年遷宮)*으로 유명한 일본의 전통을 체현한 건축이다. 그러나 한편으로 일본에는 호류지(法隆寺)도 있다. 손상된 부자재를 교체하면서 1300년 이상 계속 그 자리에 서 있는 세계에서 가장 오래된 목조건축이다. 또 일본에는 와비사비(詫び寂び) 같은 오래된 것을 즐기는 문화적 전통도 있다. 일

---

2 — 현대 일본의 중고 주택시장이 직면한 문제에 대해서는 이하의 논고를 참조. 島原万丈, 〈日本の住宅市場の課題と成長可能性: なぜ今、リノベーションなのか?〉,《STOCK & RENOVATION 2014》, HOME'S 総研, 2014

• — 이세 신궁의 신궁에는 내궁에도 외궁에도 각각 동쪽과 서쪽에 같은 크기의 부지가 있으며, 식년천궁은 20년에 한 번 신사의 위치를 바꾸어 관례에 따라 신전을 비롯해 모든 것을 새롭게 하는 신궁 최대의 축제다.

   들어가는 말

본의 전통적인 목조건축이 서양의 전통적인 석조건축과 비교해 수명이 짧은 것처럼 보인다고 해도, 세계 최고(最古)의 목조건축을 보유한 자부심을 가져도 좋지 않을까.

이렇게 말하면, 호류지는 여러 해 동안 반복해서 부자재를 교환했으니까 1300년 전의 목재 따위 거의 남아 있지 않은 것은 아니냐는 심술궂은 반론이 들려오는 것 같다. 그러나 석조건축도 목조건축과 비교하면 적지만 갈라지거나 깨진 석재는 교체해서 수리하는 일이 많다. 목조와 석조의 차이는 정도의 문제이며 근본적인 차이가 아니다.

이 책은 이와 같은 일본인의 건축관, 가치관에 대한 도전이다. 오래된 것을 버리고 새로운 것을 추구하는 가치관은 20세기 일본 특유의 이상한 가치관이었던 것은 아닐까. 물론 새로운 것에 기쁨을 느끼는 마음은 일본인에 한정된 것은 아닐 것이다. 그러나 "우리 집은 오래되어서 부끄러워"라는 일본인의 감각과 오래된 주택이 부동산 업계에서 높은 가치로 거래되는 유럽 사람들의 감각 차이에서 볼 수 있는 것은 일본인의 무의식에 잠재된 신구(新旧)의 가치체계다. 즉 새로운 것이 선(善)이고, 오래된 것이 악(惡)이라는 전제가 있는 것은 아닐까.

그것은 아마도 많은 일본인이 공유하는 가치관일 것이다. 그리고 실제로 유럽에서 오래된 주택이 높은 가격에 거래된다는 것을 알면 분명 이렇게 말할 것이다. "일본의 건물과 유럽의 건물은 다르니까." 그러나 일본이 서양화되기 이전의, 유럽과는 다른 방식으로 만들었던 시대의 건축 즉 메이지 시대 이전의 목조건축은 이미 그 대부분이 문화재급이며, 여기서 논하는 부동산 매매의 대상은 아니다. 문제가 되는 것은 일본이 근대화되고, 서양의 건축을 배우게 된 후의 건물이다. 즉 문제가 되는 것은 건축 그 자체가 아니라 가치관이다. 그리고 그 가치관은 일본의 전통적인 가치관조차 아니다. 여기서는 그것을 '20세기적 가치관'이라고 부르려고 한다. 이 책의 목표는 '20세기적 가치관'에서 벗어나는 것이다.

## 리노베이션≒건축의 재이용

이 책의 중심 주제는 기존 건물의 재이용이다. 20세기 말 이후 경제가 침체되면서 일본에서도 '리노베이션(renovation)'이라는 말이 자주 들리게 되었다. 보통 사람들이 보면 아직 리노베이션은 업계 용어로 들릴지도 모르지만, 오래된 것을 손본다는 의미로 유럽에서 일반적으로 사용된다. 한편 일본의 건축계에서도 리노베이션은 이젠 완전히 보통명사가 되었다. 그러나 그런 건축의 세계에서도 리노베이션은 신축보다 낮은 위치에 있다고 여겨지는 것 같다. 즉 리노베이션은 최근의 경제 상황에 따라 유행한 틈새 산업 같은 존재다.

그런데 과연 정말로 그럴까. 이 책에서 제시하고 싶은 것은 건축의 역사에서 기존 건물의 재이용 역시 지극히 본질적인 건축행위라는 점, 그리고 스크랩 앤 빌드(scrap & build)의 신축주의를 리노베이션보다 상위로 보는 가치관이야말로 20세기적 건축관이 초래한, 다시 말해 겨우 한 세기의 유행이 만들어 낸 것이라는 가설이다. 앞으로 확인할 수 있겠지만, 서양 건축사에는 수많은 기존 건물 재이용 사례가 등장한다. 다만 재이용의 역사는 지금까지 거의 주목받지 못했다. 20세기적 가치관에서는 불필요한 논점이었기 때문이다. 지금까지의 건축사 연구는 건축가가 어떻게 새로운 건축을 창조했는지에 초점을 맞춰왔다. 그러나 실제 역사를 들여다보면 건축가들은 신축도 리노베이션도 모두 중요한 건축적 창조 행위로 여기고 그 능력을 발휘해 왔다. 건축은 신축이 전부가 아니다. 오래된 건물을 재이용하여 현대적인 건축으로 재탄생시키는 것은 건축의 또 다른 측면이다.

한편 일본의 건축에 대한 의식이 '목수와 건물'의 개념에서 서양처럼 '건축가와 건축 작품'으로 이행된 역사는 지극히 짧다. 그러나 그 이행은 철저했으며, 한 세기 동안 일본인은 '20세기적 건축관'을 공고히 구축했다. 일본인은 서양에서 기존 건물을 재이용해 온 역사를 거의 모른 채 일본이 지니고 있던 목조 건물을 재이용해 온 역사와도 단절되었다. 건축이라면 신축을 가리키며, 오래된 건물을 계속해서 사용하는 것을 부끄럽다고 느끼고 있다. 최근 오래된 건물을 매력적으로 재생한 사례가 늘어나고 있음에도, 그것을 일부 문화 현장에서 일어나는 특수한 사례에 지나지 않는다고 인식하며 우리 집과는 무관한 일이라고 느낀다. 여기서 다시 한번 "유럽과 일본은 다르니까"라는 감각이 등장한다. 이렇게 기존 개념에 갇혀, 그러면서 신축과 리폼(reform) 사이에 엄연한 하이어라키를 설정하는 것은 불행하지 않을까?

내 전공은 서양 건축사이며, 일본의 전통적인 재이용 역사에 관해 논할 수는 없다. 그러나 우선 서양 건축의 재이용 역사를 이해함으로써 '20세기적 건축관'에서 탈피하면 다음 단계로 나아갈 수 있지 않을까 기대를 안고 있다.

**일러두기**

원주는 번호로, 옮긴이 주는 • 로 표시했다.

# 1장

# 건축 시간론의 시도

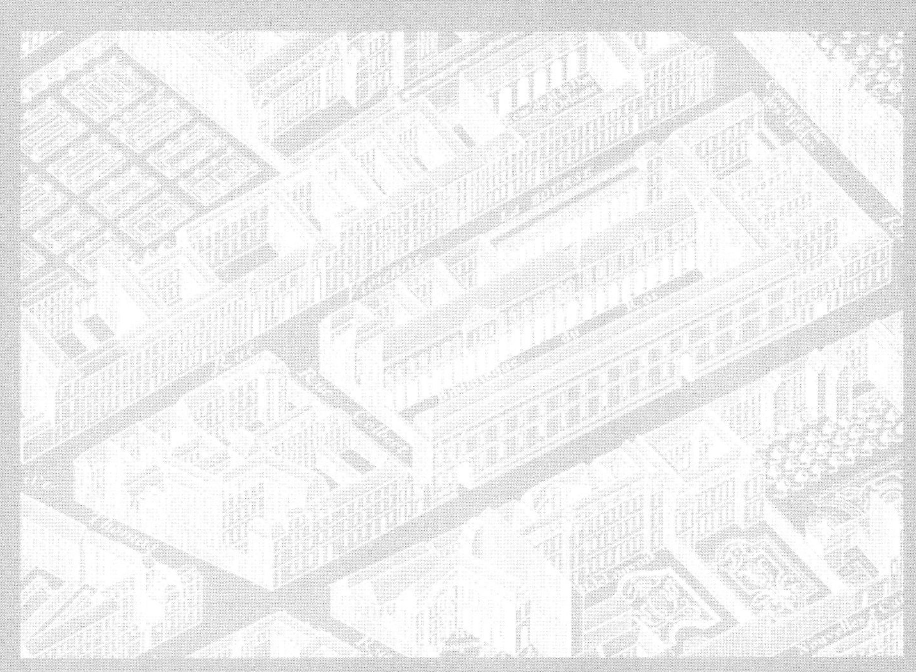

# 기존 건물에 대한 세 가지 태도

## 재개발, 수복·보존, 재이용

근대라는 성장 시대에서 축소 시대로의 역사적 전환점이 된 오늘날, 건축의 세계에서는 기존 스톡(stock)의 활용, 빈집 문제 등 20세기에는 생각하지 않았던 문제가 중요한 과제로 부상했다. 이 점은 역사적으로 보더라도 우리가 근대적인 건축관을 근본부터 바꿔야만 하는 시대에 직면해 있다는 것을 보여준다.

이 책의 주제는 건축의 시간론이다. '시간이 만든 건축'이라는 관점에서 건축의 역사를 다시 살펴봄으로써 건축에 대한 사람들의 가치관이 어떻게 변화해 왔는지를 밝히고 싶다. 이 문제에 접근하기 위해서 우선은 오래된 건물에 대한 태도를 재개발, 수복(修復)*·보존, 재이용의 세 가지로 나누는 것부터 시작해 보려고 한다(그림 1-1).

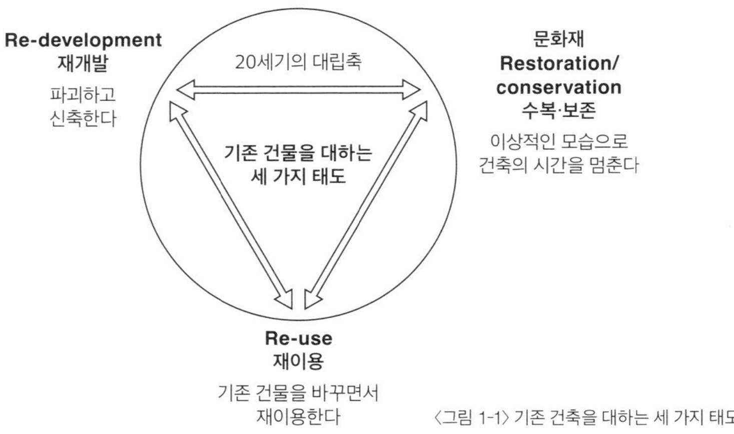


〈그림 1-1〉 기존 건축을 대하는 세 가지 태도

● — 일본어의 '수복(修復)'은 보통 한국어로는 '복원(復原/復元)'으로 번역된다. 그런데 일본에서는 이 복원이라는 말을 한자에 따라 나누어 쓴다. 복원(復原)은 원형으로 되돌리는 것을 의미하며, 복원(復元)은 존재하지 않게 된 것을 되돌리는 것이다. 수복은 이 두 가지를 모두 아우른다. 이 책에서는 일반적으로 복원이라고 한국어로 번역되는 수복을 원서 그대로 표기했다. 4장에서 복원의 두 개념을 구분하여 쓰고 있어서 혼동의 여지가 있기 때문이다.

　　19세기부터 20세기에 걸친 압도적인 성장 시대에는 재개발이 기존 건물에 대한 대략적인 태도였다. 오래되어 시대의 요청에 맞지 않아 사용하기 어렵다고 판단된 건물은 '파괴하고, 신축하는(scrap & build)' 방법으로 지워져 갔다. 재개발(re-development)이라는 방법은 계속된 개발, 계속된 성장을 추구하는 근대의 정신을 체현하고 있었다. 이런 현상을 지배하는 것은 말할 것도 없이 경제 원리다.

　　이러한 경제 원리 지상주의에 대항해서 역사적인 건축이 경제적 가치관의 거센 파도에 휩쓸려 물거품이 되어 사라지는 것을 막으려는 것이 보존이다. 보존은 재개발이 자신을 정당화하는 경제 원리에 대항하는 방편으로서 문화재라는 개념을 낳았다. 영어의 헤리티지(heritage), 프랑스어의 빠뜨리모앙(patrimoine) 등 문화재에 해당하는 말은 원래 세습재산, 상속재산, 유산 등을 의미하는 경제 용어다. 즉 역사적 건축은 인류가 선조 대대로 이어받은 유산이라는 경제 용어의 메타포를 사용함으로써 역사적 건축의 가치를 호소했다. 일본어의 '문화(文化)·재(財)'라는 용어는 그야말로 이것을 단적으로 표현한다. 이 '개발 vs 보존' 논리에서 보이는 것은 성장 시대(=근대)의 경제 원리, 그러니까 경제적 가치가 얼마나 절대적인 기준(criteria)이었는가 하는 사실이다. 보존은 '문화·재'라는 은유법적인 개념을 유일한 무기로 근대라는 개발의 불도저와 싸워왔다.

　　그러나 지금, 이 불도저의 기세에 그늘이 드리워지고 있다. 보존이 유리하게 싸움을 진행할 수 있는 시대가 점차 찾아올 것인가. 아무래도 그런 일은 벌어지지 않을 것 같다. 보존은 재개발의 안티테제이며, 표리일체의 관계다. 한쪽이 약해지면 다른 쪽도 약해질 수밖에 없다. 반면 재이용은 근대의 그늘과 반비례해서 기세를 더해 왔다. 리노베이션의 유행이라는, 20세기 말에 발단한 현상은 성장 시대에서 축소 시대로의 전환을 나타내는 지표가 되고 있다. 그뿐일까, 다른 어떤 분야보다도 앞서서 건축 분야만이 리노베이션에 의해 축소 시대의 이상적인 모습을 실천하고 있다고도 할 수 있다.

## 재개발과 재이용

여기서 재개발, 수복·보존, 재이용이라는 세 가지 건축행위에 대해 좀 더 엄밀하게 정의해 두자.

일반적으로 재개발이라고 말할 때, 그것은 도시적·면적(面的)인 개발을 동반한 대규모 프로젝트를 가리키는 경우가 많은데, 이 책에서는 하나의 건물, 아무리 한 채의 주택이라고 하더라도 '파괴하고, 신축'하는 행위는 '재개발' 행위로 간주한다. 옛날에는 재개발이라는 말에 '파괴와 신축'이라는 함의가 당연하게 인정되었다. 재개발, 그것은 파괴를 의미했다. 그러나 최근 경제 상황의 변화 속에서 기존 건물을 재이용해 현대적인 니즈(needs), 테크놀로지(technology), 디자인(design)으로 변경한 리노베이션 사례가 경제적인 성공을 거두게 되면서 이러한 사례도 도시 재개발의 새로운 수법으로 간주하게 되었다. 그러나 이 책에서는 이런 사례는 어디까지나 재이용에 의한 것이며 재개발과는 다른 것으로 파악한다. 즉 재개발을 통한 도시 '재활성화(revitalization)' 대신에 재이용을 선택하게 되었다는 사실이야말로 현대 건축 상황이 크게 변화했음을 말하는 것이며, 이러한 도시 재활성화 움직임의 새로운 경향을 재개발이라는 과거의 개념으로 부르는 것은 논의에 혼란을 가중할 뿐이라고 생각하기 때문이다.

2020년 도쿄 올림픽의 주 경기장 계획에서 자하 하디드가 설계한 신 국립 경기장 안이 큰 논의를 불러일으킨 것은 재개발과 재이용의 관점에서 보더라도 지극히 중요한 역사적 사건이었다. 이 책의 관점에서 보자면, 재개발(파괴하고, 신축한다)과 재이용(구 국립 경기장의 리노베이션)의 대결이라는 구도가 일시적이나마 출현했다는 점에서, 이 사건은 역사적 사건이었다고 할 수 있다. 50년 전의 도쿄 올림픽 주경기장으로 사용된 구 국립 경기장의 재개발 문제에서 문화재라는 관점에 의한 보존 운동이 아니라 오래된 경기장을 재이용하는 리노베이션 안이 제안되어 재개발 안과 싸울 뻔했다는 점은 '개발 vs 보존' 일변도였던 20세기와는 다른 시대의 시작으로서 역사에 자리매김하게 될 것이다. 재이용 안은 (소동이 있고 나서) 구 국립 경기장이 철거되면서 일찌감치 소멸하게 되었지만, "만약 기존의 경기장을 재이용했다면 다른 미래가 기다리고 있었을지도 모른다"는 가능성이 사람들의 마음속에 남게 된 사건이었다고 할 수 있다.

## 문화재와 재이용

수복·보존과 재이용의 개념에 대해서도 정리해 둘 필요가 있다. 역사적 건조물을 보존할 때도 문화재를 현대의 필요에 따라 얼마나 활용해야만 할 것인가는 중요한 과제다.[1] 그러나 이러한 문화재 활용 상황에서 문화재 건물을 변경한다(부분적으로 파괴하고, 고친다)는 개념은 본질적으로 논외다. 문화재 수복·보존 이념을 정립한 국제헌장인 〈베니스 헌장〉에는 다음과 같이 되어 있다.

> 기념물의 보전은 어떤 사회적으로 유용한 목적에 활용토록 함으로써 항상 쉬워진다.
> 그러므로 이런 이용은 바람직하지만, 건물의 설계나 꾸밈새를 바꾸어서는 안 된다.
> 기능의 변화에 따라 요구되는 변형은 한눈에 알아보게 해야 하며, 허용되는 것은
> 단지 이 한계 안에서다.[2]

문화재 보존이라는 사고방식의 근간에는 역사적 건축을 변경해서는 안 된다는 이념이 있다. 그것은 당연하다. 내버려 두면 소실돼버릴 위기에 처한 역사적 건축을 어떻게 지킬 것인가, 그것이 문화재 제도의 사명이었다. 문화재란 경제 원리 일변도로 윤리 의식 없이 행동하는 기업이나 시민의 건축행위를 행정적으로 규제하는 장치였다. 최근에는 확실히 이 규제를 완화하는 제도도 생기고 있다. 그러나 그것은 어디까지 완화이며, 전제는 '변경하지 말 것'이라는 이념이다.

이 책에서는 이 문화재의 사고방식과 대치시키기 위해서 기존 건축의 변경

---

1 — 일본의 문화재 보존과 활용에 대해 폭넓은 관점에서 세세하게 논한 것으로서는 이하를 참조. 後藤治＋オフィスビル総合研究所,《都市の記憶を失う前に: 建築保存待ったなし!》, 白揚社新書, 2008

2 — イコモス,〈記念建造物および遺跡の保全と修復のための国際憲章 (ヴェニス憲章)〉第五条,《新建築学大系五〇 歴史的建造物の保存》, 彰国社, 1999, p.92

을 필연적으로 동반한 것으로서 재이용을 정의하고 싶다. 정도의 차이야 있겠지만 기존 건물을 재이용할 때 기존 건물의 일부는 남기고 일부는 새로운 것으로 변경한다. 현대의 리노베이션이나 컨버전(conversion)은 변경을 전제로 한다는 점에서 재이용에 포함되기 때문이다.

왜 일부러 이처럼 구분하냐면, 현대 도시의 재활성화 시도 속에서 재개발과 재이용이 겹치듯, 현대사회에 남아 있는 역사적 건축을 어떻게 계승해 갈 것인가의 시도 속에서도 보존과 재이용은 겹치기 때문이다. 예를 들면 영어권에서 건물의 전용(adaptive reuse)이라고 부르는 건축행위는 역사적 건조물을 현대사회에 잘 적응시킴으로써 그 역사적 계승과 경제적 성공이라는 양립이 목적이며, 양자의 경계를 의도적으로 애매하게 만드는 개념이라고 할 수 있다.

## 재이용의 역사성

그러나 일본에서는(그리고 실은 유럽 여러 나라에서도), 보존과 재이용 사이의 골이 아직 깊다. 보존의 대상이 되는 것이 문화재급의 유명 건축인 반면 리노베이션의 대상이 되는 것은 어디에나 있을 법한 주택이나 단지, 창고나 업무용 빌딩 등이라는 인상이 지배적이다. 또 "문화재급의 유명 건축이니까"라며 보존 운동이 일어난 건물은 최종적으로 파사드처럼 아주 일부만 보존하고 대대적으로 개수(改修)되는 사례가 있다. 이것은 결과적으로는 재이용 사례라고 할 수 있을지도 모르지만, 보존적인 측면에서 보면 파사드 중심주의(Façadism) 등으로 비판받으며, 타협의 산물 혹은 보존의 실패로 일컬어질지도 모른다. 보존과 재이용을 잇는 회로는 아직 보이지 않고, 양쪽의 주장은 좀처럼 일치되지 않은 모양새다.

또 가타카나로 '리노베이션'을 표기하면,' 일시적인 유행으로 치부하는 사람이 있을지도 모른다. 일본의 리노베이션은 1990년대 후반에 그 싹이 나타나, 2000년대 중반에 폭발적인 확산을 보이게 되었다. 일본의 리노베이션 역사는 아직 짧다.

그러나 리노베이션 즉 기존 구조물의 재이용·전용이라는 건축행위는 근대라는 놀랄 만한 성장 시대를 제외하면 건축의 역사 속에서 당연하게 반복되어 온, 오히려 본질적인 건축행위였다. 건축사 연구 분야의 예를 들면, 스폴리아(spo-lia)**라고 불리는 부자재의 전용·재이용에 관한 관심이 최근 계속해서 높아지고 있다.[1] 이 책에서도 건축 부자재부터 구조물 전체까지 넓은 범위에서 건축물을 대상으로 한 재이용에 주목하는데, 역사를 들여다보면 실은 놀라울 정도로 재이용 사례가 많다는 것을 알아챌 수 있다.

그러나 근대의 건축관은 그 사실을 교묘하게 감추고 마치 모든 건축에 부지(나대지)가 주어지고, 거기로부터 무에서 유를 설계해 온 것처럼 건축의 역사를 이야기해 왔다. 건축설계에서 그 장소의 역사적 문맥, 환경적 문맥을 중시해야 한다고 여겨 온 맥락주의(contextualism)조차 부지의 역사나 부지의 주변 조건에는 신경을 써도, 부지라는 입각점 그 자체는 흔들리지 않았다. "부지부터 생각한다"는 것이 설계의 시작 지점이라는 것이 건축 교육의 기본이며, 실은 부지가 생기기 전에 거기에 건물이 있었던 것, 기존 건물이 파괴되고 나대지가 되었다는 '에피소드 제토(episode zero)'에는 거의 관심을 두지 않았다.[2]

## 16세기와 19세기 건축관의 변화

도시 재개발이라는 현상은 16세기 이후 서유럽에서 눈에 띄게 등장한다. 중세에 고밀도로 건설된 도시주택이 파괴되고 새로운 직선도로나 광장 등 '바로크적' 요

---

• — 일반적으로 외래어는 가타카나로 표기한다.

•• — 스폴리아는 약탈품, 전리품을 뜻한다. 2장에서 자세히 다룬다.

1 — "스폴리아가 뜨겁다. 최근 20년에서 30년 사이에 컨퍼런스, 세미나, 출판물이 폭발적으로 증가하여, 지금까지 알려지지 않았던 고대의 사례에 주목하고 있다." (Dale Kinney, "The Concept of Spolia", Conrad Rudolph(ed.), *A Companion to Medieval Art*, Willey-Blackwell, 2010, p.233) 또 이하에는 최근 스폴리아 연구의 전개가 정리되어 있다. (伊藤喜彦, 〈再利用·再解釈·再構成されるローマ: コルドバ大モスクにおける円柱〉, 《西洋中世研究》第七号, 2015, pp.75~78)

2 — '토지의 역사'라는 관점에서 이 문제에 접근한 저작으로, 스즈키 히로유키(鈴木博之)의 《도쿄의 지령(東京の地霊)》(1990)을 잊어서는 안 된다. 메이지 유신 이래 수도 변모의 역사에서 '미증유의 변모'를 이뤄내고 있던 토지의 역사를 논한 저자가 '시간 속의 부지'를 논한 것은 그야말로 '근대'라는 시대의 집대성이었다. 이 책에서는 탈근대적인 관점에서 시간 속에서 변모하는 건축을 논하고자 한다.

　　　　1장. 건축 시간론의 시도

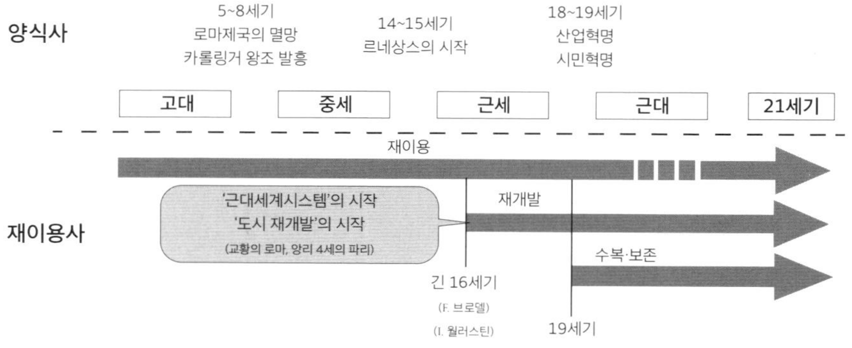


〈그림 1-2〉 세 가지 태도와 그 역사적 틀

소가 도시 곳곳에 퍼졌다. 이러한 파괴를 동반한 개발에 대해 문화유산이라는 관점에서 보존이라는 개념이 등장하는 것은 겨우 19세기가 되어서부터다. 즉 '재개발 vs 보존'의 대립은 16세기에 시작된 기존 건물에 대한 태도와 19세기에 시작된 기존 건물에 대한 태도의 대립축이었던 것이다.

이 책에서 또 하나 중요하게 전제하는 것은 이러한 역사적 틀이다. 기존 건물에 대한 세 가지 태도라는 관점으로 건축의 역사를 봤을 때, 16세기와 19세기에 매우 큰 전환점이 있었던 것은 아닌가 하는 가설이다. 16세기 이전에도 물론 신축은 다수 존재했지만 기존 건물이 거기에 있으면 그것을 재이용하는 것이 당연한 일이었다. 그러나 16세기가 되면 기존 건물이 아무리 유서 깊더라도 혹은 아직 사용할 수 있는 튼튼한 건물이라도 그것을 철거하고 신축하는 재개발적 건축관이 등장한다. 재개발적 건축관은 원래 직선도로나 광장의 건설 등 도시의 정비, 도시의 미관을 만들어 낸다는 관점에서 진행되었다. 그리고 도로변에 통일된 디자인의 신축 건물이 늘어서게 되자 어울리지 않는 건물이나 굽어서 앞을 한눈에 내다볼 수 없는 길, 밀집된 시가지 등 이전 시대의 건축과 도시의 모습은 야만이며, '악취미'로 간주되었다.

그러면서도 16세기의 새로운 가치관 즉 재개발적 건축관이 재이용적 건축관을 지우는 일은 없었다. 재이용적 가치관을 내버린 것은 19세기의 수복·보존의

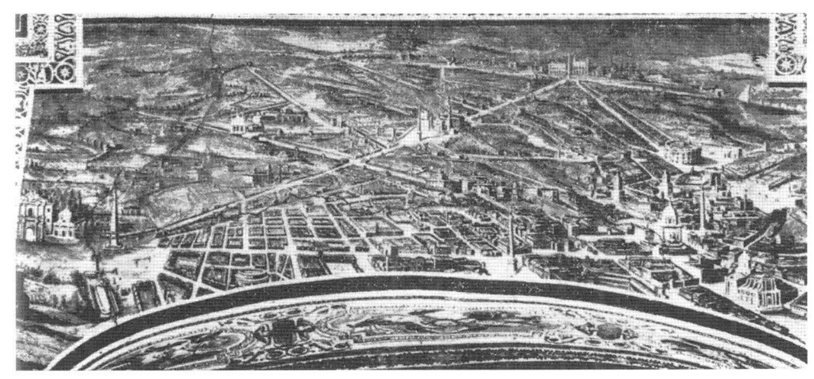

〈그림 1-3〉 교황 식스투스 5세에 의한 로마 도시계획 (바티칸 궁전 도서관, 시스티나 예배당의 프레스코화)

가치관이었다고 생각된다. 〈그림 1-2〉가 제시하는 것은 재이용의 시대가 고대부터 19세기 초반까지 계속되었다는 점, 거기에 16세기부터 시작된 재개발과 19세기부터 시작된 수복·보존이 단계적으로 더해져 20세기에는 재개발과 수복·보존이라는 두 가지 방법이 주류가 되었다는 점이다. 그리고 다시 재이용에 관한 관심이 높아지면서 기존 건물에 대한 태도가 삼파전 관계가 되었다. 이들 세 가지 태도는 각각 역사상 다른 단계에서 상이한 건축관 아래 탄생했다는 점이 중요하다. 재이용과 보존이 기존 건물을 (부분적으로라도) 남기는 방향을 취했음에도, 양자의 논의가 서로 일치하지 않는 것처럼 보이는 것은 두 개의 가치관이 본질적으로 상이한 시대에 속한 것이기 때문이다.

### '긴 16세기'와 재개발의 시작

건축의 역사를 양식으로 분류하지 않고, 기존 건물에 대한 태도라는 관점에서 읽어내려는 이 책의 틀이 무모한 시도로 보일지도 모른다. 19세기에 수복·보존이 시작된 것은 수긍할 수 있어도 16세기에 재개발이 시작되었다는 전제는 납득되지 않을 수도 있다. 이 주장의 배경은 페르낭 브로델(Fernand Braudel)이 말하는 '긴 16세기(1450년 무렵부터 1650년 무렵까지의 약 200년)'와 이매뉴얼 월러스틴(Immanuel Wallerstein)의 '근대 시스템의 시작'이라는 관점이다. 브로델이나 월러스틴이 논했듯 자본주

    1장. 건축 시간론의 시도

의적 근대의 뿌리가 16세기 서유럽에 있다면, 건축에서의 '근대 시스템'의 뿌리를 16세기에 시작된 도시 재개발에서 발견하려는 것이 이 책의 시도다.

　과연 16세기에는 어떤 가치관의 전환이 일어났던 것일까. 16세기에는 교황들이 로마라는 역사적 도시에 몇몇 직선도로를 개통했다. 그중에서도 교황 식스투스 5세(재위 1585~1590)의 도시계획은 잘 알려져 있다(그림 1-3). 또 '긴 16세기' 말기에는 프랑스 국왕 앙리 4세(재위 1589~1610)가 파리에서 국왕 광장[현재의 보쥬 광장(Place des Vosges), 1604]과 도핀 광장(Place Dauphine, 1607) 건설을 시작했다. 바로크적 도시계획의 시작으로 잘 알려진 사례들이지만 이들 현상을 바로크라는 양식의 변천으로 보기보다는 재개발의 시작이라는 즉 과거와의 단절의 측면에서 이해해야만 한다.

# 점의 건축사에서 선의 건축사로

## 양식이란 무엇인가

서양 건축사라고 말하면 고딕, 르네상스, 바로크처럼 건축양식으로 이야기하는 것이 일반적이다. 한 시대에 지어진 건물은 시대의 양식과 결부되어 그 특징이 설명된다. 관광 안내서나 TV의 관광 프로그램에서 '고딕의 대표작'이라든지 '르네상스의 걸작' 등으로 소개되는 것을 자주 볼 수 있다.

양식에 따라 역사상의 건축을 구분하는 방법은 실은 잘 만들어진 방법이고, 양식이라는 묶음으로 살펴보면 유럽 도시에 서 있는 다양한 건물이 각각 언제쯤 만들어졌는지, 그 형태의 특징을 통해 대강 이해할 수 있다. 예를 들어, 위쪽이 뾰족한 아치는 첨두(尖頭)아치라고 불리며, 고딕 양식의 특징이다. 고딕 양식은 12세기에 프랑스에서 탄생하여 15세기까지 유럽 전역으로 확산하여 갔다. 더 자세히 살펴보면 프랑스 고딕 건축 중에서도 장미창이라고 불리는 원형 창 안에 방사상으로 퍼진 직선적인 장식 요소가 강조되어 있으면 그것은 레이요낭(rayonnant, 방사식) 고딕이라고 불리며 대개 13세기부터 14세기 무렵에 건설되었을 것으로 추정할 수 있다. 하나하나의 장식적 요소가 한층 화려해지고 첨두아치가 불꽃 같은 S자 곡선을 그리게 되면 그것은 플람부아양(flamboyant, 화염식) 고딕이며 14세기부터 15세기 무렵에 건설되었을 것이라고 식별할 수 있다.

그러나 이러한 양식을 그 시대의 건설자들이 의식했던 것은 아니다. 레이요낭도 플람부아양도, 고딕 양식이라는 명칭마저도 후대에 붙여진 것이다. 양식이란 건축의 본질적 특징이 아니라 18세기부터 19세기에 걸쳐 건축사가나 미술사가들이 시대별 특징적인 형태를 분류하고 정리해서 만들어 낸 연구 방법에 지나지 않는다. '고딕 양식'이라는 말은 16세기에 등장한 것이지만, 그것마저도 동시대 사람들이 그렇게 부른 것이 아니었고 원래는 중세 건축 모두를 고딕이라고 불렀던 것 같다. 그러나 19세기가 되어 건축사·미술사적 연구가 진행되자 반원(半円)

아치가 특징적인 중세 전반기의 건축양식과 첨두아치가 특징적인 중세 후반의 건축양식을 엄밀하게 분류하려는 관점이 생겨났다.

중세 전기의 반원 아치는 형태로서는 오히려 고대 로마에 가까워서 양식이라는 방법론으로는 고딕과 구별해야만 했다. 1818년 프랑스인 고고학자 샤를 드 제르빌(Charles de Gerville)이 가장 먼저 이 양식에 이름을 붙였던 것 같다.[1] 이때 명명된 로마네스크 예술은 프랑스어로는 "l'art roman"이라고 표기된다. 덧붙여서 고대 로마의 예술은 "l'art romain"이며, i가 들어가는지 안 들어가는지의 차이만 나서 헷갈리기 쉽다. 다음 해인 1819년이 되면 영국 성직자인 윌리엄 건(William Gunn)이 명명한 "로마네스크(Romanesque)"라는 호칭이 등장해서[2] 로마 그 자체가 아니라 로마풍이라고 명명되어 겨우 쉽게 이해할 수 있게 되었다.

## 시간과 형태라는 두 가지 지표

이렇듯 건축양식이 반드시 건축의 본질은 아니다. 주로 19세기 사람들이 과거의 건축을 정리·분류하여 학습하기 위해 만들어 낸 하나의 방법에 지나지 않는다. 건축을 시간축 위에 연대순으로 세워놓고 그것을 형태의 특징으로 분류한 것이 양식이며, 형태가 시간을 나타내는 지표가 된다. 19세기의 건축가들은 이 방법론을 응용한 다양한 특징적인 형태를 구사함으로써 과거의 시간을 표현했다. 19세기에는 고대 그리스를 표현한 건축, 중세를 표현한 건축 등 다양한 시대의 특징을 띤 건축이 복고주의(revivalism)의 이름 아래 새로운 모습으로 등장하게 된다.

결국 양식이란 건축을 역사적으로 카탈로그화하기 위한 수단에 지나지 않는다. 그리고 양식은 '형태'와 '시간'이라는 두 개의 지표에 따라 정리되기 때문에 건축 연도(준공 연도)가 필요 이상으로 중시되었다. 예를 들어, 이 책 2장에서 다루는 파리 교외의 생드니 대수도원(L'abbaye de Saint-Denis)은 8세기에 건축된 건물 일부

---


1 — Lucien Musset, *Normandie Romane: La Basse Normandie*, Zodiaque, 1967, p.19

2 — William Gunn, *An Inquiry into the Origin and Influence of Gothic Architecture*, R. and A. Taylor, 1819, pp.6, 80

가 12세기에 개축되었고, 13세기가 되면 더욱 큰 폭의 개축을 통해 8세기에 건축된 부분은 지하의 기초 부분을 제외하면 거의 소실되었다. 역사상의 건축은 이처럼 긴 시간 속에서 개축을 반복하여 그 모습을 변화시키면서 계속 살아남은 것이 많다. 그러나 생드니의 경우, 12세기 중반의 대수도원장 쉬제르(Suger)가 지휘한 교회당 동편 개축을 중시하여 건축사 카탈로그의 12세기 페이지에 배치하는 것이 일반적이다. 왜냐하면 이 개축이야말로 고딕 양식의 탄생을 알려주는, 양식사에서 중요한 순간이기 때문이다.

**지속되는 시간과 건축**

오랫동안 지속되는 시간[브로델에 따르면 장기 지속(longue durée)] 속에서 계속 변화하는 건축을 어떤 순간만으로 평가하는 관점을 '점의 건축사'라고 불러보자. 지속되는 변화 속에서 생드니의 경우처럼 새로운 양식이 탄생하는 중요한 순간이 있기 마련이다. 그러나 '점의 건축사'는 근대적 건축관을 짙게 반영할 위험을 내포하고 있다. 역사 속 건축을 준공 연도로 카탈로그화함으로써 마치 모든 건축이 아무것도 없던 '빈 땅'에서 제로부터 만들어진 재개발이었던 것 같은 착각을 불러일으킨다는 점에 그 위험성이 있다. 그 착각은 '선의 건축사' 속의 한 하이라이트에 지나지 않았던 순간에 오리지널이라는 환상을 부여할 여지가 있다. 오리지널을 과대하게 평가하려는 보존주의나 복원주의(復原主義)는 결국 재개발주의적인 가치관에 물들어 있다고 할 수 있지 않을까. '선의 건축사'는 시간을 되감아서 건축을 어떤 한순간의 모습으로 되돌리려고 하는 복원(復原)이나 시간을 되감지는 않더라도 그 시간을 멈추려고 하는 보존이라는 행위의 특이성을 강조하게 된다.

　역사적 건축에 경의를 표하는 태도는 근대의 문화재적 가치관에만 있는 것이 아니다. 재이용의 반복에서 우리는 건축에 새겨진 역사의 중층성을 읽을 수 있다. 긴 시간을 살아낸 건축은 과거 파편의 조합으로 이루어진 건축 공간을 가지고 있다. 그것은 어떤 순간만을 건축의 가치로 여기는 태도와는 달리 지속적인 시간의 흐름 전체를 평가하는 가치관이라고 할 수 있다. 그러한 관점에서 '선의 건축사'의 사례연구로서 옛 프랑스 국립도서관의 역사를 소개한다.

## 프랑스 국립도서관의 역사[1]

루이 13세의 재상이었던 추기경 리슐리외
의 저택인 팔레 카르디날[Palais-Cardinal, 현재의 팔
레 루아얄(Palais-Royal)]의 북쪽 쁘띠 셩 거리(Rue
des petits champs)와 비비엔 거리(Rue Vivienne)의 모
퉁이에 왕의 재무총감 샤를 뒤레 드 셰브리
(Charles Duret de Chevry)가 건축가인 장 틸리오(Jean
Thiriot)에게 의뢰하여 저택을 건설했다. 1635년
루이 13세 때의 일이었다. 1641년에는 회계검
사원의 총재 자크 뒤브레가 이 저택을 매입
하였고, 이후 이 건물은 뒤브레관이라고 불
리게 된다(그림 1-4). 1643년이 되면 리슐리외
의 뒤를 이은 추기경 마자랭이 저택을 임대하
고 1649년에는 마자랭의 소유가 된다. 마자랭

〈그림 1-4〉 구 뒤브레관(장 틸리오 설계, 1635)

〈그림 1-5〉 망사르가 증축한 부분(1649년 이후),
2층 내부가 갤러리 망사르

은 건축가 프랑수와 망사르(François Mansart)에게 저택의 증축을 의뢰하였고 망사르
는 저택 북서쪽에서 북쪽으로 뻗은 좁고 긴 건물을 설계했다. 그 외관은 틸리오
가 설계한 뒤브레관과 통일감을 주기 위해 루이 13세 양식으로 정리되었으며 코
너와 창 주변에는 하얀 마름돌, 벽면에는 벽돌이 사용되었다(그림 1-5). 그중에서도
2층 부분은 '갤러리 망사르(Galerie Mansart)'로 알려진 아름답게 장식된 호사스러운
공간이 되었다.

이 저택은 1719년에는 인도 회사의 손에 넘어가는데, 그 무렵 이 구획에 왕
립 도서관을 설립할 계획이 세워졌다. 1719년에 왕립 도서관 사서로 임명된 장

1 — 이 사례연구는 시라토리 요코(白鳥洋子) 씨로부터 시사점을 얻었다. 감사의 말을 드린다.

폴 비뇽(Jean-Paul Bignon)이 왕가의 사본 컬렉션을 정리하기 시작했고, 1721년에는 막대한 자료를 이 구획의 서쪽 건물로 이동시킨다.[2] 현재의 프랑스 국립도서관에는 당시의 왕립 도서관 건설 계획도면이 보관되어 있으며, 최초로 그려진 기존 건물의 개수 계획도면은 1717년의 것이다.

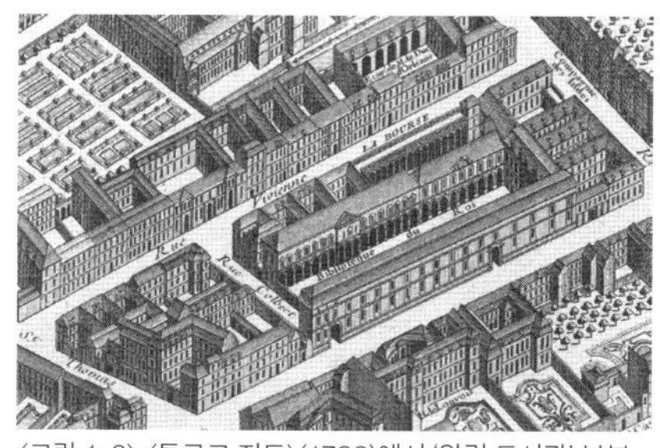

〈그림 1-6〉〈투르고 지도〉(1739)에서 '왕립 도서관' 부분

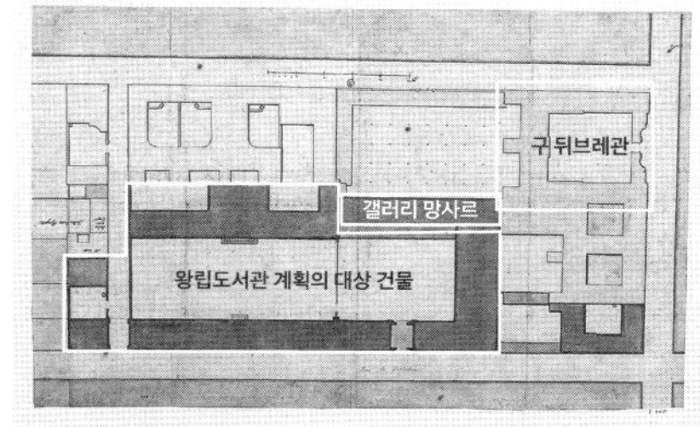


〈그림 1-7〉〈왕립도서관 제4계획도〉(1734) '지구 내 건물군'에 가필

1734년부터 39년에 걸쳐 작성된 저명한 파리 시가지 지도인 〈투르고 지도(Plan de Turgot)〉에서 당시 건물의 상황을 살펴볼 수 있다. 〈그림 1-6〉의 중앙에 있는 긴 구획이 그것이며, 구획 내의 남북으로 달리는 중정 공간에 "국왕의 서재(Bibliothèque du roi)"라고 쓰여 있다(이 지도에서는 오른쪽 의가 남쪽). 또 구획의 남동쪽 구석에 "인도 회사(Compagnie des Indes)"라고 쓰인 ㄷ자 모양의 저택 부분이 인도 회사인 구 뒤브레관이다. 〈그림 1-7〉은 프랑스 국립도서관이 소장한 일련의 건축 도면 중 하나로 1734년의 이 구획의 전체 형태를 알 수 있다(오른쪽이 남쪽).

일련의 계획도면 전체를 훑어보면 1717년부터 1740년까지 몇몇 안을 포함해 제1안부터 제7안까지 계획도면이 그려져 있음을 알 수 있다. 이 중 1740년에 그려진 제7계획도만 갤러리 망사르를 파괴하고 구획을 동서 전체로 사용하는 대담한 재개발 계획인데, 기존 건물을 크게 변화시키지 않는 계획이 많다. 예를 들면 〈그림 1-7〉의 제4계획도에는 갤러리 망사르와 구 뒤브레관이 그려져 있다. 제7안은

2 —    Bruno Blasselle et Jacqueline Melet-Sanson, *La Bibliothèque nationale de France*, Gallimard, 1990, pp.27~28



1장. 건축 시간론의 시도

파괴를, 그 이외의 안은 보존을 선택한 것처럼 보이는데, 인도 회사가 1769년까지 뒤브레관과 갤러리 망사르를 사용했다는 점을 감안하면, 그 역사적 가치 때문에 보존한다는 판단이 작용한 것이 아니라 단순히 소유관계로 인해 이 부분을 개축할 수 없었다고 생각되며, 1740년의 제7안은 애당초 실현 불가능한 계획이었다고 할 수 있다.

## 에티엔 루이 블레의 왕립 도서관 계획

1785년이 되면, 신고전주의 시대의 '환시(幻視)의 건축가' 에티엔 루이 블레(Etienne Louis Boullée)가 이 이야기에 등장한다. 그의 왕립 도서관 내부 투시도(그림 1-8)는 건축을 배우는 사람이라면 모르는 사람이 없는 유명한 작품인데, 그가 그린 것은 이 환상적인 공간만이 아니었다. 그는 18세기 초반의 일련의 계획도와 마찬가지로 기존 건물을 꼼꼼하게 평면도로 옮겼으며(거기에는 갤러리 망사르도 포함되어 있다), 기존 건물군으로 둘러싸인 중정 공간이야말로 그가 선택한 '부지'였다(그림 1-9).

지금까지의 건축사에서 이러한 사실은 거의 무시되었던 것 같다. 그의 투시도에 그려진 공간이 얼마나 고대 로마적인 장대함을 가졌는지는 반복해서 강조되었지만, 그의 디자인이 기존 건물의 중정에 추가된 리노베이션이었다는 사실은 그다지 거론되지 않았다. 건축사가인 에밀 카우프만(Emil Kaufmann)이 1952년의 저작 《세 명의 혁명적 건축가(Three Revolutionary Architects: Boullée, Ledoux, and Lequeu)》에서 강조하는, 블레의 건축 공간이 지닌 '엄격함과 냉철함'이나 '폭발적인 긴장감' 등 건축 공간이나 건축 의장의 관점에서 신고전주의(이성의 시대) 건축'을 논할 뿐 아니라 재이용이라는 관점에서 이 투시도를 봄으로써 카우프만의 이야기에서 벗어날 수 있을지도 모른다.

블레가 '혁명적 건축가'라고 부르기에 적합한 재능을 가진 사람이었다는 것

---

1 ― エミール・カウフマン, 《三人の革命的建築家: ブレ、ルドゥー、ルク》, 白井秀和訳, 中央公論美術出版, 1994, p.129(원저는 1952년에 출판)

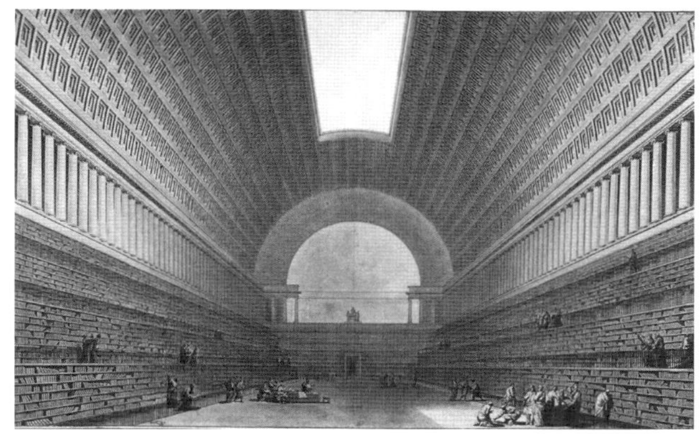

<그림 1-8> 에티엔 루이 블레, 왕립 도서관 계획의 내부 투시도(1785~88)

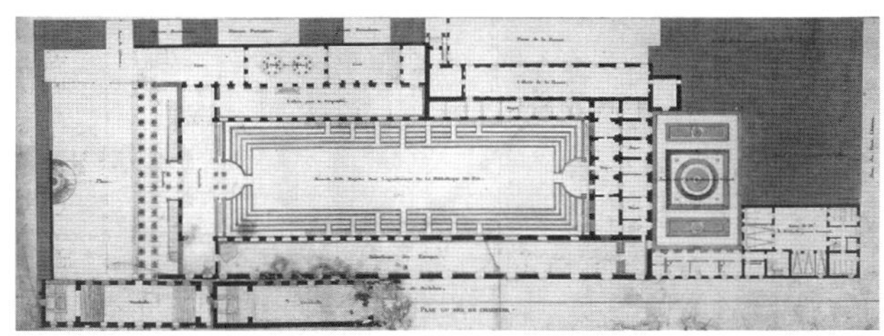

<그림 1-9> 에티엔 루이 블레, 왕립 도서관 계획의 평면도(1785~88)

은 의심할 여지가 없었다고 해도 그가 이 장대한 도서관의 살롱을 설계할 때, 기존 건물의 도면을 꼼꼼하게 검토하면서 어떤 벽을 남기고 어떤 개구부를 막고 어떤 벽을 신축할 것인가 결정하면서 이 장대한 도서관 공간을 설계했는지에 조금 더 관심을 줄 필요가 있다. 리노베이션이란 결코 소극적인 행위가 아니다. 이 정도까지 장대한 제안이 재이용에서도 등장할 수 있다는 사실을 조명하는 것이 현대 건축사학의 역할이 아닐까.

## 앙리 라브루스트의 철제 돔 열람실

결국 블레의 제안은 실현되지 않은 것 아니냐는 반론이 있을지도 모른다. 이에 대답하기 위해서 이 건물 이야기를 계속해 보자. 프랑스 혁명의 혼란을 넘어서 1840년대에는 다시 이 도서관 건축 프로젝트가 움직이기 시작했는데, 건축가 루



1장. 건축 시간론의 시도

이 비스콘티(Louis Visconti)가 기존 건물의 도면을 신중하게 그려냈다. 이어 1850년대 말 앙리 라브루스트(Henri Labrouste)가 프로젝트[1]를 맡았을 때도 처음으로 착수한 것은 기존 건물 도면을 그리는 일이었다(그림 1-10). 라브루스트가 그린 평면도와 비스콘티가 그린 평면도를 비교하면 비스콘티가 새롭게 설계한 정원 쪽 문을 제외하면 당연하지만 두 개의 도면은 거의 동일하다. 이 정도로 정밀한 도면을 또다시 작성한 것이 쓸데없는 일처럼 생각되기도 하지만, 이 프로젝트가 리노베이션이었던 이상, 라브루스트는 기존 건물을 이해하는 데에서 시작해야만 했다.

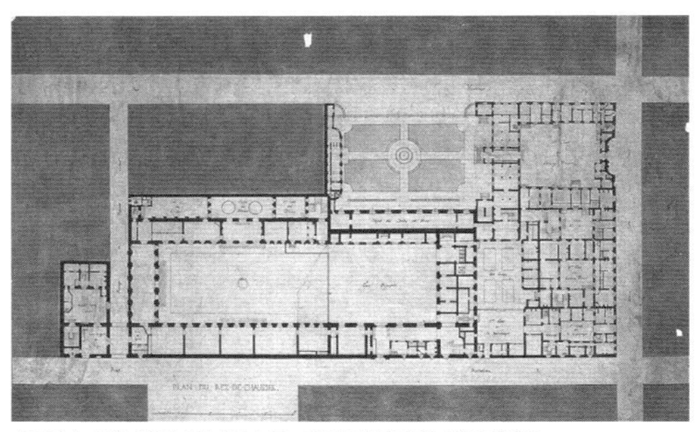

〈그림 1-10〉 앙리 라브루스트, 기존 건물군의 1층 평면도

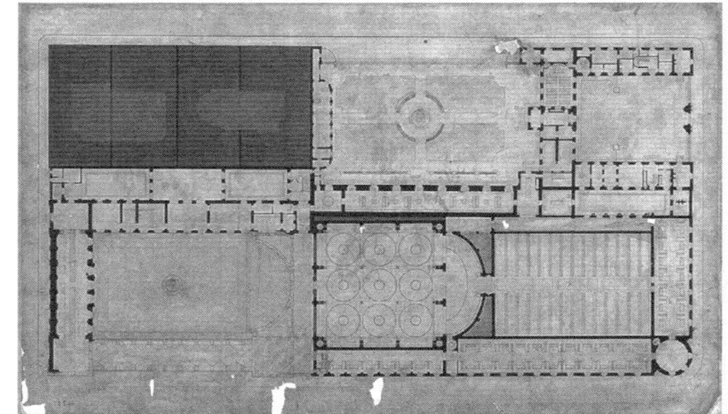

〈그림 1-11〉 앙리 라브루스트, 제국도서관 계획의 1층 평면도. 그림 중앙 아랫부분의 정사각형 공간이 라부르스트가 설계한 열람실

라브루스트가 그린 기존 건물군의 평면도(그림 1-10)와 그 자신이 설계한 열람실과 서고가 포함된 계획도(그림 1-11)를 비교해 보면, 정사각형 평면 속에 아홉 개의 철제 돔을 넣은 열람실의 동쪽 벽(도면에서는 위쪽)이 갤러리 망사르의 서쪽 벽과의 사이에 약간의 틈을 두고 이중으로 되어 있다는 점을 알 수 있다. 구조적인 이유에서 라브루스트는 자신이 설계한 금속제 돔 열람실을 감싸는 벽체로 갤러리 망사르의 벽을 이용하지 않고, 그렇다고 오래된 벽을 부수지도 않으면서 오래된 벽과 평행해서 새로운 벽을 건설했다.

---

1 — 1852년에 나폴레옹 3세가 제2 제정을 열고, 이 프로젝트는 왕립도서관(Bilbliotèque royale)에서 제국도서관(Bilbliothèque impériale)로 개칭되었다.

라브루스트가 설계한 가느다란 주철 지주로 지탱된 아홉 개의 연속된 돔 열람실(그림 1-12) 역시 그가 설계한 생주느비에브 도서관(Bibliothèque Sainte-Geneviève)과 함께 건축 역사에서 철로 된 공간의 가능성을 강렬하게 제시한 근대 건축의 지표가 되었다. 그런 면에서 라브루스트의 재능은 건축사에서 유례를 찾아보기 힘들다. 그렇다고 해서 이 건축을 건축사 카탈로그의 19세기 챕터에 집어넣고 만족했을 때 보이지 않는 것이, 선의 건축사라는 관점에서는 보인다.

〈그림 1-12〉 앙리 라브루스트, 열람실 내부

여기까지 살펴본 프랑스 국립도서관 사례연구를 통해 지금까지의 점의 건축사에서는 각각 전혀 다른 건축으로 취급된 블레와 라브루스트의 작품을 선의 건축사에서는 '건축가의 이어달리기'[2]라고 부를 수 있다는 것을 지적하고자 했다. 점의 건축사의 중요성이 사라질 일은 없지만, 그것은 선의 건축사의 하이라이트로서 쓰여질 수 있을 것이다.

## 재이용(renovation)의 창조성

무에서 아주 새로운 건축을 창조하는 행위에는 마치 신이 세계를 창조하는 것 같은 희열이 있음이 분명하다. 그와 비교하면 리노베이션이란 다른 신이 창조한 세계를 손볼 뿐인 소극적인 건축행위라고 생각되는 것이 아닐까. 그러나 생각해 봐주었으면 좋겠다. 300년 전의 건축가가 세운 성당과의 적합성과 일관성에 세심하게 주의하며 건설된 생드니의 리노베이션 공간은 고딕 양식이라는 새로운 건축양식의 시작이 되었다. 그리고 블레의 왕립 도서관은 신고전주의를, 라브루스트의 아홉 개의 철골 돔은 혁신적인 기술과 참신한 공간으로 신시대 건축의 막

2 — 미야베 히로유키(宮部浩幸)에 의한 표현

을 열게 되었다.

　건축의 재이용 혹은 건축의 시간 변화를 탐색하는 노력은 현대사회와 건축이 연관되는 방법에 새로운 가능성을 가져다줄 뿐 아니라 건축사라는 연구 분야에도 새로운 방법론을 가져다줄 것이다. 아마도 그것은 건축을 보는 방법 그 자체를 근본적으로 쇄신할 관점일지도 모른다.

# 시간과 건축의 이념

영원히 젊은 채로 있고 싶다는 청년적 소원이 근대 건축 초기의 에스프리에 묻어나
있다. 그 때문에 르코르뷔지에가 제창한 '하얀' 건축의 이념은 건강, 희망, 위생을
만인이 공유해야 한다는 새로운 세기의 탄생에 걸맞은 건축의 한 상징이었다. 그것은
이윽고 정치의 이념으로 연결되는 에너지와 매력을 잉태하고 있다고 할 수 있다.
당연히 검버섯은 젊은이들의 용모에는 허용되지 않는 오점이었다.
_마키 후미히코(槇文彦)[1][•]

## 시간을 멈춘 근대의 건축관

"영원히 젊은 채로 있고 싶다"는 소망으로 뒷받침된 20세기의 건축관이야말로
16세기에 시작된 비 재이용적인 건축관의 순수한 최종형이라고 할 수 있을 것 같
다. 20세기 초에 일어난 모더니즘이라고 불리는 건축 운동은 자칫 과거와 단절된
특별한 건축의 탄생이라고 생각하기 쉬운데, 시간과 건축의 관점에서 본다면 그
건축관의 뿌리는 16세기에 발단한 재개발적 건축관의 등장에 있다. 역사적인 기
존 건물을 계속 변모시키는 재이용뿐 아니라 그 건물에 흘러온 시간을 일단 초
기화(파괴하고 신축)함으로써 비로소 이 순백의 젊은 건물이 태어난다.

더욱이 검버섯조차 허용하지 않는 영원한 젊음을 건축에서 추구하는 태도
는 건축이 흐르는 시간을 멈추려는 것이라고 말할 수 있다. 건축의 '시간을 멈춘
다'라는 생각은 얼핏 보기에 모더니즘과는 관계없이 보이는 19세기의 건축행위에
서 등장했다. 역사적 건축의 보존이다. 물론 역사적 건축은 젊은 건축은 아니다.
나이 먹고 때로는 허물어지기 시작해서 폐허가 된 그런 건축이다. 수복은 그 건

---


1 ― モーセン・ムスタファヴィ, デイヴィッド・レザボロ―, 《時間のなかの建築》, 黒石いずみ訳, 鹿島出版会,
1999, 서문에서

• ― 모센 모스타파비·데이빗 래더배로우, 《풍화에 대하여: 건축에 새겨진 시간의 흔적》, 이민 옮김, 이유출
판, 2021으로 번역되어 있다.


     1장. 건축 시간론의 시도

축의 젊음을 되찾아 주는 행위이며, 보존은 그 젊음을 영원히 유지하기 위한 수단이었다.

4장에서 살펴보겠지만 19세기 후반에는 역사적 건축에 젊음을 되찾아 주고 새로운 건축처럼 만들어 주는 수복이라는 행위에 대한 이론(異論)과 반론이 영국의 존 러스킨 등에 의해 제시되었고 많은 지지자가 모이게 된다. 그것은 18세기 이래의 폐허 애호가, 고물 애호가들이 즐긴 '파티나(patina)*'가 역사적인 건물에서 사라지는 것을 한탄하고, 그 건물이 겪은 진정한 시간을 평가하는 즉 그 건물의 나이(age) 자체를 평가하려는 자세였다. 시간의 흐름 속에서 풍화되어 검게 변한 석재를 새로운 하얀 석재로 교환하는 것을 문제시한 그들의 태도는 '시간 되감기'를 비판하는 태도였다(표 1-1).

시간과 건축의 관점에서 보면, 문화재적 건축관이라고 하더라도 19세기의 수복·보존에는 두 개의 상이한 태도가 포함되어 있다고 할 수 있다. 건축의 시간을 되돌리려는 수복과 건축의 시간을 멈추려고 하는 보존이다. 서양에서는 러스킨의 강력한 반 수복 논쟁의 영향으로 20세기가 되면 수복에 의한 대규모의 시간 되감기는 그다지 이루어지지 않게 된다.

〈표 1-1〉 시간의 관점에서 본 기존 건물에 대한 세 가지 태도

| 재개발 | 파괴하고, 신축한다 | 시간을 초기화하고 제로로 만든다 |
|---|---|---|
| 수복/보존 | 이상적인 모습으로 영원히 지속한다 | 시간을 되감는다/시간을 멈춘다 |
| 재이용 | 기존 건물의 모습을 바꾸면서 재이용한다 | 시간이 계속 흐르게 한다 |

*— 파티나는 원래 오래된 금속 표면에 생기는 녹청을 의미하는데, 여기에서 오래된 목재 등의 표면에 생기는 그윽한 멋이라는 의미로 확장되었다.

**— 강현은 일본의 당초복원을 "'특정한 시기를 원형으로 보는 관점'과 결부되어 있으며, 또한 예술적 대상으로서의 '완전성' 개념에도 영향을 받은 것으로 볼 수 있다"라고 말한다. (강현, 〈건축문화재의 원형(原形)개념과 보존의 관계-한국의 목조건축문화재 수리 역사의 비판적 검토를 중심으로〉,《헤리티지: 역사와 과학》Vol.49 No.1, 2016, 128쪽)

***— 도로(登呂) 유적은 야요이(弥生) 시대(기원전 9세기부터 기원전 3세기 무렵까지를 가리키는 일본의 시대구분)의 유적으로 시즈오카현(静岡県)에 있는 집락(集落) 유적이다.

****— 산나이마루야마(三内丸山) 유적은 조몬(縄文) 시대 전기 중반부터 중기 말기(약 5900~4200년 전)으로 추정되는 대규모 집락 유적으로 아오모리현(青森県)에 있다.

## 일본의 시간 되감기

한편 일본에서는 수복을 통해 건축을 창건 당시의 모습으로 되돌리려는 당초복원(当初復原)**이 20세기 내내 주류였다. 최근에는 당초복원을 재고해야 한다는 논의도 나오고 있는 것 같은데, "창건 당시만을 중시하는 것이 아니라면 역사의 어떤 단계로 되돌릴 것인가"라는 논의도 많은 것 같아서, 시간을 되감는 행위 그 자체는 역시 일본의 수복에서 기본인 것 같다.

게다가 일본에서는 아득한 옛날에 사라진 건물을 재건하는, 어쩌면 궁극적인 시간 되감기라고 할 수 있는 행위까지 이뤄지고 있어서 한층 흥미롭다. 오래된 것으르는 1951년에 실시된 도로(登呂) 유적***의 복원(復元)으로 시작해서 산나이마루야마(三内丸山) 유적***의 복원, 나아가서는 헤이조쿄(平城京) 천도 1300년을 기념하여 2010년에 나라(奈良)의 헤이조쿄 유적에서 복원된 다이고쿠덴(大極殿)도 있다. 모두 1000년 이상(산나이마루야마 유적에 이르러서는 5000년 전) 이 세상에서 사라진 건물을 갑자기 소생시킨 타임머신 같은 건축이다. 전쟁이나 자연재해 등으로 사라진 공공 건축이나 종교 시설 등을 주민이나 신자의 희망으로 원래의 모습으로 다시 짓는 복원은 전 세계에서 볼 수 있지만, 일본의 사적에서 이루어지는 시간 되감기의 규모는 차원이 다르며, 시간의 되감기라는 관점에서는 압도적인 사례다.

## 메인터넌스 프리

'건축의 시간을 멈춘다'라는 가치관에는 20세기 특유의 건축관이 내포되어 있다고 생각한다. 모센 모스타파비(Mohsen Mostafavi)와 데이빗 레더배로우(David Leatherbarrow)는 다음과 같이 논했다.

시간이 흐르면서 자연환경은 건물의 표면층뿐 아니라 내부의 물질까지 분해한다.

이런 상황을 방치할 경우, 골조까지 파손되고 최종적으로는 건물 자체가

와해되는데, 이런 결과는 건축가나 시공자, 건축주 모두가 원치 않을 것이다. 그러니

이를 광지하거나 늦추기 위해서는 건물을 제대로 관리해야만 한다. 상식적으로 보면



1장. 건축 시간론의 시도

유지보수란 건물 수명의 연장을 목표로 하는 것으로 보존과 교체를 모두 포함하는 것이다. 그런데 이 작업에 비용이 너무 많이 들다 보니 이제는 아예 관리가 필요 없거나(maintenance free), 최소한의 비용만으로 유지할 수 있는 건물이 지어지고 있다. 하지만 아무리 관리가 필요 없는 건물이라도 풍화 현상은 피할 수 없다.[1]

모스타파비의 저서 원제는 《풍화에 대해서(On Weathering: The Life of Buildings in Time)》(1993)인데, 일본어판의 번역자인 구로이시 이즈미(黒石いずみ)는 제목을 《시간 속의 건축(時間のなかの建築)》이라고 바꿨다. 이 저서는 표층적으로는 건축의 풍화를, 근본적으로는 건축의 시간을 논의하고 있다. 풍화를 기피하고 얼마나 신축 같은 상태로 유지할 것인가. 16세기에 시작된 재개발이라는 시간 초기화는 20세기에 이르러서는 '초기화된 시간을 제로인 채로 멈춰 세운다'라는 야심으로 발전한다.

여기서 등장한 키워드인 '메인터넌스 프리'는 20세기적 가치관을 단적으로 나타낸다고 할 수 있다. 건축뿐 아니라 20세기의 많은 제품이 메인터넌스 프리를 목표로 해 왔다. 무료 수리 보증기간이 지나버리면, 오래되어 때 묻고 조금이라도 고장 난 제품을 수리하기보다는 신제품을 구매하는 편이 싸게 먹히는 경우도 많다. 메인터넌스 프리란 결국 유지보수를 포기하는 자세이며, 20세기적 가치관 속에서 수리해서 계속 사용한다는 어딘가 전근대적이고, 재이용하는 행위는 비효율적으로 받아들여진다.

디벨로퍼, 플래너, 그리고 세무서 직원들에 의한 노력, 때로는 공모로 전혀 문제없이 사용 가능한데도 이익을 가져다준다는 관점에서 보자면 최적이 아니게 된 건물은, 테크놀로지와 디자인을 갱신하여 새로운 용도로 리사이클하기보다는 부숴버리는 것이 낫다고 여기는 '노후화라는 생각'이 20세기를 통틀어 강력하게 등장했다.

1 —　モーセン·ムスタファヴィ, デイヴィッド·レザボロー, 《時間のなかの建築》, 黒石いずみ訳, 鹿島出版会, 1999, p.1

자본주의가 속도 때문에 제조 단가를 최소화하는 것과 마찬가지로 건축의 수명도 이익이라는 명목으로 그 수명이 단축된 것이다.[2]

## 전근대의 시간과 건축

건축의 시간을 멈추려고 했던 19세기의 보존과 20세기의 신축(modernism). 그러나 논리적으로는 건축의 시간을 멈추고 영원히 지속시키는 것은 불가능하다. 실제로 20세기의 신축은 생명이 짧은 스크랩 앤 빌드의 길을 걷게 된다. "시간은 모든 것을 파괴한다"는 가공할 만한 진리에 저항하려고 하는 근대 건축관을 건축사가인 마빈 트랙턴버그(Marvin Trachtenberg)는 '시간 공포증(chronophobia)'이라고 부른다. 근대의 건측(트랙턴버그에 따르면 르네상스부터 모더니즘까지)에서 시간과 건축의 긴장 관계를 지적한 것이 그의 중요한 저작 《시간 속의 건물(Building-in-Time)》이다. 그는 알베르티(Leon Battista Alberti) 이전(전근대)과 알베르티 이후(근대)로 건축의 시간 개념에 큰 변화가 있었다고 지적한다.

> 전근대 세계에서 건축은 시간의 은혜를 깊이 받았으나, 그 은혜는 근대가 되자 거의 눈에 보이지 않게 되었다. 이 근대의 망각 속에서 시간은 어느새 건축의 적이라고 단정되어 근대의 건축은 이 건축 실천과 역사적 사고라는 강적(nemesis)에 대항하여 완고한 방벽을 세운 것이다.[3]

트랙턴버그가 주목하는 것은 전근대의 건축이 완성되기까지 필요했던 긴 건축 시간과 완성된 후에 건축이 살아가는 긴 시간이라는 두 개의 단계다. 그는 전근대 건물의 특징으로 다음의 세 가지를 든다.

---

**2** — Marvin Trachtenberg, *Building-in-Time: From Giotto to Alberti and Modern Oblivion*, Yale University Press, 2010, p.3

**3** — ibid., p.1

   1장. 건축 시간론의 시도

⑴ 건설 속도가 느리다.

⑵ 완성된 구축물은 지극히 긴 시간에 걸쳐 지속된다.

⑶ 인간 생활 세계의 변화 속도는 상대적으로 빠르다.[1]

이러한 특징을 가진 전근대의 건축은 건설 도중 정치적 변화로 영주가 교체되거나 기상 조건에 따라 농작물의 수확이 줄어 경제 상황이 급변하는 등 생활 세계의 변화에 따라 도중에 디자인이 빈번하게 변경되기도 했다. 왜냐하면 중간 단계라고 하더라도 이미 그 구조물은 충분히 견고했으며, 사회가 변화했다고 하더라도 쉽게 '스크랩 앤 빌드' 할 수는 없었기 때문이다.

긴 시간을 요하는 전근대의 건축은 시대의 요구에 따라 변화하게 된다. 그 변화는 임기응변이었으며 비계획적이라고 할 수 있다. 이 점에서 트랙턴버그가 끌어낸 결론은 매우 흥미롭다.

최종 완성이란 존재하지 않고, 절대적인 시작도 존재하지 않는다.[2]

## 건축에 '오리지널'은 존재하는가

근대의 건축관에서는 '최종 완성'을 '준공'이라고 부르며 '시작'을 '착공'이라고 부른다. 건설 공사가 완료되고 클라이언트에게 양도되기 직전의 얼마 되지 않는 순간이 준공이며, 20세기의 건축가는 이 틈새의 시간 동안 작품으로서의 이상을 발견해 왔다. 건축가의 머릿속에 있던 이상적인 공간이 실현된 순간, 그것이 준공이다. 작품은 발주자에게 양도되자마자 작가의 손을 떠나 그 안에서 생활할 사람의 손에 맡겨지게 된다. 작품은 생활공간이 되어 생활의 흔적이 덧대어져 간다. 아무리 '건축의 시간을 멈추는' 근대 건축이라고 하더라도 그것만은 피할 수

---

**1** — Marvin Trachtenberg, *Building-in-Time: From Giotto to Alberti and Modern Oblivion*, Yale University Press, 2010, p.xiii

**2** — ibid., p.xix

가 없다.

준공과 양도 사이에 건축 작품의 준공 사진이 기록된다. 준공 연도, 준공 월마다 건축 잡지에 발표되는 '신(新)건축'은 이렇게 카탈로그화되어 아카이빙되어 간다.

따라서 "건축의 준공이라는 순간은 존재하지 않는다"라는 트랙턴버그의 발언은 근대적 건축관에서 보면 용서할 수 없는 폭언이다. 준공이 존재하지 않는다면 과연 어떻게 건축이 연표에서 자리매김할 수 있을까. 아마도 그 답은 '점의 건축사에서 선의 건축사로'라는 방법론의 문제로 연결될 것이다. 실은 최종 완성 따위 존재하지 않는 역사상의 건축을 무리하게 준공이나 혹은 그에 해당하는 개념으로 설명해 온 것이 '점의 건축사'였다고 할 수 있으니까 말이다. 트랙턴버그는 다음과 같이 말한다.

> 만약 준공 전과 준공 후의 구별을 포기하면 —그것은 절대적인 의미에서 준공, 즉 오리지널이라는 사고방식을 억제하는 것인데— 이 둘을 단 하나의 경계 없는 연속적인 과정에 통합할 수 있다. 이 과정이란 그 부지에 건물이 등장해서, 그 건물이 다양한 형태의 단계를 거쳐, 최후에는 피할 수 없는 소멸이라는 단계를 맞이하기까지의 과정이다.[3]

이런 식의 건축관에서는 재이용이라는 개념마저 등장하지 않게 된다. 재이용은 일단 완성된 후 기존 건물의 존재를 전제로 하는데, 트랙턴버그의 이론에서는 모든 것이 계속 변화하는 일련의 건축행위에 지나지 않는다. 또한 그가 준공을 오리지널로 바꿔 말하며, 두 개의 개념이 함께 성립할 수 없다고 주장한 것도 흥미롭다. 오리지널은 수복 즉 시간 되감기와 밀접한 관계가 있는 개념이니까. 준공도 오리지널도 존재하지 않는다면 수복이라는 개념은 이정표를 잃게 된다.

---

3 —　ibid., p.xix

## 설계(design)와 시공(construction)의 분리

그러나 이러한 사고방식이 통용되는 것은 전근대의 건축까지다. 트랙턴버그에 따르면 르네상스의 건축가 알베르티의 등장과 함께 모든 것이 변했다.

건축의 시간성이란 콘셉트의 차원에서 이 새로운 시대의 방향 전환에 직접적인 책임이 있는 사람은 알베르티다. 더욱 정확히 말하면, 시간 의식이나 원작자라는 사고 방식을 포함한 저작권이 발생할 만한 제작물 그리고 1400년대 중반 이데올로기의 요인 등 새로운 상황에 자극을 받아 알베르티는 그의 위대한 건축론인 《건축서》(1450)에서 '시간 속의 건물'에 대해 폭력적인, 그러나 갑작스럽지는 않은 비판을 펼쳤다. 알베르티는 비 동시성에 따라 발생하는 대립이나 장기에 걸친 건설에 내재하는 그 외의 문제에 대한 전통적인 타협을 거절하고, 건축 제작의 핵심 요소인 시간을 억제하려 했다. 건축의 시간성과 생활 세계의 시간성 대립에서 벗어나기 위해서 그는 설계와 시공의 관계를 찢어발기고, 건설 과정에서 이념적으로 완전히 시간의 개념을 제거해 버렸다.[1]

알베르티의 시간 죽이기(chronocide). 트랙턴버그는 건축과 시간의 관계성 전환을 이렇게 불렀다. 건축가의 일은 '설계'가 되었으며, '시공'은 건축가의 책무에서 분리되었다. 종종 "중세에는 숙련된 석공(master mason)이 있었을 뿐, 건축가는 없었다"라고 말하기도 하는데, 분명 숙련된 석공은 설계 구상자인 동시에 시공 책임자였다. 만약 양쪽을 분리해서 설계만 책임지는 것을 건축가라고 정의한다면 중세에 건축가는 없었다고 할 수도 있다.

트랙턴버그의 이론은 이 책의 틀과 유사성이 있다. 그에 따르면 '알베르티의 시간 죽이기'는 모더니즘의 '시간 공포증'으로 연결된다. 알베르티부터 시작된 시

1 — Marvin Trachtenberg, *Building-in-Time: From Giotto to Alberti and Modern Oblivion*, Yale University Press, 2010, p.xxi

간과 건측의 긴장 관계는 15세기 중반부터 20세기 중반까지 500년에 걸쳐 오랫동안 계속되었다. 트랙턴버그는 "이 책의 의도는 보존 운동과는 관계없다"라고 단언하며, 시간과 건축 사이의 두 번째 변화를 채택하는 일은 하지 않았다. 그 대신 1960년대에 세드릭 프라이스(Cedric Price), 앨리슨과 피터 스미슨(Alison and Peter Smithson) 부부, 레이너 밴험(Reyner Banham), 아키그램(Archigram), 팀텐(Team X), 메타볼리즘(Metabolism) 등의 사람들과 그룹들이 모더니즘에 반기를 들고 건축의 과정(시간의 경과)이라는 관점에 주목한 것에서 그는 알베르티 이전(전근대)에 존재했던 시간 감각을 발견한 것 같다.[2]

이 책에서도 재이용이라는 관점에서 건축과 시간의 문제에 주목하며 '긴 16세기'부터 20세기까지의 500년 동안 계속된 재개발적 건축관을 넘어서서, 현재 다시 전근대의 재이용적 건축관이 부활하고 있다는 것을 논증하려 한다. '디자인 빌드'라고 불리는 현대 건설업계에서 설계와 시공을 일괄 발주하는 방식도 알베르티 이래 분리되어 온 디자인과 시공을 다시 결부시키려고 하는 전근대 부활의 한 측면이라고 할 수 있을지도 모른다. 이러한 500년이라는 장기 지속(longue durée)으로 이행하는 건축관의 변천은 양식사라는 관점에서는 보이지 않는다.

## 카피로서의 건축

트랙턴버그의 《시간 속의 건물》이 출판된 다음 해, 런던 대학의 건축사가 마리오 카르포(Mario Carpo)는 다른 관점에서 알베르티에서 20세기까지의 장기 지속에 주목했다. 카르포가 주목한 것은 시간이 아니라 복제에 관한 문제다. 그는 우선 알

---

2 — ibid., p.xvii

• — 원래 설계·시공 일괄입찰을 의미하는 용어는 '디자인 빌드(Design Build: DB)'다. 그러나 한국에서는 관행적으로 '턴키(Turn-Key)'라는 말로 설계·시공 일괄입찰을 부른다. 이복남은 디자인 빌드와 턴키의 공통점은 설계와 시공이 단일계약으로 처리된다는 점이라고 말한다. 그러나 디자인 빌드 방식은 '시작과 끝'을 발주자와 계약자가 함께 한다는 점에서 턴키 방식과 근본적 차이가 있다고 지적한다. (이복남, "[시론] 턴키와 설계 시공 일괄의 차이", 《대한경제》 2010년 8월 17일)

　　　　1장. 건축 시간론의 시도

베르티가 거론한 건축 디자인의 발명에 주목한다.

알베르티의 이론에서 건물이란 건축가의 디자인과 동일한 복제였다. 즉 알베르티가
디자인하는 일과 만드는 일을 원리적으로 분리함으로써 인문주의적인 의미에서
원작자로서의 건축가라는 현대적 정의가 생겨난 것이다.[1]

나아가 카르포는 알베르티로부터 시작된 '설계'와 그 '복제'로서의 제작물이
라는 근대적 프로덕트의 본질은 21세기적 디지털 테크놀로지의 융성과 함께 종
말을 맞이하고 있다고 주장한다. 21세기 디지털 테크놀로지 아래 진행된 프로덕
트 제작에서는 제작 과정 도중의 변경이 쉬워질 가능성이 있다. 그리고 그 디지
털의 가능성이 초래한 제작 과정의 변화는 지금까지 5세기에 걸친 서양의 본질
이었던 '동일성에 기초한 만들기' 즉 "알베르티적인, 원작자가 디자인에 따라 건
물을 만드는 방법이 끝났다는 것을 의미한다"라고 카르포는 단언한다.[2]

카르포가 여기서 상정하는 역사의 틀은 ①직인의 수공업에 의한 만들기가
주류였던 전근대, ②복제의 동일성을 전제로 한 만들기가 주류였던 근대(알베르티
부터 20세기까지), ③디지털의 가능성에 의해 다양한 변주가 생기는 것을 전제로 한
21세기의 세 단계로 구성된다고 볼 수 있다.

대량 생산되고 규격화되어 기계에 의한 동일한 복제가 가능했던 그 시대는
사실 비교적 간결했으며, 긴 역사의 지속적 시간의 흐름에서 보면 중간에
끼어있는(핸드메이드 시대와 디지털 시대 사이에 위치하는) 시대로 판단할 수 있다.
수작업에 의한 제조는 변주를 만들어 내지만, 그것은 디지털 기술에 의한 제조도

---

1 — マリオ·カルポ, 《アルファベットそしてアルゴリズム—表記法による建築—ルネッサンスからデジタル革命
へ》, 美濃部幸郎訳, 鹿島出版会, 2014, p.4

2 — ibid., p.4

마찬가지다.[3]

규격화, 대량생산이라는 기술이 건설산업에 등장한 것은 일반적으로는 산업 혁명 이후라고 생각되기 마련이고, 그것이 건축 이론에 의해 높이 평가되는 것은 20세기 초의 모더니즘에서라고 생각하는 것이 보통일 것이다. 그러나 카르포는 그것을 알베르티의 활약과 구텐베르크의 활판 인쇄술이 중첩된 시대, 15세기 후반까지 거슬러 올라가게 했다.

이들 새로운 규범은 동일한 복제가 인쇄될 것을 염두에 두어 디자인된 것인데, 어떤 경우에는 건축의 도면이나 디자인 혹은 실제의 건물에도 적용되었다. 이 미디어 혁명에서 가장 성공한 부산물은 르네상스 건축 오더(order)에 의한 새로운 '메소드(세계 건축사에서 최초의 인터내셔널 스타일)'였다.[4]

'원작자성(原作者性)'을 중심으로 디자인하는 행위와 건설하는 행위를 분리한 알베르티에서 지난 500년에 걸쳐 지속된 건축의 본질을 발견한다는 점에서 트랙턴버그와 카르포의 관점은 놀랄 정도로 비슷하다. 트랙턴버그는 알베르티에게서 '시간 죽이기'를 발견했고, 카르포는 오리지널 작품으로서의 도면과 그 카피로서의 건축("알베르티의 이론 속에서는 건축 디자인이 오리지널이며, 건축은 그 카피다")[5]이라는 관점을 발견했다. 실은 2014년의 "일본어판 머리말"에서 카르포 자신도 트랙턴버그의 저작과의 유사성을 언급한다. 그에 의하면 집필 당시에는 이 '알베르티 패러다임'의 융성에 관한 부분이 트랙턴버그의 주장과 많이 닮았다는 점을 눈치채지 못했다고 하는데, 양쪽 모두 '현대적인 관심사와 공명한다'라고 말한다.[6]

3 — ibid., p.28

4 — ibid., p.32

5 — ibid., p.46

6 — ibid., p.8

## 시간적 틀

이 책은 위의 두 저작과 마찬가지로 재이용이라는 전근대의 건축관이 현재 다시 생동하고 있다는 점에 주목하고자 한다. 재이용과 재개발이라는 관점에서 보면, 알베르티는 재이용적인 건축관을 여전히 지속했다고 생각한다. 이 책이 주목하고자 하는 것은 알베르티 다음 세대의 건축가들로, 세바스티아노 세를리오(Sebastiano Serlio)나 안드레아 팔라디오(Andrea Palladio) 등을 재개발적 건축관의 문을 연 세대로 바라보고자 한다.

이 점에서 트랙턴버그나 카르포의 저작과 이 책 사이에는 반세기 정도의 엇갈림이 있지만, 대략 16세기부터 20세기까지의 약 500년을 한 덩어리로 파악하려는 점에서는 공통된다. 또 카르포는 르네상스의 오더라는 '메소드'가 최초의 인터내셔널 스타일이었다고 간파했다. 이 점에 대해서도 매우 동감한다. 그러나 실은 '다섯 개의 오더'라는 지극히 르네상스적인 개념이 처음으로 출판물로 정리되어 형식화된 것은 알베르티 다음 세대의 건축가 세를리오의 《건축서》 제4권(1537)이나 자코모 비뇰라(Giacomo Barozzi da Vignola)의 《건축의 다섯 오더》(1562) 무렵으로 16세기 중반의 일이었다. 3장에서는 오더에 의한 의도적인 건축의 형식화가 아니라 무의식의 형식화라고 할 수 있는 16세기의 페디먼트(pediment)의 대유행에 주목하려 한다.

16세기부터 20세기까지 500년간을 어떻게 불러야 할까. 월러스틴은 이것을 근대 시스템의 시대 즉 근대라고 불렀다. 16세기는 근대의 시작이라고 생각할 수 있다. 그러나 전통적인 미술사학과 건축사학의 관점에서 보면, 16세기는 너무나도 어중간한 시대다. 양식사적으로는 15세기의 르네상스, 16세기의 매너리즘 그리고 17세기의 바로크는 일반적으로는 근세라고 불리는 시대에 해당하는, 하나의 연속된 예술 양식의 전개로 바라봐야 하기 때문이다. 16세기는 근대가 아니라 근세라고 불리는 경우가 많다.˙

그러나 여기서 논의하고 싶은 것은 16세기가 근세인지 근대인지의 문제가 아니다. 오히려 강조하고 싶은 것은 건축의 역사를 생각할 때 양식은 절대적인 지표가 아니라는 점이다. 이 책은 그 대신에 재이용적 건축관의 시대(고대 말기~19세기), 재개발적 건축관의 시대(16세기~현대), 문화재적 건축관의 시대(19세기~현대)라는 서로 겹치는 세 개의 시대구분에 따라 사회의 변화와 함께 변모해 온 건축의 역사를 파악하려는 것이다. 이들 세 가지의 건축관은 각각 2장, 3장, 4장에 해당한다. 그리고 5장에서 20세기 후반에 보이는 새로운 건축 시간론을 확인함으로써 전체를 아우르고자 한다.

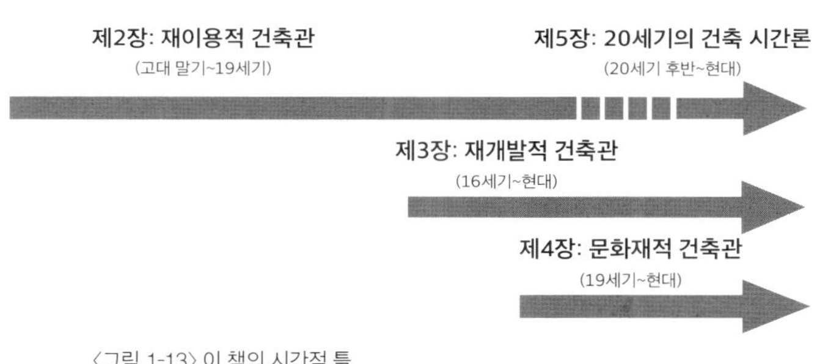



〈그림 1-13〉 이 책의 시간적 틀

•—　서양사에서는 고대(antiquity)→중세(middle ages)→근대(modern period)로 시대를 구분한다. 일본에서는 메이지 유신(1868) 후에 서양사의 시대구분을 받아들였으나 이러한 세 가지 시대구분이 일본의 역사를 잘 파악하지 못한다고 여겨 중세와 근대 사이에 '근세(近世)'가 적용되었다. 일본의 역사학자들은 유럽 중세시대의 기사·봉건제·장원제와 일본 무가(武家) 정권의 공통점을 발견하여 막부의 시대를 중세로 파악했다. 그러나 일본의 전국시대(戰国時代) 이후 성립된 에도 막부(江戸幕府)는 무가 정권이기는 하나 강력한 중앙정권에 의한 지배구조가 형성되었으므로, 에도 막부의 성립부터 종언까지를 근세로 분리한다. 그리고 에도 막부가 종언을 맞이한 메이지 유신 이후를 일본 근대화의 시기로 보며, 이때부터를 근대로 파악한다.

　　　　　　　　　　　　　　　　1장. 건축 시간론의 시도

# 2장

# 재이용적 건축관:
# 사회 변동과 건축의 생존
## 고대 말기부터 19세기까지

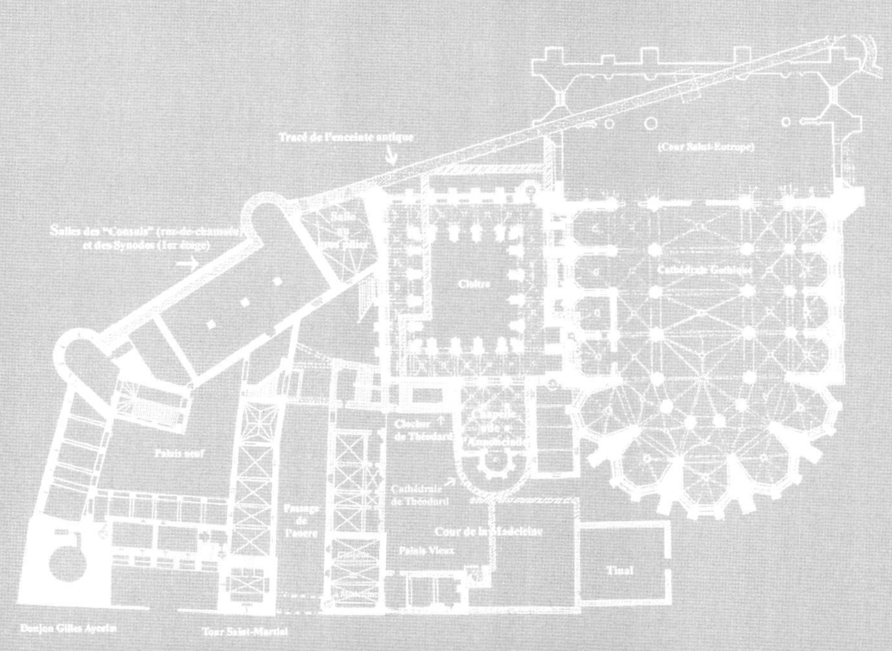

# 고대 말기의 사회 변동

## 올림픽 스타디움과 콜로세움

2020년 도쿄 올림픽을 위한 신국립경기장을 둘러싼 일련의 대소동은 '근대'와 '그다음 시대'의 사이에 있으며, 건축이 나아가야 할 방향을 근저에서 뒤흔드는 대사건이었다. 사회 그 자체가 성장 시대에서 축소 시대로 역사적인 전환점을 맞이하고 있으며, 8만 명을 수용하는 거대 스타디움을 건설하고 계속 유지·운영하는 것이 어려운 시대에 직면해 있다는 것은 계획단계부터 이해되었다. 그 때문에 스포츠 시설이 가진 원래 역할에 콘서트장으로서의 다른 역할을 부가하는 아이디어가 탄생했다. 그쪽 수입으로 유지비를 변통하려고 한 것이다. 그러자 이번에는 차음(遮音)의 필요로 돔 구조라는 새로운 요구가 발생한다. 그러나 돔이 햇살을 차단하여 스포츠 시설에 요구되는 잔디 육성을 저해한다는 것을 알게 되자 이 문제를 해결하기 위해서는 개폐식 돔이 필요하게 되었다. 이렇게 모든 조건을 충족하는 동시에 근대 올림픽이라는 국제적 체전의 화려한 무대에 어울리는 설계안의 건설비용 견적이 계산되자 그 금액은 거의 믿기지 않는 수치까지 뛰어올랐다.

거대한 스타디움은 고대 세계에도 존재했다. 로마의 원형경기장 콜로세움이다. 수용인원에 대해서는 확실한 사료가 존재하지 않지만 4만 명에서 8만 명 정도의 관객이 맹수나 검투사가 사투를 펼치는 잔학한 스펙터클에 열광했을 것으로 어림잡을 수 있다. 원형경기장이 건설된 곳은 로마제국 서방의 수도 로마만이 아니었다. 콜로세움만큼 거대하지는 않지만, 로마제국에 의해 건설된 많은 도시에 이 거대 건조물이 건설되었다. 유적으로 판명된 것만도 브리튼 섬을 포함하여 유럽, 북아프리카, 소아시아, 지중해 동부 지역에서 아라비아반도 일부에 달하는 로마제국 영토에서 200개가 넘는 원형경기장이 건설되었다. 이들 거대 건조물의 건설에 필요한 비용은 물론이거니와 그 유지도 간단하지 않았을 것이다. 아프리카 대륙에서 사자를 비롯한 많은 맹수를 산 채로 수송해 와서 이벤트 날까지 사육할 뿐 아니라 피비린내 나는 스펙터클에 열광하는 많은 관중 앞에서 목숨을 걸고 싸울 검투사도 육성해야만 한다. 거대 건물 자체의 유지관리뿐 아니라 흥행을 지속할 수 있어야 한다는 점을 생각하면 원형경기장을 계속 사용하기 위해서는 압도적인 사회의 안정이 필요했을 것이다.

　로마의 콜로세움은 베스파시아누스 치세인 서기 70년경에 건설이 시작되어 그 후계자인 티투스의 치세인 서기 80년에 완성되었다. 로마제국은 이후 서기 96년 네르바의 재위부터 트라야누스, 하드리아누스, 안토니누스 피우스, 마르쿠스 아우렐리우스로 서기 180년까지 계속된 오현제 시대라고 불리는 안정기에 들어간다. 트라야누스의 치세에 로마제국의 영토는 최대에 달했고, 제국의 절정기, '팍스 로마나(Pax Romana)' 등으로 불리는 시대였다. 로마의 콜로세움은 이러한 시대에 건설되어 로마 시민에게 열광적으로 받아들여졌으며, 유사한 시설이 제국 여기저기에 건설되었다.

## 축소 시대와 건축의 환생(after life)

그러나 번영의 시대가 영구히 계속되는 일은 없었다. 3세기 중반 무렵부터 사회는 격동의 시대를 맞이한다. 고대 말기라고 불리는 8세기경까지 계속된 사회 변동의 시대다. 3세기 중반 이후 로마제국에는 동방에서 이민이 대거 몰려들어 종종 군사 충돌을 일으켰다. 271년에는 아우렐리우스가 그의 이름이 붙게 된 시벽 건설을 명하여 도시 로마를 방위했다. 4세기에 들어가면 콘스탄티누스 1세가 밀라노 칙령(313)을 통해 기독교를 공인함으로써 그때까지 오랫동안 믿어온 로마의 신들은 점차 '이교'로서 배척되게 된다. 약 1000년간 계속된 '고대 올림픽'이 결국 폐지된 것도 4세기 후반의 일이다. 이민족의 유입은 정치적인 사회 기반을 흔들고, 정치 결정에 따른 종교의 변경은 사람들의 정신적 기반을 크게 흔들어 놓았다. 이 고대 말기라고 불리는 시대에 대부분의 원형경기장은 군사시설로 전용되었고, 로마 신들을 모시는 많은 로마 신전들은 공공시설이나 기독교 성당으로 전

　　　　　　　　　　　*2장. 재이용적 건축관: 사회 변동과 건축의 생존*

용되어 갔다. 고대 로마의 거대 오락 시설, 문화 시설, 종교 시설은 다른 용도로 변경됨으로써 살아남은 것이다. 물론 상처를 입지 않고 살아남은 것은 아니다. 새로운 용도에 맞춰 자유자재로 개축되었으며, 준공 시의 건축만을 이상으로 여기는 건축관에서 보면 만신창이라고 부를 만한 상태로 보였을지도 모른다. 그러나 그것은 건축의 환생(after life) 이야기, 제2·제3의 생애주기(life stage)였던 것이다.

근대 이후의 건축사가나 고고학자들은 폐허가 된 건축에 직면했을 때, 당초의 모습을 밝히는 것을 당연한 사명으로 삼았다. 그렇게 장대한 건조물이 어떤 사회 속에서 어떤 기량과 구상력을 갖춘 건축가에 의해 건조되었는가, 완성되었을 당시 그 건축이 얼마나 훌륭한 모습이었는가를 밝히고자 하는 당연한 욕구였다. 그러나 그 욕구로 인해 간과된 것이 건축 환생의 역사였다고 할 수 있겠다. 하나의 '작품'으로서 완성된 후에도 건축은 오랜 시간 계속해서 살아남는다. 사회 상황이 건설 당시보다 크게 변화했을 때, 새로운 요청에 맞춰 건축을 변모시키는 것도 실은 중요한 건축 행위였던 것이다.

사회 변동의 시대가 된 고대 말기 이후, 건축의 역사에서 기존 건물의 재이용은 신축과 다름없는 본질적인 건축행위 중 하나였다. 이 책에서는 16세기와 19세기에 건축관에 큰 변화가 있었다는 가설에 바탕해 이론을 전개하는데, 건축 재이용의 시대가 고대 말기부터 19세기까지 계속되었다고 생각하면, 이 역사를 말끔하게 정리할 수 있을 것 같다. 이 점에서 이 장에서는 '건축의 생존(survival)'이라고 부를 만한 건축 재이용의 역사를 밝혀나가고자 한다.

## 고대 말기라는 시대

르네상스 이래로 고대 말기는 '쇠퇴'의 시대이며, '고대 문명의 붕괴', '암흑의 중세가 시작된 시기'로 인식됐다. 이 르네상스인들의 역사관에 대해서는 3장에서 자세히 논하기로 하고, 여기에서는 우선 최근의 역사 연구에서의 '고대 말기' 재평가에 주목하고자 한다. 지금까지 '쇠퇴'나 '위기' 같은 부정적인 용어로 설명되어온 고대 말기가 '이행', '변화', '변용' 등 더욱 중립적인 말로 설명된 것은 역사가 피터 브라운(Peter Brown)에 의한 《고대 말기의 세계(The World of Late Antiquity)》(1971)[1] 이후의 일이다. 최근 고대 말기를 조명한 연구는 더욱 늘고 있는 것 같다.[2]

부정적인 가치 판단으로 '쇠퇴'나 '붕괴'라고 치부되어 온 고대 말기가 실은 한 상태에서 다른 단계로 이행한 시대였다는 새로운 관점이 부여됨으로써 역동적이고 흥미로운 시대로 보이는 것은 놀랄 만한 전환이라고 할 수 있다. 건축사학에서도 지금까지의 전통적인 관점을 쇄신할 가능성이 여기에 있다고 생각된다. 서양 건축사를 교과서적인 통사로 이야기할 때, 고대 그리스, 고대 로마의 건축에 관한 장이 끝나면 다음 장은 로마제국 동방의 수도 콘스탄티노플을 중심으로 한 비잔틴 건축을 다루는 일이 많다. 그리고 다시 무대가 서유럽으로 돌아오면 어느새인가 시대는 샤를마뉴가 서유럽을 통일한 서기 800년까지 진행되며, 그 이후 중세 건축 설명이 시작된다. 서구의 고대 말기 건축은 몇몇 기독교 건축을 제외하고 거의 무시되고 뛰어넘어 버리게 된다. "제국이 쇠퇴함과 동시에 건축과 건축가도 쇠퇴하여…"[3]라고 이야기한 르네상스의 건축가 안토니오 마네티(Antonio Manetti)의 관점을 우리는 아직도 그대로 받아들여 건축사를 이야기해 왔다고 할 수 있을지도 모른다. 그러나 이 역동적인 사회 변동의 시대에는 안정된 시대에 신축된 거대 건조물을 새로운 사회 질서에 적합하도록 변모시켜 간 프로세스에서 오히려 본질적인 건축행위를 발견할 수 있을 것 같다.

고대 말기 사회 변동의 최대 요인은 전통적으로 '게르만 민족의 대이동'이라고 불려 온 로마제국으로의 이민족 유입에서 찾을 수 있을 것이다. 251년에는 불가리아의 도브루자(Dobruja) 습지대에서 로마군과 고트군의 전투로 로마 황제 데

---

1 — ピーター・ブラウン, 《古代末期の世界: ローマ帝国はなぜキリスト教化したか?》, 宮島直機訳, 刀水書房, 2006 (Peter Brown, *The World of Late Antiquity 150-750*, first published in 1971)

2 — 최근 일본어판이 출판된 것으로서는 피터 브라운의 《고대 말기의 형성(古代末期の形成)》(2006), 브라이언 워드퍼킨슨(Bryan Ward-Perkins)의 《로마제국의 붕괴: 문명이 끝난다는 것(ローマ帝国の崩壊: 文明が終わるということ)》(2014), 질리언 클락의 《고대 말기의 로마제국: 다문화가 자아내는 세계(古代末期のローマ帝国: 多文化の織りなす世界)》(2015) 등을 들 수 있다.

3 — アントニオ・マネッティ, 《ブルネレスキ伝》, 浅井明子訳, 中央公論美術出版, 1989, p.89

키우스가 전사하고 378년의 아드리아노플(하드리아노폴리스) 전투에서는 로마 황제 발렌스가 전사했다. 그리고 결국 410년에는 도시 로마가 함락되어 시내에 침입한 고트인들에 의해 '로마 약탈'이 자행된다.

## 거대 구조물의 군사 전용

정세의 불안으로 인한 치안 악화는 직접적으로 사람들의 생활에 영향을 끼쳤을 것이다. 그리고 유지할 수 없게 된 원형경기장, 극장, 황제의 영묘(Mausoleum) 등 여러 고대의 거대 구조물이 도시 방비를 위한 군사시설로 전용되어 갔다. 구로다 다이스케(黒田泰介)는《루카 1838년: 고대 로마 원형경기장 유구의 재생》에서 이탈리아반도에 유구가 남은 원형경기장 108개 중 40개의 사례에 대해서 재이용 역사를 밝히는데, 일람에 따르면 이탈리아에 있는 40개 중 25개의 원형경기장이 군사 요새화되었다.[1]

이러한 거대 구조물이 군사 전용된 것은 이탈리아반도 내 '로마인'의 도시만이 아니었다. 497년 남프랑스부터 이탈리아반도 일대에 동고트 왕국이 건국되었는데, 예를 들면 남프랑스의 도시 니스에는 새로운 도시 주민의 주체가 된 고트인들이 이 도시의 원형경기장을 군사 요새화했다. 물론 도시 주민이 '로마인'에서 '고트인'으로 완전히 바뀌었을 리는 없고, 고대 말기는 양쪽이 융합한 시대였다. 따라서 애당초 누가 도시 주민의 주체였는가를 논하는 것 자체가 의미 없는 일일지도 모른다. 그러나 '야만인'에게 위협받은 '로마인'이 도시를 방비했다는 악역과 주역을 나누는 태도로 이 건축 재이용의 역사를 이야기해서는 안 될 것이다. 이것은 사회 변동과 건물의 이야기다.

이탈리아반도 밖, 현재의 프랑스로 눈을 돌리면 페르괴(Périgueux), 투르(Tours), 아를(Arles), 님(Nimes), 상리스(Senlis) 등 각지의 원형경기장이 고대 말기에서 중세에 걸쳐 군사 요새화되었다. 인구 감소로 축소된 이들 도시는 방비를 위해 시벽으

<hr>

1 — 黒田泰介,《ルッカ一八三八年: 古代ローマ円形闘技場遺構の再生》, アセテート, 2006, pp.30~31

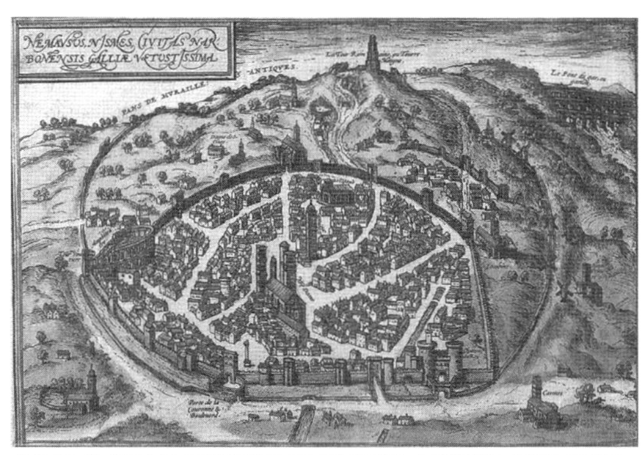

<그림 2-1> 《브라운과 호헨베르크의 지도》에서, 16세기의 님의 도시지도. 지도 왼쪽에 시벽에 포섭된 원형경기장이 보인다.

로 둘러싸이고 원형경기장에서 유래한 요새는 시벽의 일부가 되었다.[2] 16세기에 그려진 님의 도시 지도(그림 2-1)에서 시벽의 일부가 된 원형경기장이 남아 있는 모습을 확인할 수 있다. 원형경기장처럼 고대 로마 도시의 중핵 기능을 가지지 않았던 오락 목적의 거대 건조물은 상대적으로 도시의 주변부에 입지해[3] 있어서, 그 입지 때문에 시벽의 일부가 되기에 적합했던 것이다.

고대 말기의 사람들은 거대하면서 완강한 이런 구조체를 자연의 돌산이나 마찬가지로 천연의 요새로 취급한 셈이다. 다른 한편으로 이 기존 건물을 군사 요새로 선택하는 데에는 불리한 점도 존재했다. 건축 주변이 아케이드로 되어 있어서 사방팔방에서 내부로 들어올 수 있는 구조였기 때문이다. 이것은 수만 명에 달하는 대규모 관객이 입·퇴장하기에는 적합한 구조였지만 당연히 군사적 거점으로서는 최악의 구조였다. 따라서 군사 요새화된 원형경기장에서는 주위의 아케이드가 석재로 완전히 봉쇄되었다. 또 감시를 위한 탑이 증축되는 경우도 있었

<hr>

2 — François Enaud, "Du bon et du mauvais usage des monuments anciens, essai d'interprétation historique", *MH: Monuments historiques*, no. 5, 1978, p.11; Pierre Pinon, "Construire sur les ruines", *Faut-il restaurer les ruines? Actes des colloques de la Direction du Patrimoine*, 1990, p.237

3 — 黒田, ibid., p.19

  2장. 재이용적 건축관: 사회 변동과 건축의 생존

던 것 같다.[1]

군사 전용된 거대 구조물은 원형경기장만이 아니었다. 2세기에 로마의 테베레 강변에 건설된 하드리아누스 황제의 영묘는 5세기에 군사 요새화되어 도시 로마를 둘러싼 아우렐리우스 시벽의 일부가 되었다. 나아가 중세 후기에는 로마 교황의 명으로 더욱 개축되어 카스텔 산탄젤로(Castel Sant'Angelo)라고 불리는 요새가 되었다.

이런 사례는 셀 수 없이 많다. 로마의 마르켈루스 극장(Theatrum Marcelli)이나 폼페이우스 극장(Theatrum Pompeii)도 고대 말기에서 중세에 걸쳐 군사 요새화되었다고 여겨지며, 하드리아누스 황제에게 바쳐진 알프스 산속에 건조된 거대한 전승 기념비도 요새가 되었다.[2]

## 주거화된 원형경기장

원형경기장은 고대 말기부터 중세 초기에 걸쳐서 누차 군사 요새화되었는데, 이 거대 구조물의 전용은 그뿐이 아니었다. 중세부터 근대까지의 긴 역사 속에서 이 구조물 안에는 기독교 성당이 건설되거나, 공공 건축이 세워지거나, 혹은 분절되어 많은 사람이 이 구조체 안에 자리를 잡고 살게 되면서 도시적인 양상을 띠게 된 것도 있었다. 1666년

〈그림 2-2〉 자크 페트레(Jacques Peitret)의 판화
〈아를의 원형경기장, 1666년의 모습〉

당시의 아를 원형경기장을 그린 유명한 그림(그림 2-2)이 보여주는 것은 이 고대의


1 —  Pierre Pinon, "Construire sur les ruines", *Faut-il restaurer les ruines? Actes des colloques de la Direction du Patrimoine*, 1990, p.237

2 —  François Enaud, "Du bon et du mauvais usage des monuments anciens, essai d'interprétation historique", *MH: Monuments historiques*, no. 5, 1978, p.11

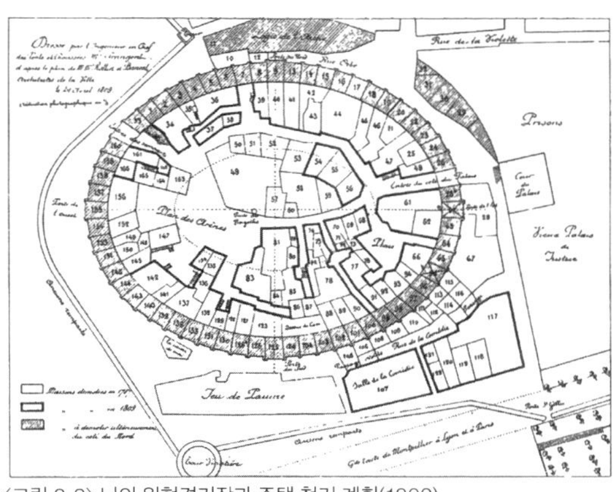
〈그림 2-3〉 님의 원형경기장과 주택 철거 계획(1809)

구조체 안팎에 주택이 기생한 결과이며, 그 모습은 현대인의 상상을 훨씬 뛰어넘는다. 옛날에는 원형경기장이었던 이 건물이 군사 요새로서의 시대를 거쳐(흔적으로 망을 보기 위한 탑이 보인다), 사회가 안정되자 사람들이 거기에 자리를 잡아 하나의 도시 같은 모습이 된 것이다. 마찬가지로 주거화, 도시화는 님에서도 일어났다. 〈그림 2-3〉은 1809년에 그려진 님의 원형경기장과 거기에 기생한 주거군을 그린 평면도다.

이처럼 '튼튼한 구조(원형경기장)'에 '약한 구조(주택)'가 기생하는 불법점거 같은 상태는 어떻게 발생한 것일까. 과연 원형경기장의 구조체는 누구의 소유물이었던 것일까. 이것은 '불법' 점거였을까, 아니면 '합법적인' 집합주택화였을까. 원형경기장의 구조가 '주거화'의 단계에서 구조적으로 어떻게 재이용되었는가에 대해서는 구르다의 《루카 1838년: 고대 로마 원형경기장 유구의 재생》에서 자세히 논하고 있는데 이 같은 건축 환생의 역사는 살펴보면 아직도 새로운 발견이 있을 것 같다.

아를에서도, 님에서도 18세기 말부터 19세기 초반에 걸쳐 이들 주택군은 국가에 의해 매수되어 차례차례 철거되어 갔다. 실은 〈그림 2-3〉은 이들 주택 철거 계획을 의해 그려진 도면이었다. 그리고 최종적으로 이들 원형경기장은 '고대 로마 시대'의 모습으로 수복되어 문화재가 되었다. 이 수복에 의한 '시간 되돌리기'

   2장. 재이용적 건축관: 사회 변동과 건축의 생존

에 대해서는 4장에서 다시 논하기로 하자. 1세기 후반에 건설된 이들 원형경기장은 고대 말기인 5세기에서 6세기 무렵에는 완전히 원래의 역할을 잃었다. 그후 이들은 1000년 이상 오랜 시간에 걸쳐 요새화, 주거화 단계에 있었다. 그리고 19세기에 문화재가 되어 되돌려진 것은 이 건물이 젊었을 무렵인 상대적으로는 단기간밖에 유지되지 않았던 모습이었던 것이다.

거대 경기장의 구조체 안에 사람들이 들어와 살며 집합주택화된 사례는 실은 21세기의 현대 도시에서도 볼 수 있다. 런던을 홈으로 삼고 있는 축구팀, 아스널 FC의 홈 스타디움이었던 하이버리 스타디움(Highbury Stadium)이다. 1913년에 건설되었을 당시에는 작은 스타디움이었는데, 1930년에 대규모로 증축되어 아르데코 장식으로 장식된 위엄있는 큰 스타디움이 되었다. 아스널 FC는 2006년까지 93년이나 이 스타디움을 홈그라운드로 이용했는데, 2007년 근처에 신축한 에미레이트 스타디움으로 이전했다. 이때 주인이 없어진 하이버리 스타디움은 대대적으로 개수되고 집합주택으로 전용되어 살아남게 되었다. 운동장이 있던 공간은 정원이 되었고 옛 관중석은 정원을 둘러싼 집합주택으로 변모했다.' 이것은 물론 불법점거 따위가 아니라 오히려 고급 맨션으로 불릴 만한 인기 있는 집합주택이 되었다고 한다. 열광적인 축구팬에게는 100년 가까운 역사를 가진 유서 깊은 스타디움 안에서 살 수 있다는 것은 꿈같은 체험일 것이다.

고대 로마의 거대 모뉴먼트는 놀랄 정도로 튼튼한 구조체로 이뤄진 건조물이었다. 후세 사람들은 그것을 자연 지형처럼 취급하여 우뚝 솟은 절벽 같은 이들 거대 구조물에 새로운 역할을 부여했다. 이런 즉물적이고 실제적인 이점이 기존 건물을 재이용하는 한 측면으로서 강하게 존재했던 것은 틀림없다. 그러나 원형경기장 안에 집을 지은 사람들에게 하이버리 스퀘어(이 맨션의 명칭이다)에 집을 산 현대인과 마찬가지로 고양감이 있지는 않았을까. 아를에도, 님에도 원형경기장은 그 역할을 잃은 후에도 '원형극장(amphitéatre)'이나 '아레나(arénes)' 등 원래의 역

---

1 — Philippe Davies, *London: Hidden Interiors*, Atlantic Publishing, 2012, p.328

할을 가리키는 명칭으로 계속 불렀다. 문화재로서 고대의 모습을 되찾지 않았다고 하더라도 "우리 집은 원형경기장 안에 있다"는 사실을 거기에 살았던 사람들은 의식하지 않았을까.

## 신전 건축의 컨버전

최근 오피스 빌딩을 집합주택으로 전용하거나 창고를 상업시설로 전용하는 등 기존 건물에 새로운 역할을 부여하여 재이용하는 행위가 활발하며, 이러한 건축 행위는 컨버전이라고 불린다. 그런데 영일사전에서 'conversion'을 찾으면 건축의 세계에서 익숙한 "건물의 기능 전용"이라는 의미 외에 "신앙의 개종"이라는 의미도 있다는 것을 알 수 있다. 실은 고대 말기에는 양쪽의 의미에서 컨버전이 이뤄졌다. 즉 그리스·로마의 신들을 모시던 신전 건축은 고대 말기 이후 기독교 성당으로 전용되었다. 예를 들면 서양 고대 건축으로 가장 유명한 건축인 아테네의 파르테논 신전, 로마의 판테온은 모두 고대 말기부터 중세에 걸쳐 기독교 성당으로 전용되었다.

잘 알려져 있듯, 콘스탄티누스가 313년에 기독교를 공인한 이후 고대 그리스 이래의 그리스, 로마 신들을 향한 숭배는 점차 '이교'로서 금지되어 간다. 이교 숭배가 금지되자 신전 건축은 무용지물이 되었다. 로마 황제에 의한 이 커다란 방침 전환 후, 신전 건축은 어떠한 운명을 맞이하게 되었을까. 여기서는 5세기 초반에 테오도시우스 2세가 편찬한 로마법 법전《테오도시우스 법전(Codex Theodosianus)》을 좇음으로써 신전 건축의 환생에 대해 밝히고자 한다.

흥미롭게도 격동의 시대였던 4세기에는 신전 건축이 기독교 성당으로 바로 전용되는 일은 그다지 많지 않았던 것 같다. 우선 신전에 부주의한 출입이 금지되거나 신앙의 대상이 되는 신들의 우상이나 제단이 철거됨으로써 로마 신들에 대한 숭배가 부활하는 것을 막았던 것 같다. 또 법령이 반복적으로 금지하는 것은 신들에게 바치는 희생물이었다. 그리고 신전은 당시 공공 건축으로 전환되는 경우가 많았던 것 같다. 예를 들면 〈그림 2-1〉의《브라운과 호헨베르크의 지도》

에 그려진 님의 도시지도를 보면 유명한 로마 신전 '메종 카레(Maison carrée)'가 그려져 있는데, 건물 옆에는 "공공 건물(Le Capitole)"이라고 쓰여 있어서, 이곳이 일종의 공공 건축으로 사용되었음을 알 수 있다. 실제로 이 신전은 고대 말기 이후 님의 공공 건축으로 사용된 후, 16세기에 개인 소유가 되었고 그 후에는 축사로 전용되고 17세기가 되어 아우구스티노 수도회의 성당으로 전용된 조금 드문 사례이다.[1] 19세기에 수복된 후에는 고대 박물관으로 사용되고 있다.

따라서 아무래도 신전 건축이 어느 날 갑자기 교회 건축으로 전용된 것은 아닌 것 같다. 우선 신전이라는 오래된 용도가 폐기되는 단계를 거쳐 많은 수가 공공 건축으로 전용되었으나, 그중 몇몇이 기독교 성당으로 전용된 것이 실정일 것이다. 신전의 이런 단계적인 폐기와 전용의 과정을 《테오도시우스 법전》을 통해 살펴보도록 하자.[2]

## 《테오도시우스 법전》으로 본 신전의 환생

4세기 중반, 콘스탄티누스의 아들 콘스탄티우스 2세의 법령에는 아직 이교에 대한 비교적 온건한 태도를 살펴볼 수 있다.

모든 미신은 근절되어야만 하지만, 시벽 밖에 위치한 신전 건물에 대해서는 손을 대지 않고 상처를 입히는 일 없이 남겨야 한다는 것이 나의 의향이다. 전차 경기나 검투 경기를 비롯한 구경거리의 기원은 이들 몇몇 신전에 있는데, 로마 시민에게 축적된 오랜 오락의 역사를 가지는 정기적인 공연을 제공하므로 이들 건물을 파괴해서는 안 될 것이다.[3] _콘스탄티우스 2세, 346년

1 — François Enaud, "Du bon et du mauvais usage des monuments anciens, essai d' interprétation historique", *MH: Monuments historiques*, no. 5, 1978, p.11

2 — 《테오도시우스 법전》에 주목하여 신전의 환생을 밝히려고 했던 선행 연구로서 Michael Greenhalgh, *The Survival of Roman Antiquities in the Middle Ages*, Duckworth: London, 1989(특히 91~93쪽)를 들 수 있다.

그러나 4세기 후반이 되면 이미 신전이 공공 건축으로 전용되어 사용되는 모습을 볼 수 있다. 또 신들의 우상에 대해서도, 거기에서 종교성을 발견하는 것이 아니라 예술성을 발견한다는 점이 흥미롭다.

> 공공 의회의 권위에 기초하여 우리는 다음과 같이 포고한다. 한때는 군중 집회를
> 위해 사용되었으나 현재는 공공의 용도로 유용한 신전 중에서 아직도 우상이
> 설치도 어 있다는 보고가 있는데, 신성이 아니라 예술적 가치로 평가되어야
> 하며, 지금처럼 폐쇄되지 않고 계속해서 사용되어야 함을 포고한다….[4]
> _클라티아누스·발렌티니아누스·테오도시우스, 382년

399년에는 다음과 같은 법령이 포고되면서, 이제 '신전'은 '공공 건물'이라고 불리게 된다. 382년의 법령과 마찬가지로 장식은 배척되지 않고 오히려 보호의 대상이 되어 있다.

> 우리는 희생물을 금지했을 뿐이며, 따라서 공공 건물의 장식은 보호해야만 한다는
> 것이 우리의 의향이다….[5] _아르카디우스·호노리우스, 399년

그러나 같은 해, 두 명의 황제가 포고한 법령은 도시 밖에 있는 신전 파괴를 명하고 있다. 뒤에서 살펴보겠지만, 4세기 후반부터 5세기에 걸쳐 도시 내의 신전 건축은 도시의 미관 보호를 위해서 보존이 시도되었다. 반면 도시 밖에 있는 '전원지대의' 신전 파괴를 명했다는 사실은 흥미롭다. 이교의 어원인 라틴어 "paganus"가 시골뜨기를 가리키듯 도시 내 기독교 신앙의 고양과 비교했을 때 시

---

3 — 《テオドシウス法典》第一六卷 一〇章 第三法文, Clyde Pharr (trans.), *The Theodosian Code*, The Lawbook Exchange, 2001, p.471

4 — 《テオドシウス法典》第一六卷 一〇章 第八法文, ibid., p.473

5 — 《テオドシウス法典》第一六卷 一〇章 第一五法文, ibid., p.474

  2장. 재이용적 건축관: 사회 변동과 건축의 생존

골에서는 '이교' 숭배가 아직 강하게 남아 있었던 것일지도 모른다.

> 만약 전원지대에 신전이 있을 경우, 소란이나 소동을 일으키지 않도록 파괴해야만
> 한다. 또한 철거할 때는 모든 미신의 근원이 되는 물질적 기반부터 파괴해야만 한다.[1]
> _아르카디우스·호노리우스, 399년

서기 408년에는 신전 건축에 관한 두 개의 새로운 법령이 포고된다. 이 법령에는 신전 건축에 대한 로마 황제의 태도가 응축되어 있으며, 기독교 성당으로의 컨버전이 언급되어 있다는 점에서도 흥미롭다. 즉 신전의 수입원을 박탈하고 신앙의 대상이 되는 우상을 파괴할 것, 나아가 그 건물은 공공적인 용도로 사용됨으로써 존재 이유를 인정받으며, 종교 공간으로 재이용할 경우에는 기독교 건축으로 사용해야만 할 것이라고 명시되어 있다.

> 세금이나 그 외 수입은 신전으로부터 박탈하며, 국가에 중요한 병사들의 비용을
> 비롯해 국고의 도움이 되어야 한다.
>
> 一. 아직 신전이나 사원 안에 우상이 서 있고, 이교 숭배가 현재도 이뤄지고 있다면
> 근절해야 한다. 우리는 이 규칙을 반복해서 승인하고 포고한 사실을 인식하고 있다.
> 二. 시내 혹은 시외에 위치한 신전 건물은 공적으로 사용될 때 한해서 그 정당성을
> 인정받을 수 있다. 제단은 모두 파괴되어야 하며, 또 국가 소유의 모든 신전은 적절한
> 용도로 변경되어야만 한다. 개인 소유의 신전은 강제력을 동원해 파괴해야 한다.
> 三. 이런 장제(葬祭)의 장에서 떠들썩한 연회 혹은 신성모독적인 의식을 거행하거나
> 세속적 의식을 거행하는 것은 무엇이든 허가되어서는 안 된다. 이러한 관습을

---

1 ― 《テオドシウス法典》第一六巻 一〇章 第一六法文, Clyde Pharr (trans.), *The Theodosian Code*, The Lawbook Exchange, 2001, p.474

금하기 위해서 이들 장소를 교회 권력이 사용할 권리를 주교들에게 부여한다. (…)[2]
_아르카디우스·호노리우스·테오도시우스, 408년 11월 15일


일반법의 권위에 바탕해 포고한 모든 법령에 따라 우리는 도나투스파—이들은
몬타노스파라고도 불린다—에 반대하며, 마니교파 혹은 프리스킬리아파에
반대하며, 또 이교에 반대한다. 이 법령은 단순히 유효한 상태에 머물지 않고 완전히
집행되어야만 한다. 따라서 전술한 사람들의 건물과 카에리코라파의 건물 또한,
그들이 알려지지 않은 교의를 위한 집회를 하고 있다면 교회 소유로 만들어야만
한다.(…)[3] _호노리우스·테오도시우스, 408년 11월 15일


## 건축 유구로 본 신전의 환생

구체적인 사례로서 신전에서 성당으로 언제 개종·개수되었는지를 세세하게 밝히는 것은 좀처럼 쉽지 않다. 로마의 신전 건축으로서 명성이 높은 판테온은 608년에 동로마 황제 포카스가 교황 보니파시오 4세에게 헌정한 것으로, 다음 해인 609년 5월 13일에 산타 마리아 아드 마르티레스(Santa Maria ad Martyres)라는 이름의 기독교 성당으로 헌당되었다고 알려져 있다. 한편 이런 컨버전의 대표격인 아테네의 파르테논 신전에 대해서는 기독교 성당으로 전용되었다는 사실은 알려져 있지만, 컨버전 시기에 대한 기록은 남아 있지 않다.

다른 두 가지 사례와 비교하면 파르테논 신전에서 성당으로의 개축 사례는 상대적으로는 최소한의 개수(改修)였다고 할 수 있는데, 그래도 컨버전 자체는 대담했다(그림 2-4). 원래 파르테논 신전은 동쪽에 정면 입구가 있었는데 기독교 신전은 일반적으로 서쪽을 정면으로 삼기 때문에 축선이 반전되어 원래는 뒤쪽이었던 서쪽에 정면 입구가 마련되었고, 동쪽에는 성당의 내진(內陣, choir)이 되는 후진

2 — 《テオドシウス法典》第一六巻 一〇章 第一九法文, ibid., p.475
3 — 《テオドシウス法典》第一六巻 五章 第四三法文, ibid., p.458

 2장. 재이용적 건축관: 사회 변동과 건축의 생존

(後陣, apse)이라고 불리는 반원형 평면의 벽이 개축되었다. 또 내부를 구분하던 벽 일부는 통과할 수 있도록 개축되었다. 당연히 여신 아테나상은 철거되었을 것이다. 그러나 건물의 외관 그 자체는 고대 신전에서 그다지 큰 변화는 없었을 것으로 생각된다.[1]

그러나 다음 두 사례로부터 많은 신자가 한번에 모여서 예배를 보는 기독교 성당으로서는 일반 신전의 내부 공간은 작지 않았을까 유추할 수 있다.

예를 들어 시칠리아에 있는 현재의 시라쿠사 대성당은 원래 기원전 5세기경에 건설된 여신 아테나(로마명 미네르바)에게 바쳐진 신전이었는데, 기원후 7세기 무렵에 개축되어 기독교 성당이 되었다(그림 2-5). 그때 신전 벽체의 라인이 성당의 신랑(身廊)과 측랑(側廊)을 가르는 아케이드가 되어 신전 바깥 둘레의 원주열 라인에는 기둥과 기둥 사이를 석재로 메우고 이 부분을 외벽으로 만들었다. 현재도 시라쿠사 대성당 벽에서는 나중에 만들어진 벽 안에 매몰된 고대 도리아식 원주를 볼 수 있다. 시라쿠사에서는 기존 건물의 구조를 잘 활용해서 벽을 내부의 아케이드로, 바깥 둘레의 원주열을 외벽으로 변환함으로써 건축 내부 공간을 한층 크게 만드는 데 성공한 셈이다.

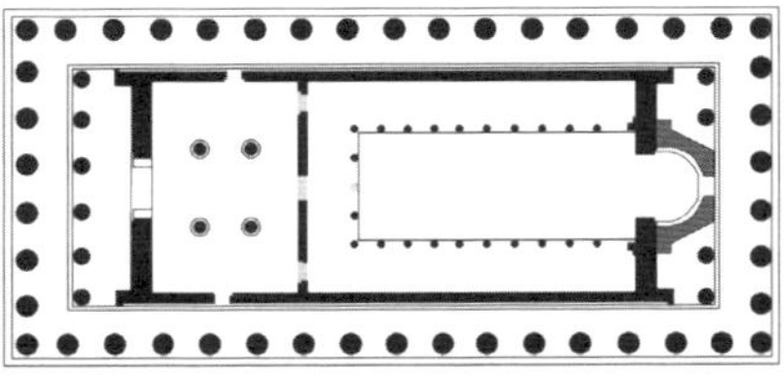

〈그림 2-4〉 아테네의 파르테논 신전에서 성모 마리아 성당으로의 전용

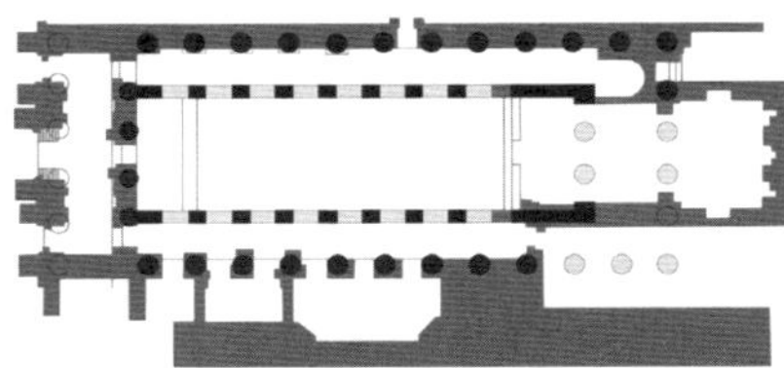

〈그림 2-5〉 시라쿠사의 아테나 신전에서 시라쿠사 대성당으로의 전용

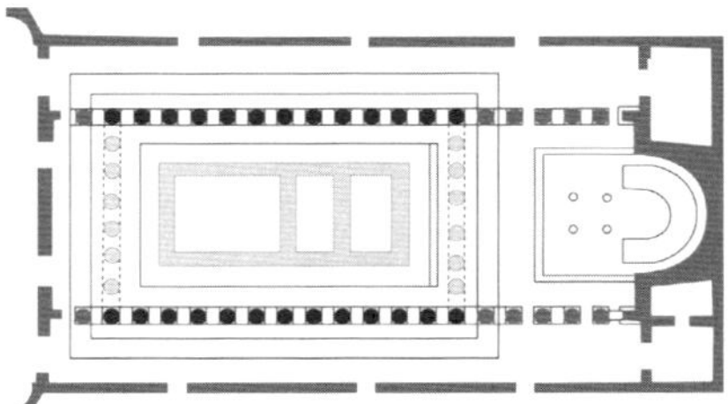

〈그림 2-6〉 아프로디테 신전에서 아프로디시아스 대성당으로의 전용

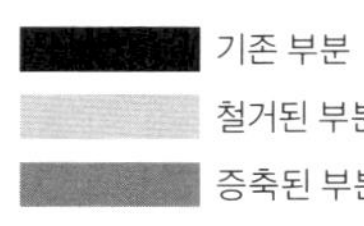


1 — Bryan Ward-Perkins, "Re-using the Architectural Legacy of the Past, *entre idéologie et pragmatisme*". G. P. Brogiolo and Bryan Ward-Perkins (eds.). *The Idea and Ideal of the Town between Late Antiquity and the Early Middle Ages*, Brill, 1999, pp.235~236

　더욱 대담한 사례가 터키의 아프로디시아스(Aphrodisias) 유적 조사로부터 확실해졌다(그림 2-6). 이 땅에는 기원 전후에 건설된 여신 아프로디테(로마명 베누스)에게 바쳐진 신전이 있었다. 이 신전은 서기 500년경에 기독교 성당으로 개축되었던 것 같다. 이 개축에서 신전 내부 공간을 둘러싼 벽체는 완전히 철거되었다. 그리고 신전 외부를 둘러싼 원주열을 새로운 바실리카식 기독교 성당 내부 열주로 보고 그대로 재이용하고 원래의 신전 전체를 한층 큰 새로운 벽으로 감싼 것이다.[2] 시라쿠사의 개축에서 신전 내부 공간이 한 겹 커진 기독교 성당 공간이 되었다면, 아프로디시아스에서는 두 겹 커졌다고 할 수 있다.

2 —　ibid., pp.234~235

# 스폴리아

## 스폴리아란 무엇인가

여기까지 살펴본 것은 기존 건물의 구조체와 공간을 어떻게 재이용해 왔는가의 사례였다. 그러나 건축 재이용의 수법은 그것만이 아니었다. 오히려 그 이상으로 빈번하게 이뤄져 온 것이 '스폴리아'라고 불리는 건축 부자재의 재이용이다. 스폴리아란 전쟁 등으로 빼앗은 전리품이나 짐승에게서 벗겨낸 모피 등이 어원이라고 일컬어지는데, 아름다운 조각으로 장식된 건축 부분이나 잘 다듬은 대리석 원주 등을 오래된 건물에서 '벗겨내어' 다른 건물에 재이용한 것을 말한다.[1]

최근 영어권의 연구에서는 '스폴리에이션(spoliation)'이라는 개념도 있다.[2] 이것은 스폴리아 행위 그 자체로 지금까지는 단순히 '폐허'라는 말로 치부되어왔던 건축 현상에 주목한 것이다. 실은 신전 건축의 재이용에서도 스폴리에이션은 활발히 이뤄졌다. 산피에트로의 지붕 동판 교체를 위해서 베누스 신전 지붕의 동판을 재이용하는 지극히 실리적인 스폴리에이션도 있어서,[3] 지금까지 살펴본 신전의 재이용은 한편으로는 '스폴리에이션의 역사'라고 할 수 있을 것이다.

스폴리아에는 기존 건물을 채석장으로 취급하고 도움이 될 만한 석재나 금속이나 목재를 반출하여 다른 건물에 재이용하는 실용적인 측면도, 장식적인 조각 모티프에 그려진 의미나 상징성을 중시해서 재이용하는 관념적인 측면도 있었다. 실용적 스폴리아에서 석재는 결국 가루가 되어 모르타르나 회반죽의 재료


1 — Dale Kinney, "The Concept of Spolia", Conrad Rudolph (ed.), *A Companion to Medieval Art*, Willey-Blackwell, 2010, p.233

2 — Dale Kinney, "Spoliation in Medieval Rome", Stefan Altekamp, Carmen Marcks-Jacobs and Peter Seiler (eds.), *Perspektiven der Spolienforschung 1*, Berlin, Boston: De Gruyter, 2013, pp.261~286: Richard Brilliant and Dale Kinney (eds.), *Reuse Value, Spolia and Appropriation in Art and Architecture from Constantine to Sherrie Levine*, Ashgate, 2011, pp.4~7

3 — Dale Kinney, "Spoliation in Medieval Rome", p.263

로까지 사용되었기 때문에 극단적으로 말하자면 기존 건물은 스폴리아에 의해 뼈까지 쪽쪽 빨려서 마지막에는 소멸하게 된다. 그러나 한편으로 스폴리에이션 된 폐허가 구조체로서 재이용되는 경우도 있었기 때문에 소멸하기 전에 다른 건물로 재탄생하는 경우도 있었다.

## 고대 말기의 스폴리아

실용적 스폴리아에서도 관념적 스폴리아에서도 기존 건물의 개개 부자재가 질 높은 재료를 사용해 정성스럽게 만들어져 있으면 있을수록 스폴리아로 활용하려는 욕구는 높아진다. 그래서 고대 말기에는 사용되지 않게 된 '이교'의 신전 건축은 스폴리아로 활용하기 알맞은 희생물이 된 것 같다. 다시 《테오도시우스 법전》을 참조하면 4세기부터 5세기에 걸쳐 신축을 금지하고 오래된 건축을 보호해야 한다는 법령이 반복되어 포고되었다는 것을 알 수 있다. 신축 공사가 시작될 때마다 재이용되는 스폴리아 때문에 희생된 역사적 건물이 그만큼 많이 존재했다는 것이다. 더불어 364년부터 365년에 걸쳐서 포고된 세 개의 법령에서는 아름다운 장식을 가진 역사적 건축이 도시의 미관 보호를 위해 중요했다는 관점을 읽어낼 수 있다.

> 어떠한 공직자도 영원한 도시 로마 안에는 황제 폐하의 명령이 없는 한 새로운
>
> 건물을 건설해서는 안 된다. 그러나 보기 흉한 폐허가 되어버린 모든 건물에
>
> 대해서는 수선 공사를 허가한다.[4] _발렌티누스 1세·발렌스, 364년 5월 25일

> 우리는 뻔뻔한 공직자들의 주제넘은 행동을 금지한다. 그들은 벽촌 동네의 폐허에서
>
> 대도시나 그 외 훌륭한 도시를 미화한다는 구실 아래 반출할 수 있는 조각상이나

---

[4] — 《テオドシウス法典》第一五巻 一章 第一一法文, Clyde Pharr (trans.), *The Theodosian Code*, The Lawbook Exchange, 2001, p.424

     2장. 재이용적 건축관: 사회 변동과 건축의 생존

대리석 조각이나 원주 같은 소재를 물색한다. 우리의 법이 시행된 후, 특히 이미 오랜 건물이 수선되기 전에 새로운 건물을 건설해서는 안 된다고 명했으니, 벌을 받는 일 없도록 이런 행위에 가담하는 일은 허용되어서는 안 된다. 실제로 새로운 건설 공사가 시작된 경우에도 다른 동네가 피해를 보는 일은 없어야 한다.[1]_발렌티아누스 1세·발렌스, 365년 1월 1일

신축을 명분으로 이미 존재하는 훌륭한 건물의 수선을 소홀히 하는 공직자들이 내린 건설 허가 명령은 모두 저지되어야 한다. 반면 시간이 흘러 황폐해진 건물을 옛 모습으로 수복하여 도시를 빛내면서 대리석 장식을 더해서 유용하게 공헌하는 경우에 대해 공직자는 관대한 허가를 내려야 한다. 건물을 공공을 위해 그리고 영속적인 의도로 세울 경우에는 기꺼이 허가하겠지만, 그런 경우가 아닌 신축 공사에 대해서는 허가를 내려서는 안 된다.[2]_발렌티누스 1세·발렌스, 365년 3월 15일

이들 법령에서 고대의 '역사적 건조물의 보존'이라는 관점을 발견할 수 있다. 그러나 그 배경에 있는 것은 근대 성장 시대의 재개발과는 본질적으로 다른 것이다. 로마 황제들은 축소 시대에 빈발한 스폴리에이션에 의해 폐허가 되는 것을 두려워했던 것이다. 한편 로마 황제들은 신전 건축에서 로마 신들에 대한 숭배가 부활하는 것을 금지하면서, 그 건물을 공공의 용도에 도움이 되도록 했다. 그러한 상황 속에서 '역사적 건조물'로서의 신전 건축은 호시탐탐 신축을 위한 스폴리에이션의 대상이 되었다. 이러한 배경 때문에 황제들은 도시 미관을 유지하기 위해서 스폴리에이션에 의해 로마의 영광스러운 전통을 나타내는 건축이 폐허가 되는 것을 막으려고 했던 것을 알 수 있다.

1 ― 《テオドシウス法典》第一五巻 一章 第一四法文, Clyde Pharr (trans.), *The Theodosian Code*, The Lawbook Exchange, 2001, p.424

2 ― 《テオドシウス法典》第一五巻 一章 第一六法文, ibid., p.425

그러나 4세기 후반을 통해 사회 상황은 더욱더 냉엄해져 간다. 전술한 세 개의 법령을 포고한 황제 중 한 사람인 황제 발렌스도 고트인들과의 군사 충돌에 패해 378년에 전사해 버렸다. 이러한 사태로 도시의 군사적 방비와 인프라 유지·정비의 중요성이 도시 미화를 요구하는 법령을 덮어쓰게 된 듯하다. 다음의 법령에는 신전에서의 스폴리에이션이 암묵리에 인정된다.

> 그대들기 동의한 대로 여행자들이 정기적으로 통행하는 도로와 다리, 그리고
> 수도교(水道橋)도 시벽(市壁)과 마찬가지로 적절한 비용이 지원되어야만 하며,
> 파괴된 신전에서 유래된 재료는 이들 구조물이 완성되도록 배분되어야만 한다.[3]
> _아르카디우스·호노리우스, 397년 11월 1일

그러나 다음 해, 두 명의 황제는 위의 말을 철회하는 태도를 보이면서, 모든 스폴리아가 허가된 것은 아니라는 점을 강조한다. 사회의 안정을 위한 인프라 정비는 필요하지만 동시에 제국의 권위를 나타내는 역사적 건축의 파괴행위도 막아야만 했다.

> 이런 경솔한 무법 상태를 그대로 두어서는 안 되며, 우리를 대신해 일하는 담당
> 행정관에게 허락받기 전에는 새로운 건설 공사를 시작해서는 안 되며, 브론즈나
> 대리석이나 그 외의 재료로 만들어진 어떠한 장식도 구조물에서 벗겨내려고 해서는
> 안 된다 장식은 실제로 실용적인 기능을 하며, 여러 행정구역의 미관을 이룬다는
> 것을 입증할 수 있다. 또 황제의 지시 없이 구조물의 재료를 대담하게 다른 장소로
> 이송해서는 안 된다. (…)[4] _아르카디우스·호노리우스, 398년 1월 1일

---

3 —　《テオドシウス法典》第一五巻 一章 第三六法文, ibid., p.427
4 —　《テオドシウス法典》第一五巻 一章 第三七法文, ibid., p.427

　　　2장. 재이용적 건축관: 사회 변동과 건축의 생존

이 불안정한 시대에 스폴리에이션은 이미 막을 수 없을 정도로 일반적인 행위가 되었을지도 모른다. 일련의 법령은 무제한으로 스폴리에이션이 이뤄짐으로써 도시경관이 폐허화하는 것을 막으려고 했다고 볼 수 있지만 황제를 포함해 그 유용성을 인식하고 있었다는 것을 인프라 정비에 관한 법령에서 알 수 있다. 그뿐 아니라 일련의 법령이 포고되기 훨씬 이전, 4세기 초반에 이미 황제 콘스탄티누스의 개선문 건설에 스폴리에이션이 적극적으로 이뤄졌다는 사실은 잘 알려져 있다.

## 콘스탄티누스의 개선문

콘스탄티누스의 개선문은 315년에 원로원이 황제에게 바친 것으로 로마의 포로 로마노(Foro Romano) 일각에 세워진 고대 로마 시대 황제의 개선문 중에서도 잘 알려진 것이다. 그러나 이 개선문의 많은 장식은 실은 건설될 때 만들어진 것이 아니라 150년부터 200년 정도를 거슬러 올라가는 오현제 시대의 트라야누스, 하드리아누스, 마르쿠스 아우렐리우스 시대에 만들어진 조각의 황제 얼굴 묘사만 콘스탄티누스의 조각상으로 수정하여 이 신축된 개선문에 끼워 넣은 것이라고 추측된다[1](그림 2-7).

〈그림 2-7〉 콘스탄티누스의 개선문과 스폴리아

1 — Bryan Ward-Perkins, "Re-using the Architectural Legacy of the Past, entre *idéologie et pragmatisme*". G. P. Brogiolo and Bryan Ward-Perkins (eds.). *The Idea and Ideal of the Town between Late Antiquity and the Early Middle Ages*, Brill, 1999, p.227

이 사실은 르네상스 시대에도 잘 알려져 있었다. 16세기의 건축가 조르조 바사리(Giorgio Vasari)는 다음과 같이 쓴다.

> 당시 뛰어난 공장(工匠)이 없었기 때문에, 그 개선문에서는 트라야누스 황제 시대에 제작된 대리석 돋을새김 조상뿐만 아니라 각지에서 로마로 가져온 전리품들을 그대로 이용한 것을 볼 수 있다. 원형 장식 안에 얕은 돋을새김(mezzo relievo)으로 새긴 봉헌물(奉献物)들, 죄수들, 많은 군중, 원주(円柱), 쇠시리 장식, 기타 장신구들 즉 고대에 제작된 유품을 이용한 부분(spoglie)은 퍽 아름답고 눈에 띄지만, 당시 조각가들이 만들어 넣은 곳은 정말 보기 흉하다.[2][•]

16세기에 콘스탄티누스 개선문의 스폴리아가 알려져 있었다는 사실이 놀라운 한편, 고대 전성기의 예술은 수준이 높고 고대 말기의 예술은 보기 흉하다는 바사리의 단정에는 약간 위화감을 느끼지 않을 수 없다. 이것은 그야말로 르네상스인의 역사 인식이자 유럽의 전통적인 미술사학의 기초가 된 인식이다. 이에 대해 현대의 역사가는 원로원이 황제 콘스탄티누스를 과거의 명군과 연결하려고 했던 것이 아닐까하는 스폴리아의 관념적(ideological) 측면과 저렴하고 빠르게 이 감동적인 개선문을 완성한 것이 아닐지 하는 실용적인 측면을 지적한다.[3] 물론 사회가 불안하던 시대에 수준 높은 작품을 제작할 수 있는 장인이 부족했다는 '로마 쇠퇴'라는 측면도 지적할 수 있겠다. 그러나 바사리의 지적은 고대 전성기의 예술 작품은 질이 높고, 고대 말기에서 중세에 걸쳐서 질이 저하되었다는, 조각 작품의 형태적 아름다움 문제만으로 한정되어 있다. 아니, 오히려 이렇게 말해야 할지도 모른다. 르네상스인이 이상적인 미의 형식을 발견한 시대를 고대

---


2 — ジョルジョ・ヴァザーリ, 《ヴァザーリの芸術論: 〈芸術家列伝〉における技法論と美学》, ヴァザーリ研究会(編), 平凡社, 1980, pp.180~181

• — 조르조 바사리, 《르네상스 미술가평전》 1권, 이근배 옮김, 고종희 해설, 한길사, 2018, 75쪽

3 — Bryan Ward-Perkins, ibid., p.228


          2장. 재이용적 건축관: 사회 변동과 건축의 생존

전성기라고 불렀고, 그들의 이상과는 다른 스타일을 쇠퇴로 평가했다고.[1] 바사리는 다른 스폴리아 사례에 대해서도 언급하는데, 어느 부분에서도 스폴리아가 본질적으로 가진 역사의 계승이나 그 역사가 자아내는 물성(materiality)은 전혀 언급하지 않는다. 르네상스는 분명 고대를 재발견한 시대였지만, 그들은 고대의 '형식(form)'을 추출하여 모방함으로써 르네상스를 실현한 것이다. 이 '16세기의 형식주의(formalism)' 문제에 대해서는 3장에서 다시 살펴보도록 하자.

## 중세의 스폴리아

사실 고대를 재발견한 것은 15, 16세기의 이탈리아인만이 아니었다. 9세기의 샤를마뉴는 서로마 황제를 자칭하며 고대 로마제국의 부활을 꾀했다. 그의 궁정문화가 이룬 예술적·문화적 실현을 후세의 역사가들은 카롤링거 르네상스로 불렀다. 또 12세기에도 고대의 학예에 접근했고, 이는 12세기 르네상스라고 불린다. 카롤링거 르네상스 시대에도 12세기 르네상스 시대에도 고대와의 연결을 제시하기 위한 중요한 열쇠 중 하나가 스폴리아였다.

샤를마뉴는 고대 로마제국 부활을 목표로 아헨의 궁정 예배당(Aix-la-Chapelle)을 건설토록 한다. 이때 예배당 건설의 모델이 된 것은 라벤나의 산비탈레 성당(Basilica di San Vitale)이었다. 그러나 이 장려한 궁정 예배당을 건설하는 데 모방한 것은 고대의 형식만이 아니었다. 샤를마뉴는 실제로 고대에 사용되었던 대리석 원주를 라벤나나 로마에서 들여와서 그것을 이 신축 예배당에 재이용함으로써 물질적으로 고대와 연결되었음을 드러내려고 했다. 샤를마뉴의 궁전에서 지식인으로서 활약하고 샤를마뉴의 전기를 쓴 아인하르트(Einhard)는 다음과 같이 쓴다.

---

1 —  질리언 클락은 다음과 같이 지적한다. "'고대 말기'는 '르네상스 말기'와 마찬가지로 하나의 양식 카테고리로서 미술사에서 시작된 개념이다. 중립적인 용어가 아니다. 그 이전의 것에서 파생한 2차적 산물이거나, 그 이전의 것이 쇠퇴한 모습이거나, 혹은 그 모두라고 여겨졌다. 만약 고대 말기의 조각가든 시인이든 고전기의 스타일로 작품을 제작했다면 아이디어가 고갈되었기 때문이라고 여겨졌다. 그렇다고 해서 다른 방법을 취했을 경우, 특히 회화에서 선명한 색채, 문학에서도 선명한 이미지를 다용하면, 야만인의 밝음을 좋아한다고 고전적 양식을 잘 다룰 역량이 없는 증거로 여겨졌다." (ジリアン・クラーク, 《古代末期のローマ帝国: 多文化の織りなす世界》, 足立広明訳, 自水社, 2015, pp.125~126)

이 때문에 아쿠아에 그라니(Aquae Granni)*에 아주 아름다운 대성당을 세워 금과 은과 등불로, 그리고 순동으로 된 문과 제단 격자로 장식했다. 이것을 세우기 위한 대리스 기둥을 다른 토지에서는 구할 수 없었기 때문에 로마나 라벤나에서 운반해 오도톡 수배했다.[2]

호주의 미술사가 마이클 그린할(Michael Greenhalgh)은 중세의 문헌에서 확인되는 석재(lapis)와 대리석(marmore)의 구별을 지적한다.[3] 대리석 원주는 잘라낸 돌을 쌓아서 만드는 석재 원주와는 달리 모놀리스(monolith)로 제작되기 때문에 그 자체가 거대하며, 또 연마되어 빛을 발한다. 중세 유럽에서 대리석이라는 소재는 단순한 석재로서의 선택지 중 하나가 아니라 그 자체가 특별한 존재였던 것이다. 특히 알프스 이북의 북유럽에서는 지중해 세계와는 다르게 대리석이 근방의 채석장에서 산출되는 일이 적었다. 중세 북유럽에서 대리석은 그 질감 때문에 칭송되는 귀중한 석재였을 뿐 아니라 고대 로마로의 회귀라는 일종의 이데올로기를 표명하는 것이기도 했다.

## 스폴리아와 물성

대리석의 질감을 찬미하고 대리석 원주라는 구체적인 소재로 고대 로마를 계승하려 했던 것은 12세기의 생드니 대수도원장 쉬제르도 마찬가지였다. 쉬제르가 역대 프랑스 왕가의 유해를 모시는 사원이었던 생드니 대수도원을 왕가에 걸맞은 훌륭한 성당으로 개축했고, 1144년에 헌당된 이 건축이 고딕 양식이라는 중세의 새롭고 화려한 양식의 효시가 된 것은 잘 알려져 있다. 고딕 양식은 후에 고대와 르네상스 건축양식(고전양식)과 반대된 양식으로 자리매김되기 때문에 '반고

* — 고대 로마 시대 아헨 지역을 부르던 지명

2 — エインハルドゥス, ノトケルス, 《カロルス大帝伝》, 國原吉之助訳, 筑摩書房, 1988, p.36

3 — Michael Greenhalgh, *The Survival of Roman Antiquities in the Middle Ages*, London: Duckworth, 1989, p.122

 2장. 재이용적 건축관: 사회 변동과 건축의 생존

전' 등으로 불리는 일도 있지만, 수도원장 쉬제르의 목표는 결코 고대를 배반하는 것이 아니라 오히려 고대를 역사적으로 계승하는 것이었다.

이어서 살펴보겠지만 쉬제르가 생드니에서 실시한 것은 신축 공사가 아니라 카롤링거 시기에 건설된 성당의 증개축 공사였으며, 말하자면 리노베이션이었다. 쉬제르는 그가 남긴 건설 기록에서 카롤링거 시기의 성당 안에 서 있던 대리석 원주열의 물성을 칭송하며 "다양하게 변화하는 상찬할 만한 대리석 원주"[1]라고 썼다. 쉬제르는 이들 원주를 포함한 성당의 기존 부분의 건설 시기가 메로빙거 왕조의 다고베르트 1세 치세인 7세기 초엽이라고 오해하고 있었으며(실제로는 카롤링거 왕조인 8세기 건축이었지만), 때문에 쉬제르에게는 거의 고대와 마찬가지로 오래된 시대였다. 그는 이 '고대'의 성당과 조화하는 리노베이션을 위해서 다음과 같이 생각한다.

우선 오래된 건물과 새로운 건물의 적합성과 일관성에 주의했다. 이 때문에 우리는
대리석이나 대리석과 동등한 재질의 기둥을 입수하기 위해서 생각하고, 자문하고,
멀리 떨어진 여러 지역을 조사했는데, 아무것도 찾을 수 없었다. 그리고 하나의
생각만 떠올라서 우리를 고민하게 했다.
다름 아닌 도회지에서—왜냐하면 로마에서는 디오클레티아누스 황제의 궁전이나
그 외의 욕장에서 우리는 종종 경탄할 만한 기둥을 바라보았기 때문에—, 벗들의
막대한 비용을 들여 지중해를 안전한 함대로 건너고, 거기에서 잉글랜드 해협과
구불구불한 센강을 통하여, 나아가서 적인 사라센인에게 교통세를 물어가면서까지
대리석 기둥을 손에 넣으려는 생각이다.[2]

1 — "Quam cum mirifica marmorearum columnarum varietate componens…", Erwin Panofsky, *Abbot Suger on the Abbey Church of St.-Denis and Its Art Treasures*, Princeton University Press, 1979, p.86

2 — 《サン·ドニ修道院長シュジェール: ルイ六世伝、ルイ七世伝、定め書、献堂記、統治記》, 森洋訳·編, 中央公論美術出版, 2002, pp.191~192

쉬제르가 고대의 건축과 현대의 건축을 조화시키려고 생각했을 때, 그가 중시한 것은 고대의 조각 형식이 아니었다.[3] 대리석이라는 재료 그 자체였으며, 그 질감으로 역사의 계승을 표현할 수 있다고 생각한 것이다.

여기까지 고대 말기에서 중세에 걸친 건축 재이용의 다양한 측면을 논했다. 고대 전성기의 놀랄 만한 안정이 고대 말기의 사회 변동으로 전환되었을 때, 재이용은 중요한 건축행위로 부상한다. 건물의 재이용에는 실용적인 재이용과 관념적인 재이용이 있었는데, 스폴리아의 역사를 살펴보면 이들 두 측면에 더해 물성이라는 관점도 중요했다. 물성이 자아내는 역사성은 16세기 이후가 되면 형식성으로 대체되는데, 이 문제에 대해서는 3장에서 다루고자 한다.

스폴리아는 고대 말기뿐 아니라 중세에도 활발했다. 11세기의 몬테 카시노(Monte Cassino)의 데시데리우스(Desiderius), 12세기 생드니의 쉬제르나 블루아의 헨리(Henry of Blois)에 이르기까지, 많은 지식인 성직자가 스폴리아로 고대와의 연결을 보여주려고 했던 것이 알려져 있다.[4] 그러나 이 무렵부터 사회 상황은 새로운 단계로 이행하며 건축 재이용의 역사에도 새로운 국면이 등장하게 된다.

---

**3 —** 한편으로 생드니에 있는 원주의 사용, 주두 조각의 식물 모티프 등에서 고대 형식의 부활을 찾으려 했던 연구도 있다. Jean Bony, "What Possible Sources for the Chevet of Saint-Denis?", Paula Lieber Gerson (ed.), *Abbot Suger and Saint-Denis*, New York: The Metropolitan Museum of Art, 1986, pp.131~142

**4 —** Dale Kinney, "Spoliation in Medieval Rome", Stefan Altekamp, Carmen Marcks-Jacobs and Peter Seiler (eds.), *Perspektiven der Spolienforschung* 1, Berlin, Boston: De Gruyter, 2013, p.261

   2장. 재이용적 건축관: 사회 변동과 건축의 생존

# 중세의 성장 시대

## 12세기·13세기의 성장 시대

중세 전성기라고 불리는 12세기부터 13세기가 되면 유럽은 성장 시대라고도 할 만한 인구 증가의 시대에 돌입한다. 장 짐펠(Jean Gimpel)은 11세기부터 13세기에 일어난 기술 혁신을 '중세의 산업혁명'이라고 불렀다.[1] 짐펠이 강조한 것은 중세의 제철 산업이다. 수차나 풍차의 회전운동을 캠축을 사용한 수직운동으로 변환할 수 있게 됨으로써 드롭 해머나 수력 풀무 등이 자동화되어 제철에 활용되었다고 한다.

철 생산량의 증가는 농기구의 개량으로 이어졌다. 농기구의 개량은 농업 생산성 향상으로 이어졌다. 그리고 농업 생산성의 향상은 인구 증가를 촉진하여 인구 증가와 철을 이용한 농기구의 개량으로 삼림이나 황무지 개척이 가능해지면서 농경지가 더욱 확대된다.

인구가 안정적으로 증가한 데는 중세의 기후도 영향을 끼쳤다. 9세기부터 13세기까지 서유럽 일대에는 온난한 기후가 계속되어 '중세의 온난기'라고 불렸다. 그러다 14세기가 되면 기후가 한랭화하여 삼엄한 추위가 이어지기 시작한다. 그래서 14세기부터 19세기까지를 '소빙하기' 등으로 부르는 일도 있었다. 13세기부터 14세기에 걸쳐 크게 변화한 기후변동에 제대로 대응하지 못해서 14세기에는 갑작스러운 흉작과 전염병이 만연한다. 이렇게 찾아온 14세기의 인구 감소 시대에 대해서는 뒤에서 살펴보도록 하고, 우선은 12세기, 13세기의 인구 증가 시대를 살펴보자.

인구 증가는 도시의 확대를 초래했다. 마을은 읍이 되고 읍은 도시가 되고 도시는 대도시가 되었다. 건축사 분야에서 강조되어야 할 것은 12세기 중반에 고딕 양식이 탄생한 것이다. 불어난 도시 주민을 한 번에 수용하기 위해서 교회당

---

1 — ジャン·ギャンペル, 《中世の産業革命》, 坂本賢三訳, 岩波書店, 1978

의 건축 공간도 확대되었다. 거대한 고딕 대성당이 건설되기 시작한 것은 12세기 후반의 일이었다.

고딕 대성당의 건설 또한 '중세의 산업혁명'과 밀접하게 연결되어 있다. 높이 40m에 달하는 거대하고 뻥 뚫린 공간을 가진 고딕 대성당을 가능하게 한 것은 채석의 정밀도 향상이었다. 철의 생산량이 늘어나고 건축 도구의 질이 향상됨에 따라 블록 모양의 마름돌을 정확하게 수직 수평으로 잘라낼 수 있게 되었다는 점, 그리고 석재 그 자체가 거대화되었다는 점이 왜곡 없이 압도적인 높이까지 도달하는 구조물을 가능하게 했다. 고대 이집트나 그리스의 거석 문명 이후 고대 로마나 중세 전기의 로마네스크 건축에서는 비교적 작은 크기의 마름돌을 쌓아 올리고 표층면에 자갈이나 잡석을 섞은 콘크리트나 모르타르를 쏟아 넣어 그들 전체가 경화하여 일체화한 두터운 벽을 구조체로서 사용하는 공법이 일반적이었다. 고딕 시대가 되면 다시 거석을 사용하는 공법이 되살아난 것이다.[2]

고딕 건축과 철의 관계는 도구에만 한정된 것은 아니다. 고딕 이전에는 아치나 볼트에 의해 생겨난 추력은 두터운 벽의 압축력으로 억제되었다. 그러나 고딕 건축 시대가 되면 사슬 모양으로 연결된 철 부분을 구조체 안에 두름으로써 압축력이 아니라 인장력으로 추력 문제를 해결하는 새로운 구조 시스템이 태어난다. 이렇게 이 거대 건축은 골조와 같은 구조 시스템을 이용하게 되어 벽면을 모두 스테인드글라스로 장식하는 극적인 변화를 이뤄냈다.[3]

이 인구 증가의 성장 시대에 건축 재이용은 어떻게 진행되었을까. 고대 말기에서 중세 초기에 걸친 축소 시대에는 사용할 길이 없어 유지할 수 없었던 기존

---

**2** — Dieter Kimpel, "L'apparitiondes éléments de série dans les grands ouvrages", *Dossiers histoire et archéologie*, n.47, nov. 1980, pp.40~59

**3** — 고딕 건축에서 "chaînage"라고 불리는 쇠사슬 모양으로 연결된 철 부자재가 사용되었던 것에 대해서는 이미 비올레르뒤크의 《중세건축사전》에서 지적한다. Viollet-le-Duc, *Dictionnaire raisonne de l'architecture française du XI^e au XVI^e siecle*, t. II, 1854, pp.396~404; 또 최근의 연구에서는 이하의 서적이 고딕 건축에서 사용된 철과 아연에 대해 폭넓게 논한다. Arnaud Timbert (dir.), *L'homme et la matière, l'emploi du plomb et du fer dans l'architecture gothique*, Actes du colloque Noyon, 16-17 nov. 2006, Picard, 2009

  2장. 재이용적 건축관: 사회 변동과 건축의 생존

건물의 전용이나 부자재의 재이용이 활발했다는 점은 앞에서 살펴봤다. 성장 시대가 되면 인구에 비해 건축 공간이 부족해짐으로 신축 행위가 늘어나게 된다. 예를 들어 신도시를 처음부터 건설하는 사례도 적지 않았던 것 같다. 13세기의 남프랑스에서는 300곳이나 이르는 바스티드(bastide)라고 불리는 격자형 신도시가 건설되었다고 한다.[1] 프론티어 개척이라고도 할 만한 활발한 도시건설이다.

그러나 이미 도시가 존재하여 거기에 기존 건물이 존재하는 경우에는 현대처럼 스크랩 앤 빌드할 수 없는 경우가 많았다. 건물이 거대해질수록 조적조 건설 공사에는 오랜 시간을 요하며 매일의 생활을 유지하면서 건설 활동을 하기 위해서는, 파괴하고 신축하는 재개발 방법이 아니라 기존 건물을 계속 사용하면서 증개축하는 리노베이션으로 기존 건축의 재이용이 적합했다. 이 시기, 생드니에서 탄생한 고딕이라는 새로운 양식이 유행하여 상당수의 오래된 성당 건축이 개축된다. 이것은 최신 유행을 받아들이면서 건축을 거대하게 재구성하는 장대한 개축 사업이었다.

12세기는 건축 붐이라고 부를 수 있는 시대였던 것이다.

## 로마네스크 수도원과 기존 재이용

중세 로마네스크 문화의 기반이 된 수도원도 이 무렵 전성기를 맞이했다. 그중에서도 중앙집권적인 조직 운영의 성공으로 10세기부터 12세기에 걸쳐 폭발적으로 발전을 이뤄, 당시의 유럽에서 최대 규모의 수도회 조직이 된 것은 클뤼니(Cluny) 수도회였다.

초대 수도원장이 노령으로 은퇴한 926년에는 겨우 6개의 수도원이 클뤼니에 속해 있었는데, 제5대 수도원장 오딜로(Odilo)가 재위하던 11세기 초반에는 14개의 수도원이, 최전성기를 맞이한 12세기에는 유럽 전체에 1,500개 가까이 되는 클뤼

---

1 —　伊藤毅編,《バスティード-フランス中世新都市と建築》, 中央公論美術出版, 2009, p.4

니계 수도원이 있었다고 한다.[2]

　10세기 초엽에 건설된 최초의 클뤼니 대수도원은 바로 비좁아져 버려서 10세기 후반에 개축되어 현대의 연구자로부터 제2 클뤼니라고 불리는 새로운 성당이 건설되었다. 이 제2 클뤼니의 시대 즉 11세기 전반에는 클뤼니 대수도원에 소속되어 있던 수도사의 수는 약 70명 정도였다고 한다. 클뤼니의 번영기에 최장기간 대수도원장의 자리에 군림했던 위그 드 시무어(Hugues de Semur, 재위 1049~1109)의 시대에는 수도사의 수도 급증하여 1085년에는 200명, 1109년에는 300명에 달했다.[3] 이러한 수도사의 증가에 맞춰 더욱 거대한 제3 클뤼니의 건설이 시작된다. 1130년에 로마 교황 인노첸시오 II세(Innocentius PP. II)의 손으로 헌당된 새로운 성당은 프랑스 최대의 수도원 부속 성당이었다. 유력자가 많은 수행인을 동반하고 이 거대한 수도원을 찾을 때도 성당에는 1,000명을 수용할 수 있었고 대 침실과 대식당 등의 시설에는 1,200명이나 되는 사람을 수용할 수 있었다고 한다.[4]

　이러한 일련의 재건축 공사는 현대적인 감각에서 보면 경제발전에 따른 스크랩 앤 빌드처럼 생각될지도 모르겠다. 그러나 많은 수도사가 매일의 생활을 영위하면서도 진행된 개축 공사는 역시 기존 건물의 재이용을 동반한 것이었다(그림 2-8). 그중에서도 대식당, 대침실, 집회실 등 회랑을 둘러싼 수도사들의 생활공간은 제2 클뤼니에서 제3 클뤼니로의 대개축 때에도 극단적인 변화는 없었던 것 같다. 오히려 이들 생활공간을 계속해서 이용하면서 주변 부분을 개축해 나가는 수법으로 대규모 리노베이션이 진행되어 갔다. 제3 클뤼니 성당이라고 불리는 거대한 성당은 부지 바깥쪽에 구 성당과 인접하도록 건설되었다는 점에서 완전한 신축이었다고 추정된다. 한편 필요하지 않게 된 구 성당의 신랑 부분은 파괴되어

2 —　Marcel Aubert, *L'architecture cistercienne en France*, Paris, 1943, pp.13, 15; Kenneth John Conant, *Carolingian Romanesque Architecture 800-1200*, Yale University Press, 1993, p.186; W. ブラウンフェルス, 《図説 西欧の修道院建築》, 渡辺鴻訳, 八坂書房, 2009, p.83

3 —　K.J. Conant, ibid., p.195

4 —　ブラウンフェルス, ibid., p.87

　　2장. 재이용적 건축관: 사회 변동과 건축의 생존

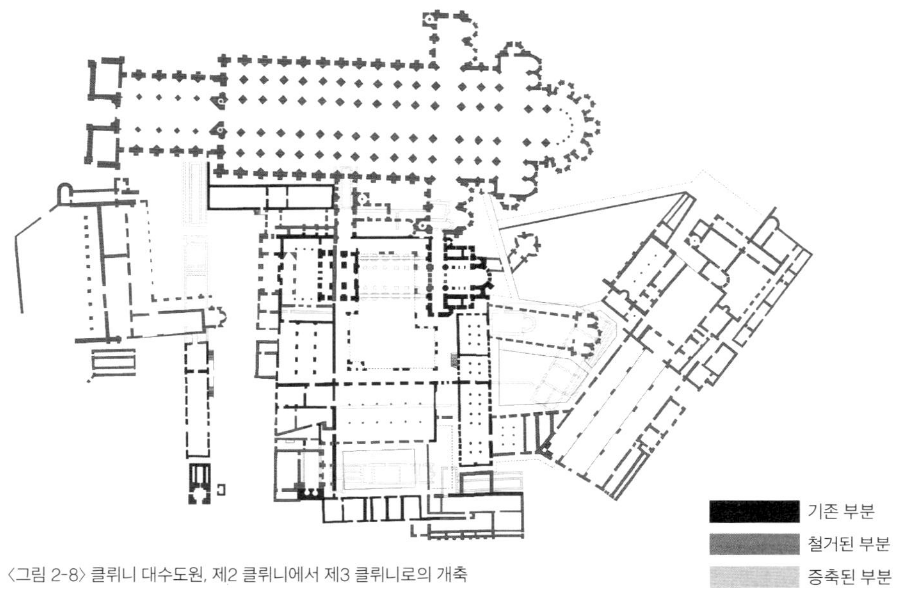



〈그림 2-8〉 클뤼니 대수도원, 제2 클뤼니에서 제3 클뤼니로의 개축

회랑의 일부에 포함되고 제단 부분은 재이용되어 예배당이 되었다.

## 고딕 대성당과 기존 재이용

클뤼니 대수도원이 최전성기를 맞이한 12세기 중반 무렵, 파리를 중심으로 한 일 드프랑스(île-de-France) 지방 일대에는 로마네스크를 대신하는 새로운 양식인 '고딕' 이 등장한다. 고딕 건축은 생드니라는 수도원에서 탄생했는데, 이 양식이 발전한 것은 도심부의 대성당에서였다. 수도원이 사람이 사는 마을에서 떨어진 벽촌에 많이 건설되었던 반면, 대성당은 로마 교황에 의해 인정된 주교좌 도시에 건설되 는 성당이며, 많은 도시 주민을 수용할 것이 요구되는 거대 건축이었다. 이들 도 시 대부분은 고대까지 거슬러 올라가는 긴 역사를 가진 도시였다. 12세기, 13세 기의 인구 증가에 응하듯 이들 도시에 대성당을 건설할 때, 역시 기존 구조물의 재이용이 인정되었다.

이미 몇 번이나 언급했듯이 고딕 양식의 탄생지로 알려진 파리 교외의 생드 니 대수도원에서 대수도원장 쉬제르의 건설 프로젝트는 이 새로운 양식을 낳은 혁신적인 프로젝트였다. 그가 이 프로젝트에 착수한 최대의 이유는 다름 아닌 중세의 인구 증가 문제였다. 쉬제르는 개축의 이유로 "거기에 유일하게 결여된 것은 적당한 크기를 가지고 있지 않은 것이었다"[1]라고 쓴다. 개축 전의 작은 성당에서 너무 많은 신도가 넘쳐나는 모습을 쉬제르는 독특한 표현으로 묘사한다.

여러 성인의 축복을 받기 위해 신도들은 자주 예배를 드리려고 하는데, 성당의 협소함은 이루 말할 수 없을 정도여서 매번 심각한 불편을 겪어왔다. 더구나 축일에는 모든 문을 통해 신도들이 몰려와 범람을 일으킬 정도이다. 들어오기도 어렵지만, 이미 들어와 있는 신도들 역시 그 앞을 가로막는 사람들 틈에 끼어 앞으로 나아가는 것이 불가능하다. 때로 당신은 놀랄 만한 광경을 보게 될 것이다. 즉 주의 십자가의 못과 면류관 등 성물을 숭앙하고 이것에 입맞춤하기 위해 필사적인 신도들은 군중의 심한 저항에 부딪혀 개중에는 다리를 움직이지 못하고 대리석상처럼 가만히 서 있을 수밖에 없게 되어 꼼짝없이 경직되는데, 그저 외칠 수밖에 없게 된다. 특히 부인들의 고뇌는 너무나도 견디기 힘든 것이었다. 즉 그녀들은 포도주 압축기에 끼인 것처럼 강한 남자들 틈에 섞여 마치 죽음을 상상한 것 같이 핏기 없는 얼굴로 임산부처럼 무서운 비명을 올렸다. 그녀들 중 몇 명은 처참하게 짓눌렸는데 남자들의 애정 어린 조력으로 머리 위에 들어 올려져 그들 위를 마치 포석을 지나가는 듯이 조심조심 나아갔다.[2]

생드니 대수도원은 파리 중심부의 시테섬에서 북쪽으로 10km 정도 가면 있는데, 걸어도 겨우 2, 3시간 걸리는 거리다. 아마 이 많은 신자가 축제 날에 맞춰 파리에서 찾아온 것일 터다.

쉬제르는 우선 수도원 부속 성당의 입구 부근의 공간을 확대하기 위해서 오

---

1 —　《サン・ドニ修道院長シュジェール─ルイ六世伝、ルイ七世伝、定め書、献堂記、統治記》, 森洋訳·編, 中央公論美術出版, 2002, p.188

2 —　ibid.

래된 신랑을 연장하여 더욱 큰 신축 입구 부분과 접속할 계획을 세웠다. 이 오래된 신랑 대부분은 실제로는 8세기 후반에 카롤링거 왕조의 단신왕 피핀 시절 당시의 대수도원장 풀라도(Fulrad)가 건설케 한 것으로 생각되는데, 쉬제르는 100년 이상 전인 7세기 전반 메로빙거 왕조의 다고베르트 1세에 의해 창건된 성당이었다고 오해하고 있었다.' 따라서 쉬제르는 500년 전에 건설된 오래된 신랑(실제로는 약 400년의 역사였으나, 그래도 아주 오래되었다고 할 수 있다)의 연장을 위해 "오래된 건물과 새로운 건물과의 적합성과 일관성"을 고심한 끝에, 그 역사성을 안고 있는 원주열을 연장하기로 했다. 그 때문에 그가 "디오클레티누스 황제의 궁전이나 그

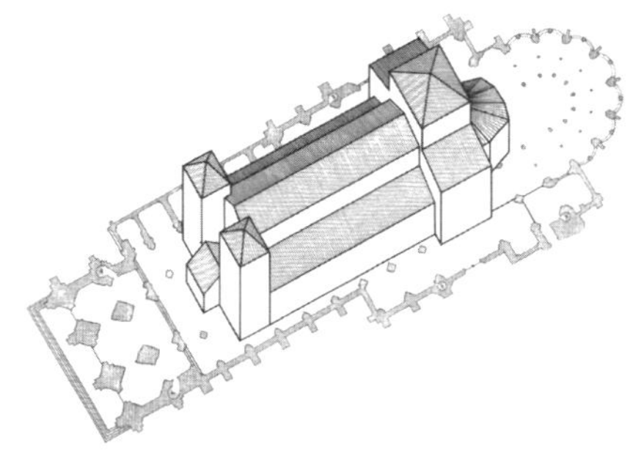

〈그림 2-9〉 8세기, 수도원장 풀라도에 의해 건설된 생드니 대수도원

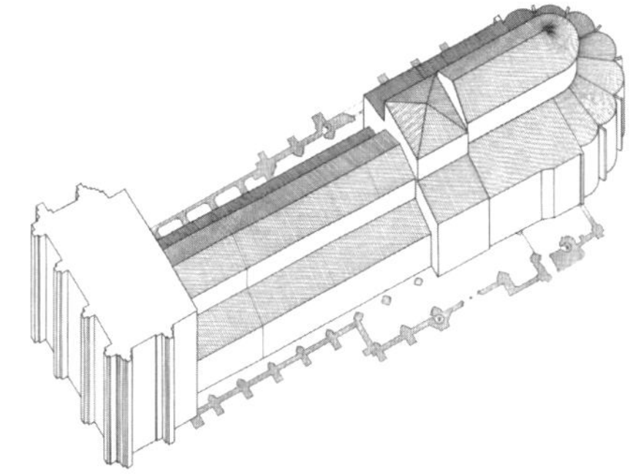

〈그림 2-10〉 12세기, 수도원장 쉬제르에 의해 건설된 생드니 대수도원

밖의 욕장" 유적에서 고대의 원주를 스폴리아로서 운송하려고 했던 것은 이미 살펴보았던 대로다.

1140년에 쉬제르는 서쪽 입구의 현관랑(玄関廊, narthex)의 건설이 일단락되자 신랑에는 손을 대지 않고 동쪽의 내진 부분으로 건설 현장을 옮겼다. 이 내진도 현관랑과 마찬가지로 구 신랑의 폭과 비교하면 꽤 커서 전체로서는 머리만 유난히 큰 비율이 되었다. 이때 쉬제르는 그가 오해하던 '메로빙거 왕조 시대의' 벽 일부를 중요한 역사적 유물로서 '보존'하려고 했다. 오랜 전승에 따르면 그 벽은 다고베르트 시대에 건설이 한창이던 때 그리스도가 현현하여 "안수에 의해 ⋯ 축성"

1 —　이 땅에 세워진 성당의 역사는 훨씬 오래되어서 5세기에 성녀 주느비에브가 건설한 성당까지 거슬러 올라간다고 생각된다.

했다고 일컬어지며, 쉬제르는 "이들 성스러운 석재 그 자체에 성물로서의 경의를 표하여", "오래된 벽의 일부를 가능한 한 남겼다"고 말한다.[2] 이것이 구체적으로 어떤 부분의 벽을 가리키는지에 대해서는 건축사·고고학 연구에서 밝혀지지 않았지만 쉬제르의 글에 의하면 내진 확장공사에 관계된 부분이었던 것이 틀림없는 것 같다. 게다가 오래된 지하 제실의 상부에 신축된 내진에 대해서 기하학적·수학적 기기를 동원하여 "상부의 기둥과 기둥들을 잇는 아치가 하부에서는 지하 제실 내의 기둥들 위에 놓이게 됨으로써 오래된 교회당의 중앙선이 새로운 확장 부분의 중앙선과 일치하도록"[3] 기존 건물과 신축 부분의 융합에 세세하게 배려했다(그림 2-9, 그림 2-10).

이렇게 완성된 생드니의 새로운 내진은 후에 '고딕 건축의 탄생'이라고 칭송되었다. 이 공간의 새로움에는 가는 기둥과 리브 볼트를 조합한 골조적 구조 시스템이 크게 공헌했으며, 이것에 의해 돌벽은 스테인드글라스로 대체되었다. 이 놀랄 만한 공간의 실현과 기존 건물의 재이용 사이에는 직접적인 인과관계는 없을지도 모른다. 그러나 재이용의 건축행위로도 '새로운 양식의 탄생'이라고 후세가 칭송하는 건축 공간을 탄생시킬 수 있다는 것을 증명하는 귀중한 사례라고 할 수 있다. 쉬제르가 "오래된 건물과 새로운 건물과의 정합성과 일관성"에 배려한 결과로서 모노리스의 대리석 원주에 강한 집착을 가졌다는 사실과 새로운 고딕 건축의 탄생 사이에 모종의 관계가 있다고 생각한다.[4]

생드니 대수도원에서 탄생한 새로운 건축 디자인은 눈 깜짝할 사이에 프랑스 안에서, 그리고 전 유럽으로 전파된다. 쉬제르는 새로운 성당을 선보이기 위해서 성대한 헌당식을 거행했다. 1144년 6월에 거행된 헌당식에는 프랑스 왕 루이 7세, 왕비 아키텐의 엘레오노르, 어머니 아델라이드를 비롯해 국내외의 유력자들

---

**2** — 《サン·ドニ修道院長シュジェールールイ六世伝、ルイ七世伝、定め書、献堂記、統治記》, 森洋訳·編, 中央公論美術出版, 2002, pp.202, 285

**3** — ibid., pp.202~203

**4** — 加藤耕一, 《ゴシック様式成立史論》, 中央公論美術出版, 2013, 특히 pp.204~219

  2장. 재이용적 건축관: 사회 변동과 건축의 생존

이 참석했으며, 다섯 명의 대주교와 13명의 주교들의 이름도 기록되어 있다. 대주교 중에는 멀리 보르도 대주교와 영국의 캔터베리 대주교까지 포함되어 있었으며, 새로운 디자인이 대유행하는 최초의 계기가 이 헌당식에 있었다고 생각할 수 있다.

실제로 12세기부터 13세기에 걸쳐서 다수의 고딕 대성당이 유럽 곳곳에 건설되었다. 지속적으로 성장하는 도시 인구에 비례하듯 그 규모는 경이로운 스케일로 거대화되어 갔던 것이다.

# 중세의 축소 시대

## 격동의 14세기

그러나 성장 시대에 갑자기 그늘이 드리워진다. 14세기에 잇달아 일어난 기후변동, 전쟁, 전염병이다.

'중세의 온난기'에서 '소빙하기'로의 기후 변화의 첫 징후는 서유럽에서는 1315년부터 1317년까지 3년간 계속된 큰비로 나타났다. 이 3년간은 대기근의 해로 잘 알려져 있다. 이로 인한 대기근은 피레네산맥에서 러시아 평원까지, 그리고 스코틀랜드에서 이탈리아까지 유럽에서 널리 기록되어 있다.[1] 비는 1315년 봄부터 내리기 시작해서 여름 내내 내렸고, 가을이 되어서도 그칠 줄 몰랐다고 한다.

계속해서 내리는 큰비 때문에 암반 위에 얇게 토양이 퇴적되어 있을 뿐인 경작지에서는 토양이 완전히 유실되어 버려서 암반이 노출되었다. 늪지를 간척한 경작지는 다시 늪으로 돌아갔다. 중세 성장 시대의 인구 증가를 지탱했던 개척된 경작지는 무시무시한 자연재해로 다시 황무지로 돌아갔던 것이다. 다음 해인 1316년에도, 1317년에도 큰비는 계속해서 내렸다고 한다. 작물 수확량은 최악의 수준에 달해 사람들은 굶주림으로 고통받았다. 경작물의 흉작은 인간뿐 아니라 가축도 괴롭혔으며, 결과적으로 식량난은 더욱 심각해졌다.

12, 13세기의 경제성장을 지탱한 인구 증가가 이 최악의 날씨에는 반대로 악영향을 미쳤다. 13세기까지의 인구 증가는 놀랄 만한 것이었는데, 예를 들어 11세기 말 잉글랜드의 인구는 140만 명 정도였으나 1300년에는 500만 명까지 증가했으며, 프랑스에서는 약 620만 명이었던 인구가 1,760만 명까지 증가했다고 한다.[2]

---

1 — Henry S. Lucas, "The Great European Famine of 1315, 1316, and 1317", *Speculum, A Journal of Medieval Studies*, vol.5, no.4, Oct. 1930, p.343; ブライアン·フェイガン, 《歴史を変えた気候大変動》, 東郷えりか, 桃井緑美子訳, 河出文庫, 2009, pp.73~79

2 — ヴライアン·フェイガン, ibid., p.79

이러한 압도적인 인구 증가가 이번에는 식량부족에 박차를 가하게 된 것이다.

계속해서 내린 큰비는 1318년에는 일단 가라앉았다고 한다. 그러나 피해를 본 경작지는 간단히 회복되지 않았고 농작물의 수확량이 바로 원래 수준으로 돌아오는 일은 도저히 기대할 수 없었다. 이어서 서유럽 일대는 '소빙하기'라고 불리는 한랭기에 돌입했다.

이 무렵 프랑스 왕가에도 13세기의 안정적인 번영이 흔들리기 시작했다.

13세기에 압도적으로 장기에 걸쳐 왕좌에 군림했던 왕은 루이 9세(재위 1226~1270)였다. 후에 성왕(聖王)으로 불리게 되는 루이 9세의 두 번에 걸친 십자군 원정은 그다지 성공적이라고는 할 수 없지만(첫 번째인 제7회 십자군에서는 적의 포로가 되어 동방의 점령지와 막대한 몸값을 잃고, 두 번째인 제8회 십자군에서는 튀니지에서 병사하게 된다), 이러한 대원정이 가능했던 것도 국내가 평화로웠기 때문이었다. 그의 치세에는 고딕 건축도 최전성기를 맞이해 왕실 예배당 생샤펠(Sainte-Chapelle)의 건설을 필두로 파리의 노트르담이나 생드니 대수도원 부속 성당도 대 개축이 이뤄져 레이요낭식이라고 불리는 한층 화려한 모습으로 변모했다.

그러나 14세기가 되어 성왕 루이의 손자에 해당하는 필립 4세의 세 아들, 루이 10세(재위 1314~1316), 필립 5세(재위 1316~1322), 샤를 4세(재위 1322~1328)가 연이어 단명하여, 987년에 이르는 카페 왕조가 결국에는 단절되었다.

뒤를 이어 발루아 왕조를 일으킨 것은 미남왕(美男王) 필립 4세의 동생이자 성왕 루이 9세의 손자에 해당하는 샤를 드 발루아(재위 1328~1350)였다. 그러나 미남왕 필립 4세의 딸 프랑스의 이사벨라를 어머니로 둔 잉글랜드 왕 에드워드 3세가 프랑스의 왕위계승권을 주장하여 1337년부터 1453년까지 계속된 백년전쟁이 발발하게 된다. 이 전쟁은 근대 전쟁과 마찬가지로 대량 살육 병기가 사용된 것도 아니고, 또 100년간 계속해서 전쟁이 이어진 것도 아니었으므로 전쟁에 의한 직접적인 사망자 수는 근대 전쟁의 그것과 비교하면 적어 보일지도 모른다. 그러나 잉글랜드와 프랑스 양국 사이의 장기적인 전쟁이 사람들의 생활에 무거운 짐이 되었음은 상상하기 어렵지 않다. 이 전쟁이 인구 감소를 초래했다고 단순히 연결할 수는 없지만 안정적 성장 시대와 크게 다른 사회 상황이 정치적으로도 초래되었다고 할 수 있겠다.

또 국지적으로는 백년전쟁이 인구 감소를 초래한 것은 확실한 것 같다. 백년전쟁 종반에 해당하는 15세기의 일이지만, 1422년부터 1436년에 걸쳐 파리는 잉글랜드의 점령지가 되었다. 이때 파리의 인구 감소와 15세기 중반 이후의 회복 경향에 대해 역사가인 페루즈 드 몽클로(Pérouse de Montclos)는 다음과 같이 쓴다.

잉글랜드 점령기에는 임차인들이 도망가서 주택은 폐허로 변하고 집주인들은 파산했다. 1420년대에는 임대료가 폭락하여 90%나 주저앉았다고 추정된다. 사실 1425년에는 노트르담 다리 위에 있던 65채의 주택 중 22채가 빈집이 되었다. 1440년에는 샹쥬 다리 위의 112채 중 51채가 빈집이었는데 1450년대에는 빈집 수는 27채 이하로 줄었다. 점령이 끝났을 무렵에 6분의 1의 주택에는 임차인도 집주인도 없었다고 산정된다. 파리 탈환 후, 국왕의 부재에도 불구하고 회복은 눈부셨으나 그것은 공무원 계급의 사람들이 수를 늘려서 대귀족이 포기한 저택에 자리를 잡거나 재건했기 때문이다.[1]

그러나 14세기 유럽에서 지독한 인구 감소를 가져온 것은 페스트의 대유행이었다. 페스트는 지중해의 항구마을에서 유럽으로 전염되기 시작했다. 1347년부터 1349년에 걸쳐 유럽에서 대유행한 페스트로 어떤 도시에서는 인구의 2분의 1 혹은 3분의 2가 병사했다고 하며, 또 프랑스 전역에서 약 40%의 인구 감소가 있었다고 알려져 있다. 물론 이 팬데믹의 혼란 속에서 정확한 통계자료를 바라서는 안 되지만, 공포스러운 인구 감소가 초래되었던 것만큼은 의심할 여지가 없다.

---

1 — ジャン＝マリー・ペルーズ・ド・モンクロ,《芸術の都パリ大図鑑: 建築・美術・デザイン・歴史》, 三宅理一監訳, 西村書店, 2012, pp.108~109

## 인구 감소 시대의 기존 재이용

성장 시대에서 13, 14세기의 급격한 인구 감소 시대로 전환되면서 건축이 어떻게 변모하는지 확인하고자 했다. 고대 말기의 축소 시대에 대해서는 주로 원형경기장과 신전이라는 두 타입의 모뉴먼트가 남아 있음을 살펴보았는데, 14세기의 변동 시대에 대해서는 중세의 성장 시대부터 계속 건설되었던 고딕 대성당 몇몇을 살펴보고자 한다. 13세기의 확대 노선 속에서 활발했던 거대 교회 건축은 이 사회 변동으로 어떠한 영향을 받았을까. 여기서는 이탈리아의 시에나 대성당(Duomo di Siena), 프랑스의 보베 대성당(Cathédrale Saint-Pierre de Beauvais)과 나르본 대성당(Cathédrale Saint-Just-et-Saint-Pasteur de Narbonne), 독일의 쾰른 대성당(Kölner Dom)을 예시로 다루고자 한다. 이들 대성당은 모두 중세 고딕 건축의 야심찬 시도였다. 이들 대성당은 성장 시대 종반 즉 닥쳐오는 축소 시대를 아직 모르고 최대한의 확대를 이룬 시대에 계획되어 건설이 시작되었다. 그러나 14세기 중반의 큰 사회 변동 속에서 모두 완성 도중에 건설 공사가 중지된다. 성장 시대의 속도로 공사를 지속할 수 없었고, 인구 감소로 거대한 성당이 필요하지 않게 된 것이다. 여기서 살펴볼 사례는 이른바 기존 건물 재이용과는 조금 뉘앙스가 다를지도 모른다. 당초의 계획과는 다르게 미완성되어 폐허나 마찬가지였던 건축을 그대로 사용한 사례들이다.

굳이 강조한다면 그들은 인구 감소 시대를 위해 소규모 교회당을 새롭게 설계하는 일은 하지 않았다. 교회당 평면의 '올바른 형식'을 중시한다면 절반만 완성된 어중간한 성당이란 건축으로서 올바르지 않았을지도 모른다. 구조적 안전성이 의심스러웠을지도 모르고, 의식을 치르기에 불편했을지도 모른다. 혹은 아름답지 않다고 평가되었을지도 모른다. 그러나 이와 같은 '강(强)', '용(用)', '미(美)'는 문제가 되지 않았다. 예를 들면 이후에 다룰 보베 대성당은 여러 번 붕괴 사고를 일으켜서 현대적인 감각으로 보자면 파괴하고 처음부터 다시 설계해야 마땅한 건축이었을지도 모른다. 그러나 13세기 우두머리 건축가의 과대망상적인 거대한 성당의 일부는 현대까지 계속 사용되었다.

## 시에나 대성당

처음으로 다룰 시에나 대성당 프로젝트는 원래 이 자리에 서 있던 구 성당의 동쪽 절반을 개축 공사하면서 시작되었다. 1226년 무렵에 건설이 시작되어 1263년까지 팔각형의 돔을 우러러보는 내진과 교차랑(交差廊, transept)이 건설되었다. 이어서 남아 있던 동쪽 부분의 개축 공사가 시작되어 1284년까지 신랑이 완성되고 높이가 낮은 종루도 건설되었다. 그러나 이렇게 만들어진 건축 공간에는 만족하지 못했던 것인지 1317년경에 신랑의 볼트와 종루의 높이를 개축하는 공사가 진행되었다. 이때 신랑 수직 방향으로 확장공사가 진행되어 당초의 팔각형 돔은 신랑의 지붕으로 편입되어 색다른 형태가 되었다. 더욱이 이 무렵까지 '서쪽 파사드, 교차랑과 내진도 조금씩 확장되어 대성당은 한층 성장했다'(그림 2-11, 그림 2-12).

그러나 시에나 대성당의 확장은 여기에서 멈추지 않았다. 1339년에 대담한 확장 계획이 등장한다. 대성당의 축선을 90도로 회전시켜

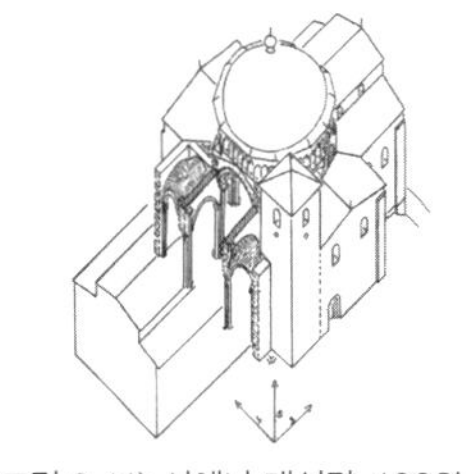

〈그림 2-11〉 시에나 대성당, 1263년의 단계

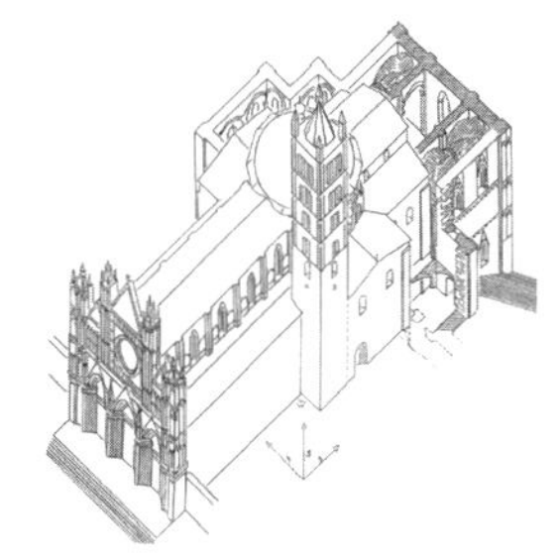

〈그림 2-12〉 시에나 대성당, 1339년의 단계

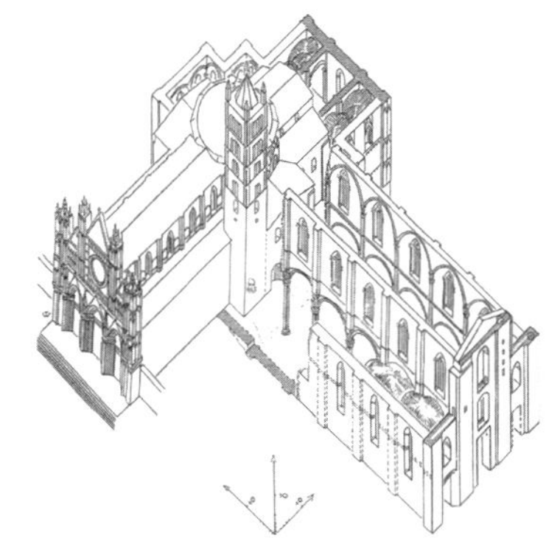

〈그림 2-13〉 시에나 대성당, 1355년의 단계

이미 완성되어 있던 신랑을 교차랑으로 보고 남쪽에 더욱 거대한 신랑을 증축하려는 계획이었다(그림 2-13). 공사는 순조롭게 진행되는 것처럼 보였으나 1357년에 갑자기 중단된다. 그것은 1355년에 구조 문제와 설계의 하자가 발견되었기 때문이었는데, 결국 도중까지 건설이 진행된 벽은 그대로 방치되어 폐허와 같은 모

<hr>

1 —  Marvin Trachtenberg, *Building-in-Time*, Yale University Press, 2010, pp.249~250

   2장. 재이용적 건축관: 사회 변동과 건축의 생존

습인 채 오늘날에 이른다.[1]

1339년의 시점에서 이만큼의 확장 계획을 실행할 에너지가 시에나에 있었다는 사실은 1315~1317년에 걸친 큰비의 영향이 그다지 심각하지 않았던 것일지도 모른다. 아니면 그 전 단계의 건설 공사가 1317년에 종료된 사실과 큰비 사이에 모종의 관계가 있어서 1339년까지의 부흥을 이뤄낸 것인지도 모른다. 이와 같은 영향 관계를 논하기 위해서는 더욱 실증적인 사료 조사가 요구된다. 한편 1357년의 갑작스러운 건설 중단에 대해서는 일반적으로 페스트와 연결 짓는 견해가 유력하다.

14세기 시에나의 연대기 작가 아뇰로 디 투라(Agnolo di Tura)에 따르면 1348년 6월부터 8월까지 맹위를 떨친 페스트로 시에나 시내에서 5만 2,000명이 시외에서는 2만 8,000명이 사망했다. 사망자 수는 총 8만 명에 달했으며, 생존자는 시내에서 1만 명, 교외를 포함해도 3만 명에는 안 되었다.[2] 이와 같은 비정상적인 인구 감소 후에 거액의 비용과 많은 직인을 동원한 건설 공사를 계속하는 일은 도저히 불가능했을 것이며, 애당초 그처럼 거대한 성당의 필요성은 완전히 사라졌을 것이다.


## 보베 대성당

프랑스 북부의 보베 대성당은 장대함을 자랑하는 고딕 대성당 중에서도 내부 공간의 천장 높이가 영광의 1위를 차지한 건축으로 잘 알려져 있다. 동시에 지나치게 높은 볼트 천장이 자연붕괴를 초래함으로써 높이 48m에 달하는 구조는 석조 건축 기술의 한계에 달했다고도 평가된다.

이 거대한 고딕 대성당의 건설은 1225년에 시작되었다. 원래 있던 성당이 같은 해 화재로 큰 피해를 보았던 것이 재건의 계기가 되었다. 이후 약 반세기에 걸

1 — Marvin Trachtenberg, *Building-in-Time*, Yale University Press, 2010, p.252

2 — William M. Bowsky, "The Impact of the Black Death upon Sienese Government and Society", *Speculum*, vol.39 no.1, Jan. 1964, p.17

쳐 전무후무한 천장 높이를 가진 대성당의 내진이 완성되었다. 1272년에는 막 완성된 내진에서 미사가 거행되었다는 기록이 있다.[3]

완성된 것은 이때까지 내진만이었다. 과연 건설은 계속되었을까. 이 거대한 내진에 어울리는 교차랑과 신랑을 건설했다면 보베 대성당은 믿을 수 없는 거대함을 얻었을 것이며, 그 건설에는 상상을 뛰어넘는 시간과 자금이 필요했을 것이다. 안타깝게도 1272년 이후의 건설 상황에 대해서는 거의 알려지지 않았다. 어쩌면 건설 현장은 이것으로 일단락되어 계속되지 않았을지도 모른다. 그 후의 사건으로 잘 알려진 사건은 12년 후인 1284년에 발생한 붕괴 사고다. 17세기의 어떤 역사가가 마치 그것을 본 것처럼 이 사고를 묘사했다.

> 1284년 성 앙드레의 날 심야 미사가 있던 금요일, 보베의 생피에르 주교좌 성당이
> 대규모로 붕괴한 것은 저녁 7시의 일이었다. 내진의 대 볼트가 붕괴하여 몇몇 지주는
> 바깥 방향으로 쓰러졌고, 그 때문에 대형 스테인드글라스 창도 크게 파괴되었다.
> 피해가 없는 것이 거의 없을 정도였다.[4]

이 붕괴 사고는 그날 밤늦게 미사가 예정되어 있던 내진에서 일어난 것이었으며, 공사가 계속되었더라도 건설 현장의 사고는 아니라고 봐야 할 것이다. 오히려 사고는 완성되었을 터인 내진에서 일어났다. 그 후 공사는 오로지 붕괴한 내진의 수리·재건에 집중되었다. 그러다 대성당의 재건 공사는 역경의 시대인 14세기로 접어들게 되었는데, 내진의 재건과 구조보강이 언제 완료되었는지 정확히는 밝혀지지 않았으나, 14세기 중반의 일이었을 것으로 생각한다.

14세기 중반 이후 건설 공사는 완전히 정지되었다. 다음으로 현장이 움직이기 시작한 것은 150년 후, 거의 16세기에 접어들어서였다. 1499년 참사회가 교차

---

3 — Maryse Bideault, Claudine Lautier, *Ile-de-France gothique*, Picard, 1987, p.71

4 — ibid., p.71

 2장. 재이용적 건축관: 사회 변동과 건축의 생존

랑과 신랑의 건설 재개를 결정한다. 1500년부터 1550년 무렵에 걸쳐서 내진에 접속된 교차랑이 건설되었다. 이어 1560년대에는 교차부에 탑이 건설되었다. 그러나 이번에는 이 탑의 무게 때문에 교차부가 붕괴해 버린다. 1573년의 일이었다. 두 번째 붕괴 부분이 수리되기는 했지만 이후 보베 대성당의 건설 공사가 다시는 재개되지 않았다.[1]

보베 대성당의 경우 건설 중단과 계획 변경은 주로 기술적 문제 때문이었다. 그러나 150년에 걸친 건설 중단의 배경에는 역시 14세기의 정체 시대가 크게 작용했다고 추측할 수 있다.

## 쾰른 대성당

또 하나의 프랑스 사례인 나르본 대성당을 다루기 전에, 마찬가지로 유명한 사례인 독일의 쾰른 대성당을 살펴보자. 쾰른 대성당은 양식적으로는 프랑스의 아미앵 대성당(Cathédrale No-tre-Dame d'Amiens)을 모델로 삼고 있으며, 고딕 시기에 이르자 로마네스크 성당을 재건축하려는 계획으로 1248년에 착공했다. 여기서도 처음으로 건설된 것은 동쪽의 내진이다. 70년 넘는 건설 기간을 거쳐 1322년 9월 27일, 성대한 헌당식이 열렸다[2](그림 2-14).

쾰른 대성당 건설에 관한 기록이 잘 남아 있어 공사를 맡은 도목수의 이름과 각 도목수의 계약 기간 중에 공사가 어느 정도 진행되었

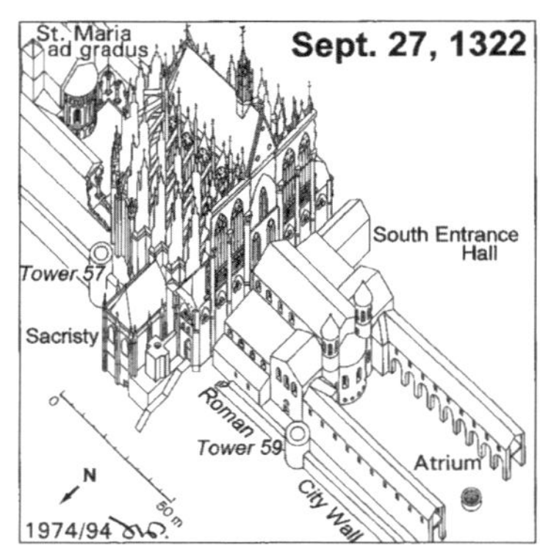


〈그림 2-14〉 쾰른 대성당, 1322년의 단계

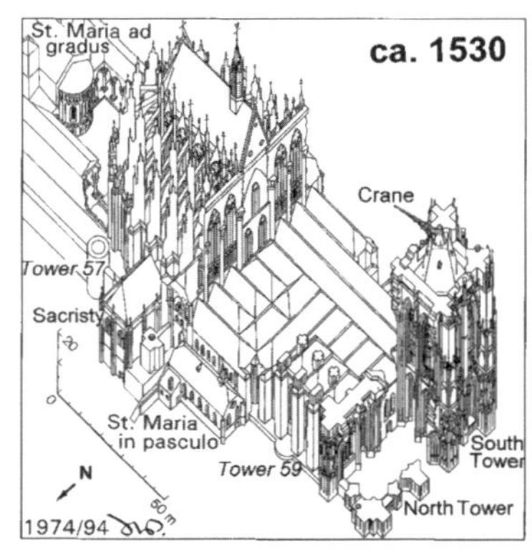


〈그림 2-15〉 쾰른 대성당, 1530년 무렵의 단계

---

1 — Maryse Bideault, Claudine Lautier, *Ile-de-France gothique*, Picard, 1987, p.72

2 — Arnold Wolff, *Cologne Cathedral*, Greven Verlag Koln, 2012, p.6

는지에 대해서도 비교적 잘 알려져 있다. 이에 따르면 1322년 내진이 완성된 후에도 공사는 계속되어, 1360년에는 서쪽 파사드의 남쪽 탑의 기초 부분 건설이 시작되었다. 이미 완성된 내진과 파사드의 탑을 연결하는 복도(남측랑)의 건설도 진행되었다. 공사의 진척은 지극히 더뎌서 그 후 파사드의 북쪽 탑과 북측랑의 건설도 계획되었으나 거의 실현되지 않았다. 마지막 공사 기록은 1528년의 것으로, 그 후 쾰른 대성당의 건설 공사는 방치되었다[3](그림 2-15).

잘 알려져 있듯, 쾰른 대성당 건설 공사는 19세기가 되어 재개되었다. 1842년 중세의 계획을 바탕으로 건설을 재개하는 공사가 착공되어 1880년에 완성일을 맞이한다. 결국 쾰른 대성당의 유명한 쌍둥이 탑을 받들고 있는 파사드는 대부분이 19세기에 건설된 것이다. 쾰른 대성당은 16세기부터 19세기까지 거의 300년의 침묵을 넘어 미완의 대성당을 완성한 희귀한 사례로 잘 알려져 있다.

여기에서 주목하고자 하는 것은 내진이 완성된 1322년과 공사가 중지된 1530년의 200년 간에도 공사가 거의 진척되지 않았다는 점이다. 이 기간 쾰른에서는 역경의 시대인 14세기에도 간헐적으로 공사가 진행되기는 했으나, 결국 대성당의 건설 공간은 완성에 가까워지지 못했다. 오히려 이 상황은 건설 중지 판단이 지속적으로 유보된 결과, 200년이나 경과한 사례라고 할 수 있다.

## 나르본 대성당

마지막 사례는 남프랑스의 나르본 대성당이다.[4] 나르본은 고대 이래로 지중해에 면한 항구로 번영한 도시였다. 1272년 당시의 나르본 대주교 모랭(Maurin, 재위 1262~1272)은 북프랑스에서 유행하던 고딕 양식을 받아들여 새로운 대성당 건설

---

3 —  ibid., pp.7~8

4 —  나르본에 관한 사례연구는 JSPS과학연구비 지원 25220909 기초연구(S), 〈일본의 도시사학 확립과 전개를 향한 기반적 연구(わが国における都市史学の確立と展開に向けての基盤的研究)〉[연구 대표자, 이토 다케시(伊藤毅)]를 통해 설립된 프랑스 랑그도크루시용 지방 도시와 건축에 관한 연구회(프랑스 습지연구회)에 참가하여 얻은 지식에 의한 것이다.

  2장. 재이용적 건축관: 사회 변동과 건축의 생존

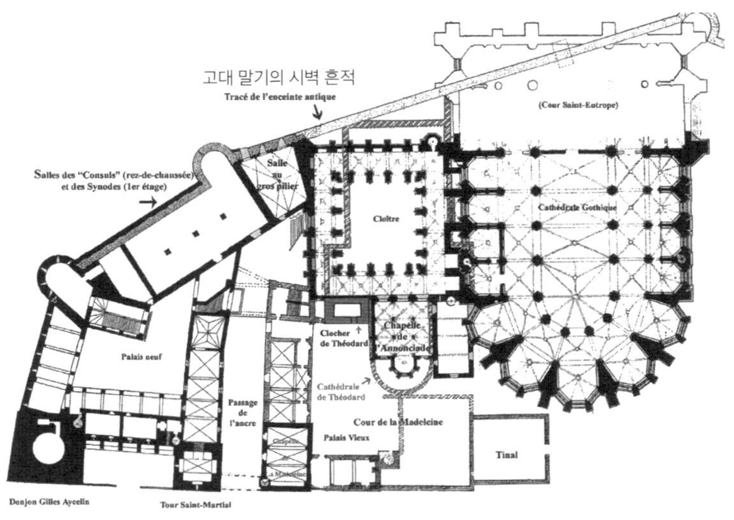


〈그림 2-16〉 나르본 대성당, 대주교관, 고대 말기 시벽의 위치 관계. 그림 중간 오른쪽의 큰 건물이 대성당으로 그 상부에서 그림 중간 왼쪽 하부로 횡단하는 것이 고대 말기의 시벽

공사를 주도했다. 여기서도 건설은 내진부터 진행되어 1332년에 내진의 헌당식이 거행되었다. 거의 반세기에 걸쳐 거대한 내진을 건설하는 과정은 보베나 쾰른과 마찬가지다. 그러나 나르본의 특수성은 입지 조건에 있었다. 이 대성당은 도시 외곽에 위치해 있었으며 계속해서 교차랑과 신랑을 건설하려고 하자 도시를 둘러싼 시벽에 부딪혔기 때문에 애당초 이 이상 건설을 계속하는 것이 불가능한 부지에 건설되었다[1](그림 2-16).

너무나도 무계획한 나르본 대성당의 건설 계획에는 대체 어떤 의도가 있던 것일까. 이후의 역사를 더듬어 보는 것으로 그 계획의 일부분을 밝힐 수 있다. 건설을 주도한 대성당의 참사회는 시벽 철거를 노리고 있었던 것이다. 시벽은 고대 말기에 건설된 것으로 도시의 비교적 좁은 영역을 둘러싸고 있는데 지나지 않았다. 12, 13세기의 도시 확대기에는 시벽 외 집락도 형성되어 있었고, 분명 넓

1 — Hélène Rousteau, "La nef inachevée de la cathédrale de Narbonne: un exemple de construction en style gothique au XVIIIe siècle", *Bulletin monumental*, tome 153, no.2, 1995, p.145

은 도시 영역을 둘러싸는 새로운 시벽
의 필요를 절감했었을 것이다.

14세기 중반에는 오래된 시벽의 철
거를 획책하고 있던 대성당 참사회와
시의 행정을 담당하는 시 참사회 사이
에 대립이 발생했다. 그러다 1354년에
나르본을 방문한 선량왕(le Bon) 장 2세
의 인가로 대성당 참사회는 염원하던
시벽 철거에 들어간다. 그러나 1355년,
잉글랜드 군을 이끄는 흑태자 에드워
드가 나르본을 습격하자 허문 시벽을
허둥지둥 다시 세우고 도시 방비를 굳
혀야 하는 처지가 되었다. 최악의 타이

〈그림 2-17〉 나르본 대주교관의 주탑(dungeon)

〈그림 2-18〉 시벽을 포섭한 나르본 대주교관

밍에 벌어진 사건으로 결국 대성당의 건설을 지속하는 것은 불가능했다. 백년전
쟁의 위기가 밀어닥친 이 도시에서 대성당 건설의 우선순위는 곤두박질치고 말
았다.

참고로 시벽 파괴 명령을 내린 프랑스 왕 장 2세는 1년 후인 1356년, 흑태자
에드워드와의 전투에서 패하여 포로로 잉글랜드로 끌려간다. 전황을 읽는 데 그
다지 뛰어난 왕은 아니었던 듯하다. 반면 역대 나르본 대주교들은 프랑스 왕보다
용의주도했다. 대성당의 건설 공사를 주도한 나르본 대주교 모랭의 2대 후 대주
교 질 에슬랭(Gilles Aycelini, 재위 1290~1311)은 대성당 건설과 병행하여 주교관 주위에
군사적 방비를 공고히 했다. 그는 13세기 말부터 14세기 초에 걸쳐 시벽의 문 옆
에 5층짜리 거대한 방비용 탑(dungeon)을 건설하게 했다(그림 2-16 왼쪽 아래, 그림 2-17).
뒤이은 베르나르 드 파르쥬(Bernard de Farges, 재위 1311~1341) 대주교는 시벽과 시벽에 마
련된 반원통 모양의 탑 구조체를 재이용하여 대주교관의 일부에 해당하는 건물
을 건설해 갔다(그림 2-18). 이렇게 내진까지 완성된 대성당과 대주교관으로 이뤄진



2장. 재이용적 건축관: 사회 변동과 건축의 생존

콤플렉스는 일종의 군사 요새 같은 양상을 드러내어 갔다.[1]

나르본 대성당은 14세기의 수많은 역경 속에서도 전쟁이 건축계획에 큰 영향을 끼친 사례다. 1348년에는 나르본에서도 페스트의 재해가 있었을 테지만 1355년 시점에도 대성당 건설을 위해 더욱 시벽을 파괴했을 정도였으므로 건설을 멈출 생각은 없었던 것 같다. 그러나 더욱 타격을 가하듯 나르본을 덮친 전쟁이 공사를 완전히 정지시키게 되었던 것이었다.

## 나르본의 시벽과 스폴리아

16세기에 들어와 평화가 찾아오자 고대부터 나르본시의 영역을 규정하던 시벽이 파괴되고 프랑스 왕 프랑수아 1세 아래에서 더욱 넓은 범위를 둘러싼 새로운 시벽이 건설되었다. 결과적으로 대성당 앞에 공간이 생기는데도 불구하고 대성당 건설이 재개되는 일은 없었다. 나르본 대성당은 오늘날도 어딘가 폐허 같은 위용을 띄고 있다.

실은 이때 새로운 시벽 건설을 위해 고대 시벽의 스폴리아가 이뤄졌다는 점도 흥미로운 사실이다. 고대 말기의 시벽을 파괴해 보니 돌이 쌓여있지 않는 면에 다양한 조각이 되어 있는 것을 알게 된다. 그 때문에 새로운 시벽과 동시에 건설된 도시의 새로운 정문인 베르제 문과 페르피냥 문의 장식을 위해 이들 고대의 조각이 재이용되었다.[2] 프랑수아 1세는 이탈리아로부터 르네상스를 수입한 왕으로 알려져 있는데, 이 스폴리아도 역시 르네상스적인 건축행위였다(그림 2-19).

부언하자면 고대 말기의 시벽에 이런 조각이 숨겨져 있던 사실 또한 고대에 스폴리아가 이뤄졌다는 것을 보여준다. 다시 생각해 보면 397년의 로마 교황의

1 — Chantal Alibert, *Narbonne, Regards d'hier et d'aujourd'hui*, Le Presses du Languedoc, 2005, pp.48~52; Erlande-Brandenburg, "Le Palais neuf des archevêques de Narbonne", *Bulletin monumental*, tome 131, no.4, 1973, p.373; Lucien Bayrou, *Languedoc-Roussillon Gothique*, Picard, 2013, pp.168~171

2 — Chantal Alibert, ibid., p. 82; Michael Greenhalgh, *The Survival of Roman Antiquities in the Middle Ages*, London: Duckworth, 1989, p.45

법령에서 파괴된 신전의 재료를 시벽같이 필요한 인프라 정비를 위해 사용해야 한다고 명시한 바 있다. 이것은 그 실례 중 하나다. 그리고 신전 등의 건물에서 시벽을 위해 스폴리아 할 때는 조각이 불필요한 의미를 발신하는 일이 없도록 석재를 뒤집어 사용했을 것이다. 이 사례에는 실용적 스폴리아에 충실하여 관념적 스폴리아를 의도적으로 막았다는 점에서 강한 이데올로기를 느낄 수 있다. 그에 비해 프랑수아 1세 시대, 그것을 다시 재이용했을 때는 관념적 스폴리아라기보다는 '문화적' 스

〈그림 2-19〉 16세기에 건설된 나르본의 시문(市門)

폴리아라고 부를 만한 새로운 관점이 등장했다. 그것이야말로 르네상스의 새로운 재이용의 가치관이었다.

# 근대적 가치관과 재이용

## 르네상스의 창조적 재이용

14세기부터 15세기 초반에 걸쳐 계속된 혹독한 시대의 터널을 빠져나와 '긴 16세기'를 열게 된 15세기 중반을 안정적 성장 시대의 시작으로 파악하고 싶다. 그리고 월러스틴이 말하는 '근대 세계 시스템'의 시작이 건축의 가치관에 끼친 변화에 대해서는 3장에서 논하기로 하고, 여기서는 르네상스 시기의 기존 건물 재이용 사례를 살펴보도록 하자. 르네상스는 고대의 재발견, 재생이라고 일컬어진다. 르네상스인의 고대 건축에 대한 재평가는 어떻게 이뤄졌을까.

스폴리아는 카롤링거 르네상스에도 12세기 르네상스에도 고대 건축에 대한 태도 중 하나였다. 샤를마뉴도 생드니의 쉬제르도 고대 건축에서 사용되던 대리석 원주를 멀리 로마에서 수송해 와서 새로운 건축에 재이용하려고 했다. 그러나 고대 로마의 유적이 다수 남아 있는 이탈리아반도에서 르네상스가 시작되었을 때 르네상스인은 고대의 유적을 어떠한 태도로 대했을까.

그들은 분명 고대 건축을 중요하게 생각했다. 유적을 현장 교과서로 참조하여 고대 건축의 형식을 (특히 다섯 개의 오더) 카탈로그화했다. 그럼, 그들은 유적 그 자체를 어떻게 다뤘을까. 19세기 이후의 인간이라면 '중요한 것으로 여기고 보존한다'라는 선택지를 택할 수 있었을 것이다. 고대 로마 시대의 모습으로 복구하는 수복도 현재보다 훨씬 쉬웠을지도 모른다. 그러나 그들은 보존도 수복도 하지 않았다. 대신에 그들은 창조적 재이용이라고 부를 수 있을 만큼 대담하면서 매력적으로 기존 건물을 변경하여 재이용했다.

여기서는 두 명의 건축가에 의한 사례를 다룬다. 하나는 그 유명한 미켈란젤로 부오나로티(Michelangelo Buonarroti, 1475~1564), 다른 하나는 미켈란젤로보다 여섯 살 아래인 발다사레 페루치(Baldassare Peruzzi, 1481~1536)이다. 미켈란젤로와 같은 나이로 페루치의 공방에서 일했던 세바스티아노 세를리오(Sebastiano Serlio, 1475~1554년경)도 기존 건물의 재이용이라는 점에서 흥미로운 건축가인데, 그에 대해서는 도시주택의 재이용과 재개발이라는 관점에서 다음 장에서 다루기로 한다.

## 미켈란젤로의 산타 마리아 델리 안젤리 성당

처음으로 다룰 것은 미켈란젤로의 산타 마리아 델리 안젤리 성당(Santa Maria degli Angeli e dei Martiri)이다. 이 건물의 역사는 고대까지 거슬러 올라간다. 원래 이 건물은 서기 306년에 완성된 디오클레티아누스의 대욕장으로 불리는 건물이었다. 이 대욕장은 고대 말기인 6세기 무렵까지 사용되다가 그 후는 폐허가 되었던 것 같다. 쉬제르가 대리석 원주를 찾고 있을 때 "로마의 디오클레티아누스 황제의 궁전과 그 외의 욕장에서 우리는 종종 경탄할 만한 기둥을 바라보았으므로"라고 말한 유적이 이 대욕장일 것이다. '디오클레티아누스 황제의 궁전'으로 알려진 유적은 크로아티아의 스플리트에서 볼 수 있는데, 이 또한 기존 건물이 시간 속에서 변모해 간 흥미로운 사례 중 하나이다. 하지만 쉬제르는 "로마에서 바라본"이라고 언급했으므로 이를 가리키지는 않을 것이다.

대욕장 유적에 관해서는 16세기에 그려진 스케치가 당시의 외관을 보여주는데, 너무나도 폐허같은 모습이다(그림 2-20). 미켈란젤로 이전에도 줄리아노 다 상갈로(Giuliano da Sangallo)나 발다사레 페루치가 대욕장 내부의 재생 계획으로 보이는 스케치를 그려서 이 고대의 대건조물에 대한 16세기 초반의 재생 의지를 잘 보여준다.[1]

〈그림 2-20〉 에티엔 뒤페락(Étienne Dupérac), 《고대 로마의 유적》(1575)에서 16세기 초반의 디오클레티아누스의 대욕장 폐허

---

1 — ジェームズ·アッカーマン, 《ミケランジェロの建築》, 中森義宗訳, 彰国社, 1976, pp.203~204 및 그 카탈로그, James S. Ackerman, *The Architecture of Michelangelo: Catalogue*, Zwemmer, 1964, p.136과 Von Herbert Siebenhüner, "S. Maria Degli Angeli in Rom", *Münchner Jahrbuch der Bildenden Kunst*, 1955, ser. VI, pp.179~206 등을 참조

이 대육장을 기독교 성당으로 전용하는 계획은 시칠리아 출신의 성직자 안토니오 델 두카(Antonio del Duca)가 1541년에 발안한 것이었다. 그러나 로마 교황 바오로 4세(재위 1534~1549)는 이 안을 거절한다. 고대의 유적은 전통적으로 로마 도시 귀족들의 소유가 된 것이 많아서 교황의 판단만으로 기독교 건물로 전용할 수 없었던 사정도 있었

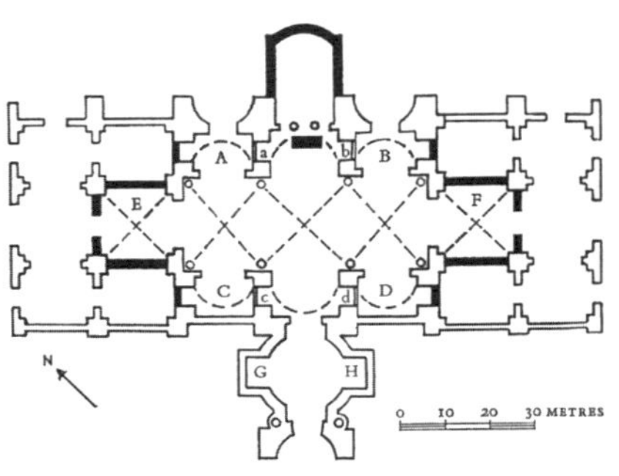

〈그림 2-21〉 산타 마리아 델리 안젤리 성당의 평면도

던 것 같다. 그 후 비오 4세(재위 1559~1565)가 두카의 안을 지지하며 1561년 르네상스의 교회당으로 전용하려는 프로젝트가 움직이기 시작했다. 미켈란젤로가 어떠한 경위로 설계를 담당하게 되었는지에 대해서는 공모를 통해 선정되었다는 설도 있고, 교황이 지명했다는 설도 있지만 자세한 연유는 알려지지 않았다.[1] 어쨌건 미켈란젤로의 디자인은 두카의 당초 안을 크게 바꾼 것으로, 이 성당을 디자인하는데 그의 역할은 컸다. 다만 공사는 1563년부터 1565년에 걸쳐 진행되어서 미켈란젤로는 완성을 보지 못하고 1564년에 사망한다. 이 프로젝트는 그의 만년 작업 중 하나라고 할 수 있을 것이다.

안토니오 델 두카의 안은 〈그림 2-21〉의 왼쪽(북서쪽)을 입구로 삼아 옛 냉욕실(frigidarium)의 대공간을 신랑(身廊, nave) 공간으로 가정하여 예배의 축선을 길게 잡는 안이었다. 그러나 미켈란젤로는 이 축선을 90도 회전하여 직사각형의 대공간을 옆으로 긴 교차랑으로 만드는 대담한 공간구성을 제안했다. 결과적으로 성당 공간은 깊이가 거의 없는 특이한 모양이 되었는데, 미온욕실(tepidarium)의 대 로툰다를 입구로 삼음으로써 두카의 안에서 좌우 비대칭이었던 내부 공간이 르네상스적인 대칭 공간이 되었다.

<hr>

1 — James S. Ackerman, *The Architecture of Michelangelo: Catalogue*, Zwemmer, 1964, p.136

냉욕실의 대공간에서 고대의 볼트가 회반죽으로 칠해졌고, 볼트를 지탱하는 대리석 원주는 거의 원래 상태인 채로 남겨졌다. 또 양 날개 공간을 구분하기 위해서 원래의 구조에 맞춰서 아치를 벽으로 막는 공사가 진행되었다. 가장 크게 변경된 것은 신축된 내진 부분으로, 여기서는 내진의 반원 후진과 직선 부분의 벽체와 볼트가 고대의 구조와는 관계없이 신축되었다.

참고로 산타 마리아 델리 안젤리 성당은 18세기에도 건축가 루이지 반비텔리(Luigi Vanvitelli)에 의해 다시금 크게 변경된다. 내부는 바로크 장식으로 덮이며 내진이 확장되어 몇몇 벽이 막히고 고대의 원주를 흉내 낸 원주가 더해졌다. 이 건물은 이렇게 시간과 함께 계속 변모해 왔던 것이다.

### 발다사레 퍼루치

또 하나의 중요한 사례가 미켈란젤로의 작업에서 30년 정도 선행하는, 건축가 발다사레 페루치에 의한 팔라초 사벨리(Palazzo Savelli)다(그림 2-22). 그는 고대의 마르켈루스 극장 유적을 재이용하여 그 상

〈그림 2-22〉 에티엔 뒤페락, 《고대 로마의 유적》(1575)에서 16세기의 팔라초 사벨리

부에 귀족의 저택을 증축했다. 이 극장은 원래 기원전 13년에 로마 황제 아우구스투스가 건설해 젊은 나이에 죽은 그의 조카 마르켈루스에게 바친 것이었다. 고대 말기 이후의 거대 구조물 대부분이 그러하듯, 이 극장도 군사 요새로 전용되었던 듯하다.[2] 중세 동안 오르시니 가문과 사벨리 가문 등 로마의 유력 귀족이 이 건물을 도시 내 요새로 소유했던 듯하며, 16세기가 되어 페루치에게 저택 건

---

2 ― リチャード・クラウトハイマー, 《ローマ: ある都市の肖像三一二～一三〇八年》, 中山典夫訳, 中央公論美術出版, 2013, p.422

    2장. 재이용적 건축관: 사회 변동과 건축의 생존

설을 의뢰한 것은 사벨리 가문이었다. 페루치는 신성 로마 황제 카를 5세의 로마 약탈(1527) 직후인 1532년 무렵 이 작업을 맡았다.

16세기의 은판화를 보면, 극장의 구조체에서 아케이드가 석재로 막히고 작은 창이 뚫려 있는 것을 확인할 수 있다. 중세에 이 극장이 요새화되었을 무렵에는 이미 이와 같은 상태였을 것이다. 지상 레벨의 아케이드도 마찬가지로 벽으로 막혀 있는데, 거기에는 점포의 매대를 지탱하는 갈고리 모양의 개구부가 보여서 상점으로 사용되었던 것을 알 수 있다. 이렇게 중세 이후 변경된 부분에서 페루치가 증축한 부분으로 시선을 돌리면, 그가 극장의 규칙적인 아케이드의 리듬에는 그다지 신경 쓰지 않고 저택 부분의 창을 냈다는 점이 흥미롭다. 이러한 불규칙함은 좌우 대칭을 중요시하는 르네상스의 파사드답지 않은 디자인이라고 할 수 있다.

페루치는 이 무렵 로마에서 마시모 가문의 저택도 설계한다. 팔라초 마시모 알레 콜론네(Palazzo Massimo alle Colonne)라는 이름으로 알려진 이 주택은 완곡한 파사드로 유명한데, 고대 도미티아누스 황제의 오데온 극장 기초를 재이용한 것이며, 마르켈루스 극장과 마찬가지로 완곡한 파사드를 가졌다.[1]

페루치는 기존의 구조를 자연 지형처럼 파악하고 그 기복과 일정하지 않은 경계선을 설계에 이용하여 이들 저택을 만들어 냈다. 이는 재능 있는 건축가의 창조적 재이용 사례였다고 할 수 있을 것이다. 다음 장에서 살펴보겠지만 16세기에는 기존 건물을 파괴하고 신축하는 건축행위도 활발했다. 그러나 밀집된 도시의 건물에서는 지구(街区) 전체를 대상으로 하는 대규모 재개발이 아닌 이상 인접한 건물과의 경계를 이루는 구조벽이 엄연히 계속 남아 있게 된다. 이 점을 세세하게 논한 것이 페루치로부터 직접적인 영향을 받은 세바스티아노 세를리오인데, 이에 대해서는 다음 장에서 다루고자 한다.

---

[1] ジョルジョ·ヴァザーリ, 《美術家列伝》第三巻, 森田義之·越川倫明·甲斐教行·宮下規久朗·高梨光正監修, 中央公論美術出版, 2015, p.312

## 르네상스의 재이용

미켈란젤로의 작업도 페루치의 작업도 고대 유적에 자신의 설계를 더해 대담하게 재탄생시킨 창조적 재이용의 예라고 할 수 있다. 문화재에 대한 근대적 사고방식으로 보면 긍정하기 어려운 파괴행위로 비칠지도 모른다. 그러나 그들이 폐허를 새로운 건축으로 되살리면서 결과적으로 고대에 유래를 둔 건조물의 일부가 살아남게 되었다. "고대 말기의 사회 변동"(46~61쪽)에서도 고대 거대 건조물의 전용 사례를 살펴봤는데, 거기에서는 사회 변동으로 유지할 수 없게 되어 쓸모없어진 건조물을 다른 용도로 재활용한다는 측면이 컸다. 기존의 구조나 공간이 가진 가능성을 최대한으로 살려 실용적으로 재이용하는 것이다. 이에 더해서 고대 로마제국의 역사와 전통과의 연결을 나타내는 상징적, 관념적인 측면도 있었다. 그러나 르네상스의 재이용에는 '문화적'인 관점이 새로 등장했다고 전문가들은 지적해 왔다.[2] 역사적 건축을 문화적 관점에서 평가함으로써 근대의 '문화재(cultural heritage)'라는 사고방식이 싹튼 것이 이 시점이라고 할 수 있는 이유다.

이와 같은 관점에서 르네상스의 재이용을 파악하는 것도 분명 가능할 것이다. 그러나 '시간과 건축'의 관점에서 봤을 때 결정적인 차이도 있었다. 그 차이점은 르네상스의 재이용에는 '시간을 되돌린다'는 관점도 '시간을 멈춘다'는 관점도 없었다는 점이다. 디오클레티아누스의 대욕장을 보고 "오리지널의 모습을 되찾자"라고 생각한 고고학자도 건축사가도 르네상스에는 존재하지 않았다. 그들은 그저 이 장대한 유적을 재이용하여 현대적인 용도를 위해 개편한 것이다. 그것은 역시 "시간을 앞으로 진행시킨다"는 재이용이었다.

르네상스 시기, 기존 건물을 재이용하는데 두 가지 중요한 특징이 있다. 첫째는 그들이 역사적 건축에 대해 가치 판단하기 시작했다는 점이다. 시간의 관점이 결여되어 있다는 점에서 르네상스의 재이용은 근대의 수복·보존과는 선을 긋고

---

2 —— Pierre Pinon,"onstruire sur les ruines" *Faut-il restaurer les ruines? Actes des colloques de la Direction du Patrimoine*, 1990, p.237; François Arnaud et Xavier Fabre, *Réutiliser le patrimoine architectural*, Caisse nationale des monuments historiques et des sites, t.2, p.76

 2장. 재이용적 건축관: 사회 변동과 건축의 생존

있으며, 가치 판단이라는 점에서는 근대의 '문화재'라는 사고방식에 접근해 있다.

르네상스 시기의 기존 건축 재이용에 시간에 대한 관점이 결여되어 있다는 것을 조금 더 정확히 설명하자면, 그들이 건물과 부자재 그 자체에 새겨진 시간성이나 '고색창연함'을 거의 평가하지 않았다는 것이다. 르네상스인은 고대 전성기의 예술형식을 높이 평가하고 그 형태를 모방하여 양식화함으로써 르네상스 예술을 개척했다. 디오클레티아누스 대욕장과 미켈란젤로의 성당 건축이라는 고대와 르네상스의 혼재는 전혀 문제시되지 않았는데, 그것은 양쪽을 형식적으로 동등하다고 생각했기 때문이다. 즉 거기에서 건조물과 부자재 그 자체에 새겨진 시간은 거의 의식하지 않았다.

왜 그들이 건물에 새겨진 시간을 평가하지 않았는가를 추궁하면 거기에는 르네상스의 형식주의(formalism) 근저에 깔린 가치 판단에 의한 역사 파악이라는 르네상스의 또 다른 측면을 살펴볼 수 있다. 르네상스인은 고대 전성기의 예술형식을 높이 평가하고 고대 말기부터 중세의 예술형식은 쇠퇴한 야만적인 것으로 생각했다. 따라서 그들에게는 오래된 건축이 모두 가치 있는 것일 리 없었다. 고대 전성기의 건축은 오래되었기 때문에 가치가 있는 것이 아니다. 높이 평가받은 것은 고대 전성기의 형식이지 고대의 건축에 새겨진 시간이 아니었던 것이다. 그 결과 그들은 고대 전성기의 건축을 재이용했지만 고대 말기나 중세의 건축은 자주 파괴했다. 고대 말기에 창건된 로마의 산피에트로는 르네상스 시기에 이르기까지 1000년 이상 사용되어 왔지만 16세기 브라만테의 개축안은 구 산피에트로를 완전히 파괴하고 신축하는 재개발 안이었다.

따라서 르네상스의 재이용에는 두 가지 모습이 있었다. 고대 전성기의 건축을 문화적 태도에서 재이용하는 모습과 고대 말기와 중세의 건축을 추한 것으로 여기고 덮어 감추고 변경하려 한 모습이다. 중세의 '야만적인' 건축은 자주 파괴되었지만, 완전히는 파괴되지 않고 표층을 '훌륭한 취미'의 르네상스의 것으로 덮어서 감춘 것도 많았다. 그리고 이것 또한 16세기 이후에 등장한 또 하나의 재이용의 형태였다.

## '악취미'에 덧칠된 '훌륭한 취미'

따라서 다음에 소개할 사례는 지금까지 살펴본 건축의 재이용과는 의미가 다르다. 이것은 르네상스의 미의식이 야만적이고 악취미라고 단정한 고딕 건축에 대한 부분적인 파괴행위이며 르네상스적인 장식으로 고딕의 디자인을 덮어 감추려고 한 부정적인 재이용이라고도 할 수 있다.

지금까지 살펴본 재이용의 사례에서는 오래된 건물에서 당초의 용도와는 다른 쓰임새를 발견하더라도 그 건축을 무조건 부정하지는 않았던 것 같다. 예를 들어 원형경기장의 재이용을 떠올려 보더라도 후세 사람들은 구조적인 강인함, 공간적 장대함을 발견하고 다른 용도로 전용한 후에도 그곳이 옛날에는 고대의 원형경기장이었다는 기억을 잃는 일은 없었다.

그러나 앞으로 살펴볼 예는 과거 건축 스타일을 부정하면서 시작된 재이용이며, 이러한 점에서 다른 배경을 가진 재이용이다. 이렇게 말하면 현대에 오래되어 쓰기 불편하다고 판단한 건물을 리노베이션하는 사례도 기존 건물에 대한 부정적인 판단에서 시작한 재이용이라고 할 수 있을지도 모른다. 모든 것을 파괴하고 재개발하는 것이 아니라 표면적으로 '미화(embellissement)'한 것이며 전체 건축 공간을 남겼다는 점에서 이것도 훌륭한 '건축 재이용'의 한 형태다. 16세기 이후, 특히 17세기, 18세기에 유행한 재이용을 현대의 연구자는 비꼬아서 '미용적 만행(vandalisme embellisseur)'이라고 부른다.[1] 르네상스인들은 아름답게 만들려고 파괴하고 표면을 미용 성형했다.


## 조르조 바사리를 통해 본 가치관

이처럼 미화를 위한 파괴행위의 배경에는 16세기에 등장하여 정착한 중세 건축을 '야만'이라고 업신여기고 고대와 근대(르네상스)의 건축을 훌륭하다고 찬미하는

---

1 — Louis Réau, *Histoire du Vandalisme: Les monuments détruits de l'art français*, tome 1, Paris, Hachette. 1959, pp.109-141. 이 장은 "Le vandalisme embelisseur des cahoines (성당 참사회원들의 미용적 만행)"이라는 제목이 붙어있다.

 2장. 재이용적 건축관: 사회 변동과 건축의 생존

역사 이해가 있다. 조르조 바사리는 그의 유명한 《뛰어난 화가·조각가·건축가의 생애》(1550년 제1판 간행)*에서 고대 예술형식의 훌륭함, 중세의 퇴폐, 근대(르네상스)의 예술 재생이라는 세 가지 역사 구분에 바탕한 '서양미술사'론을 반복해서 논했다.

건축물도 사정은 마찬가지였다. 훌륭한 건축물은 대부분 파괴되었거나 손상을 입었으니, 건축물은 지어야겠는데 건축양식을 헤아릴 수 없었으므로, 이 직업에 종사하는 공장들은 양식과 비례, 우아함이나 디세뇨(disegno)**등이 합리적이지 못한 건물을 지었다. 그리하여 그들은 현재 우리가 보는 것과 같은 이른바 '독일식(tedesco)' 이라는 양식의 건물들을 지었다. 이러한 작품들은 그들에게 명예가 되었다기보다는 오히려 웃음거리가 되었으며, 이 양식은 고대의 훌륭한 양식이 되살아날 때까지 계속되었다.[1]***

이 건물들과 이미 사라진 건물의 잔해들을 보면 당시 건축이 고대의 훌륭한 양식에서 동떨어지기는 했지만 기초는 약간 보존되어 있음을 알 수 있다. (…) 세로로 지나치게 길쭉한 출입문과 들창의 비례라든지 4분의 1마디로 구부러진 아치의 첨두결원(尖頭缺圓) 형태 따위는 당시 외국 건축가들이 즐겨 쓰던 방식이며 다소 야만적인 방식(ordine barbaro)을 드러내고 있다.[2]**


• —  Giorgio Vasari, *Le vite de' più eccellenti architetti, pittori, et scultori* (한국어로는 한길사에서 이근배 옮김, 고종희 해설에 의해 《르네상스 미술가평전》 1~6권으로 출판되었다).

•• —  고종희는 바사리의 디세뇨(disegno)를 소묘 또는 의장, 조형력이라는 용어를 붙이고, "바사리가 자주 사용하는 디세뇨는 영역본에서는 디자인(design)으로 번역되어 있으나 좀더 의미가 광범위하여 디자인, 드로잉, 소묘, 데생, 의장(意匠), 구상력 등 여러 가지 의미로 사용된다. 물론 회화뿐만 아니라 건축 조각의 기법(技法)에서도 빈번히 쓰이며, 위에 적은 의미 이외에도 일반적으로 조형예술(造形芸術)을 표현하는 데 근본이 되는 조형, 조형성, 조형력을 뜻하기도 한다"라고 해설한다. (조르조 바사리, 《르네상스 미술가평전》 1권, 이근배 옮김, 고종희 해설, 한길사, 2018, 66쪽)

1 —  ジョルジョ·ヴァザーリ, 〈第一部 序論〉, 高階秀衛爾, 《ヴァザーリの芸術論》, p.190

••• —  조르조 바사리, 《르네상스 미술가평전》 1권, 85쪽

여기 또 하나 '독일식'이라는 건축 기술이 있다. 이것은 장식이나 비례가 고대와 현대의 방식과 매우 다르다. 오늘날 뛰어난 건축가들은 이 양식을 사용하지 않는다. 오히려 그들은 마치 괴물이나 야만인으로부터 도망치듯 이 양식을 피한다. 왜냐하면 이 양식은 질서(ordine)라는 것이 전혀 없어 차라리 혼란과 무질서뿐이라고 부르는 것이 좋겠기 때문이다. (…) 이 양식은 고트(Goths) 사람들이 창안했다. [3]•••

당시 독일식(Tedesco)이라고 불리던 중세의 건축은 고트인에서 유래한다고 바사리가 역사를 날조하면서 '고딕 양식'이라는 호칭이 탄생한 것은 잘 알려져 있다. 또 그가 여기서 중세의 건축에는 오더(ordine)가 없다, 혹은 '야만적인 오더(ordine barbaro)'에 지나지 않는다고 논하고 있는 점도 흥미롭다. 오더(ordine)야말로 고대 건축의 미를 르네상스인이 발견하면서 체계화한 시스템이며, 그들은 오더라는 형식으로 고대 건축을 재생했기 때문이다. 중세의 건축에는 '오더'가 없으니까 '야만'이라는 논리 전개는 어떤 의미에서는 일관되었다고 할 수 있다.

## 중세 건축의 변경

이렇게 야만으로 치부된 중세의 건축이 파괴되어 재개발된 사례에 대해서는 3장에서 살펴보도록 하고, 여기서는 그 야만을 덮어 숨긴 재이용 사례를 다루고자 한다. 많은 고딕 교회당에서 17세기부터 18세기에 걸쳐 활발하게 이루어진, 특히 인테리어의 변경은 일일이 셀 수조차 없다.

예를 들어 프랑스에서는 종종 중세의 스테인드글라스가 파괴되고 색채와 그림이 없는 흰 유리로 변경되었다. 중세의 스테인드글라스는 빛의 투과성이 낮고 실은 놀랄 정도로 어두웠다. 지금도 13세기의 스테인드글라스가 많이 남아 있는

---

**2** —  ibid., p.193

••• — 조르조 바사리, 《르네상스 미술가평전》 1권, 89쪽

**3** —  ジョルジョ・ヴァザーリ, 〈技法論 建築について〉, 若桑みどり 訳, 《ヴァザーリの芸術論》, pp.80~81

••• — 조르조 바사리, 《르네상스 미술가평전》 6권, 3711쪽

     2장. 재이용적 건축관: 사회 변동과 건축의 생존

샤르트르 대성당(Cathédrale Notre-Dame de Chartres)에 가면 그 어둠을 체감할 수 있다. 근대에 만들어진 '중세풍'의 스테인드글라스는 태양광을 받으면 그 생생한 빛을 성당 내부의 바닥까지 투영하지만 샤르트르 대성당에서는 그러한 빛의 투과를 거의 볼 수 없다. 이 중세 스테인드글라스의 어둠(중세의 어둠)을 물리치듯 계몽시대(Siècle des Lumières)의 '빛(lumière)'에 대한 신앙은 중세의 스테인드글라스를 밝고 하얀 유리로 교체했다.

파리의 노트르담 대성당(Cathedrale Notre-Dame de Paris)에서는 1741년, 서쪽 정면과 남북 교차랑 파사드의 장미창을 제외한 내진, 교차랑, 신랑에 있는 높은 창의 모든 중세 스테인드글라스가 철거되고 밝고 흰 유리로 교체되었다.[1] 현재 파리의 노트르담에서 볼 수 있는 스테인드글라스의 대부분은 19세기의 비올레르뒤크(Viollet-le-Duc)에 의한 수복 후, 중세풍으로 다시 만들어진 것이다. 부르주 대성당(Cathédrale Saint-Étienne de Bourges)의 성당 참사회도 1760년에 "내진의 새로운 장식을 더욱 잘 비추기 위해서"[2] 중세의 스테인드글라스를 철거하고 밝은 흰 유리로 교환했다. 파리의 생제르맹 록세루아 성당(Eglise St-Germain l'Auxerrois, 1738)에서도 생메리 성당(Eglise Saint Merri, 1751)에서도 프로뱅(Provins)의 생키리아스 성당(Collégiale Saint-Quiriace, 1765)에서도 디종의 노트르담 성당(Église Notre-Dame de Dijon, 17세기 말)에서도 많은 고딕 성당 건축에서 스테인드글라스의 파괴행위가 이뤄졌다.[3]

또 많은 고딕 성당에서 특히 제단 주변의 인테리어 집기가 르네상스적으로 교체되어 갔다. 기둥이나 아치, 벽면의 장식을 르네상스나 바로크 장식으로 덮거나 혹은 교체하는 경우도 종종 있었다. 예를 들면 파리의 노트르담 대성당의 내진은 왕실 주임 건축가 로베르 드 코트(Robert de Cotte)에 의해 1715년 바로크적인 장

<hr>

**1 —** Louis Réau, *Histoire du Vandalisme: Les monuments détruits de l'art français*, tome 1, Paris, Hachette. 1959, p.129

**2 —** ibid.

**3 —** ibid.; François Enaud, "Du bon et du mauvais usage des monuments anciens, essai d'interprétation historique", *MH: Monuments historiques*, no. 5, 1978, p.12

식으로 완전히 덮이고 말았다.

유행은 '훌륭한 취미'라는 이름 아래, 고딕 건축물의 상처에다 시시껄렁한 하루살이의 장신구를, 대리석 리본을, 금속의 술을 갖다 댔으니, 그것은 카트린 드 메디시스의 기도실에서 예술의 얼굴을 집어삼키기 시작하여 2세기 후에는 뒤바리의 규방에서, 상을 찌푸리며 고뇌하던 예술을 마침내 숨지게 만들고 있는, 저 진짜 문둥이 같은 달걀꼴 장식, 소용돌이형 장식, 두름 장식, 주름 장식, 꽃장식, 술 장식, 돌의 불꽃 장식, 구리의 구름 장식, 포동포동한 사랑의 신, 얼굴이 부어오른 미소년의 상인 것이다. _빅토르 위고, 《파리의 노트르담》 제3부 "노트르담"에서[4][•]

변경된 것은 인테리어만이 아니었다. 하늘을 찌를 듯한 고딕 첨탑을 악취미라고 여겨 잘라내고 뚜껑을 덮어버리는 일도 있었다. 파리 노트르담의 교차랑 상부에 늘씬하게 뻗어 있던 첨탑에 대해서 빅토르 위고는 "어떤 훌륭한 취미를 가진 건축가가 산뜻하게 싹둑 잘라버려서(1787년의 일이다) 그 상처에 마치 냄비뚜껑 같은 거대한 납덩이를 척 붙여놓고는 이것으로 상처를 숨겼다고 안심해 버렸다"[5][••]라고 독특한 표현으로 기술했다.

파리 노트르담 대성당의 스테인드글라스, 바로크로 뒤덮인 내진, "싹둑 잘라낸" 첨탑은 모두 19세기의 비올레르뒤크에 의해 중세의 상태로 수복(修復)·복원(復原)된다. 이 노트르담에서 일어난 '시간 되감기'에 대해서는 4장에서 다시 세세하게 다루고자 한다.


4 — ヴィクトル·ユゴー,《ノートル＝ダム·ド·パリ》, 辻昶·松下和則訳, 潮出版社, 2000, p.113

• — 빅토르 위고,《파리의 노트르담》1권, 정기수 옮김, 민음사, 2005, 209~210쪽

5 — ibid., pp.112-113

•• — 한국어판에는 다음과 같이 번역되어 있다. "감식안이 탁월한 어느 건축가는 (1787년에) 그것을 잘라내고, 냄비 뚜껑 같은 널따란 납덩어리로 그 상처를 가려놓기만 하면 되는 줄 알았던 것이다." (빅토르 위고, 209쪽)


  2장. 재이용적 건축관: 사회 변동과 건축의 생존

## 중세의 몸과 르네상스의 얼굴

고딕을 르네상스로 덧쓰는 다양한 수법 중에서도 가장 두드러지고 특징적인 것은 파사드의 변경일 것이다. 파사드는 건축의 얼굴이며, 이 얼굴을 미용 성형하는 외과수술이 실제로 일어났다.

파리의 몽마르트르 언덕에 세워진 몽마르트르 생피에르 성당(Église Saint-Pierre de Montmartre)은 12세기 초반에 건설된 유서 깊은 건물이었는데 1775년에 중세의 파사드가 철거되고 신고전주의적인 꾸밈없는 파사드로 바뀌었다. 몽생미셸 산 정상의 성당도 또한 1748년에 파사드가 철거되고 따분한 고전적인 파사드로 개축되었다.[1] 그다지 장식이 없는 파사드로 개축된 것을 자칫 프로테스탄트 종교개혁의 영향인 것처럼 생각할지도 모른다. 그러나 이들은 모두 카톨릭의 사례이며, 오히려 반종교개혁 이후 카톨릭의 권위 세우기와 연결된, 당시로서는 역시 긍정적인 건축행위였다.[2]

이러한 적극적인 건축행위로써 파사드의 고전화를 행한 좋은 사례로 샬롱앙샹파뉴 성당(Église Saint-Alpin de Châlons-en-Champagne)과 파리의 생제르베생프로테 성당(Église Saint-Gervais-Saint-Protais)을 거론하고자 한다. 이 두 교회당은 고딕 양식의 몸에 바로크 양식의 얼굴을 가진 특이한 교회 건축이다.

샬롱앙샹파뉴 성당은 12세기 중반에 건설이 시작된 건물을 바탕으로 개축을 반복하면서 조금씩 거대해졌다. 13세기 초반에는 내진, 교차랑, 3베이(bay)로 이뤄진 짧은 신랑이 건설되었고 13세기 후반에는 방사형의 제실이 딸린 주보랑(周步廊, ambulatory)이 증축되었다. 그러나 14세기 중세의 정체기에 들어가면 여기서도 건설 공사는 정지된다. 겨우 공사가 재개되는 것은 약 150년의 중단을 사이에 두고 15세기 중반에 들어섰을 때였으며, 약 반세기를 들여 신랑이 4베이 증축되

1 — Louis Réau, *Histoire du Vandalisme: Les monuments détruits de l'art français*, tome 1, Paris, Hachette. 1959, p.131

2 — François Enaud, "Du bon et du mauvais usage des monuments anciens, essai d'interprétation historique", *MH: Monuments historiques*, no. 5, 1978, p.12

어 연장되었다. 흥미로운 것
은 이 15세기 후반의 증축
부분이 13세기의 신랑 디자
인을 카피한 듯 건설되어 디
자인 전체의 통일을 꾀하고
있다는 점이다.[3]

그 후 100년이 지나 성
당 확장공사 움직임이 시작
된다. 1620년대 신랑이 2베이

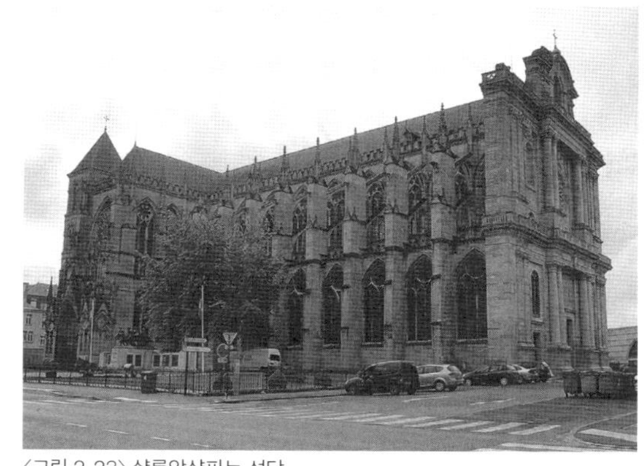

<그림 2-23> 샬롱앙상파뉴 성당

더 연장되었다. 이미 시대는 바로크로 들어왔으나 여기서도 13세기의 고딕 양식
이 반복되었다는 점은 특별히 언급할 만하다. 그러나 그와 대조적으로 파사드는
지극히 고전적인 바로크 양식으로 건설되었다.[4] 그것은 마치 고딕의 그릇에 바로
크로 뚜껑을 덮은 것 같았다(그림 2-23).

한편 생제르베생프로테 성당은 파리에서 가장 오래된 교구 교회당 중 하나
로 그 역사는 6세기까지 거슬러 올라간다. 이 성당은 센강에서 가까운 약간 높
은 땅에 서 있으며 시테섬에서도 가까워서 오래전부터 파리의 중심부에 있었다.
13세기의 성장 시대에는 새로운 성당이 이곳에 재건되었던 모양인데, 15세기 말
이 되어 재건 공사가 시작된다. 이 공사는 1494년에 시작되었으며 이것이 현재의
성당이 되었다.

건설 공사는 15세기 말부터 16세기 중반에 걸쳐서 진행되었다. 이것은 마침
프랑스에 이탈리아의 새로운 양식인 르네상스가 도입되기 시작한 시기와 일치하
는데, 생제르베생프로테 성당은 후기 고딕 양식으로 건설이 진행되었다. 이 건축
은 파리 최후의 고딕 건축 중 하나다. 그러나 17세기에 들어 마지막으로 파사드
가 건설되었을 때 정면의 얼굴만 고전적인 바로크 양식이 되었다(그림 2-24). 설계
한 것은 파리의 뤽상부르 궁의 설계로도 알려진 건축가 살로몽 드 브로스(Salomon
de Brosse)였다.

　　이 두 사례는 몽마르트르 생피에르나 몽 생미셸과 같이 기존의 고딕 파사드를 파괴하고 다시 만든 것은 아니었다. 그러나 이미 르네상스에 발을 들여놓은 시대에도 고딕 양식으로 성당 공간을 계속 건설했음에도 불구하고 마무리만은 바로크로 변경한 매우 불가사의한 예다. 고딕 성당을 덮어 감추는 그 무대 배경 같은 파사드는 너무나도 기묘해서 빅토르 위고가 한탄한 고딕과 비교되는 "훌륭한 취미"를 억지로 갖다 붙인 것처럼 보인다. 그러나 파리의 노트르담 대성당은 후의 수복이라는 시간 되돌리기로 고딕을 감춘 고전적인 장식이 걷혔으나, 이 두 건축의 파사드는 일련의 건설 공사의 마지막 한 수였으며 만약 시간을 되돌린다고 하더라도 중세의 파사드가 드러나는 일은 없다.

〈그림 2-24〉 생제르베생프로테 성당 서쪽 파사드

〈그림 2-25〉 생제르베 생프로테 성당 동쪽 외관

　　확실히 고딕 성당에 바로크의 파사드로 뚜껑을 덮은 이들 사례도 '야만'에 대한 '훌륭한 취미'의 간섭이었다. 이 역시 시간 속에서 건축이 변모한 흥미로운 사례 중 하나라고 할 수 있다. 그리고 생제르베생프로테 성당은 건물 전체가 시가지에 파고들어가 있어서 무대 배경 같은 파사드는 샬롱앙샹파뉴 성당만큼은 신경 쓰이지 않는다. 동쪽의 작은 광장에서 봤을 때 불규칙하고 너무나도 중세풍으로 보이는 〈그림 2-25〉 반면, 서쪽의 정면에서 봤을 때 단정한 르네상스적으로 보이는 대비가 완전히 다른 두 건축을 보고 있는 것 같다. 이것은 오히려 시간이 만들어 낸 건축의 다양성과 대립성을 즐길 기회일지도 모른다.

# 프랑스 혁명과 거칠게 불어온 전용의 폭풍

## 수도원에서 감옥으로

혁명이라는 격렬한 사회 변동으로 건축도 크게 변화하게 된다. 바스티유 감옥이 불타고 클뤼니 대수도원이 파괴되는 등 프랑스 혁명에는 건축 파괴의 이미지가 따라다닌다. 물론 모든 건축이 파괴된 것은 아니었다. 이 시기에도 건축은 사회 변동에 맞춰 생존했다.

1789년 7월 14일의 바스티유 감옥 습격이 혁명의 도화선이 된 것은 잘 알려져 있다. 같은 해 11월 2일 건축의 운명을 결정짓는 중요한 법령이 시행된다. 교회 재산 국유화(Bine national)에 관한 법령이다. 이 법률로 교회나 망명귀족의 부동산이 국유화된다. 많은 교회당과 수도원, 국왕과 귀족의 대저택 등이 새로운 사회체제가 필요로 하는 다양한 용도로 전용되어 이용된다. 프랑스 혁명기에 이뤄진 전용(conversion)의 세 가지 사례라고 할 수 있는 것이 감옥, 병영, 공장으로의 이용이다.[1]

혁명이라는 정치체제의 대전환은 놀랄 정도로 많은 정치범을 만들어 내고 그들을 수용하기 위한 감옥의 정비가 급선무가 된다. 이때 활약한 것이 수도원 건물이었다. 수도원은 도시에서 멀리 떨어진 벽지에 있다는 입지 면에서도, 벽으로 나뉜 독방이 있는 공간구성 면에서도 감옥으로 전용하기에 알맞은 건축이었다.

나폴레옹의 통령정부 시대였던 1803년에 처음으로 프랑스 중앙 형무소가 프로방스 지방의 앙브헝(Embrun)에 예수회 신학교를 전용하여 설립되었다. 1804년에 황제로 즉위한 나폴레옹은 프랑스 전 국토에 분산된 형태로 중앙 형무소(maison centrale)를 정비해 간다(그림 2-26). 앙브헝에 이어 설치된 초기의 중앙 형무소 중 에이스(Eysses)는 구 생제르베생프로테 수도원의 전용, 몽펠리에(Montpelier)는 구 상트우르술

<hr>

1 — *Dictionnaire des églises de France*, Vb, Champagne, Flandre, Artois, Picardie, Éditions Robert Laffont, 1969, p.14

 2장. 재이용적 건축관: 사회 변동과 건축의 생존

르(Sainte-Ursule) 수도원을 전용한 것이었고, 리모쥬(Limoges)는 구 베네딕트회 수도원의 전용, 리옴(Riom)은 구 프란시스코회 수도원의 전용, 그리고 퐁트브로(Fontevraud)는 중세 잉글랜드 왕가 플랜태저넷 가문의 묘소로서 알려진 고명한 구 베네딕트회 수도원에 있었으며, 클래르보(Clairvaux)는 성 베르나르가 수도원장을 지낸 구 시트회 수도원의 전용, 그리고 몽생미셸(Mont-Saint-Michel)은 너무나도 잘 알려진 중세 프랑스 최대의 순례지 중 하나로 바다에 떠 있는 바위산 위의 수도원이었다.[1]

물론 모두 중세의 수도원 관련 시설을 전용한 것은 아니고, 절대 왕정기에 설립된 시설을 전용한 것도 있었다. 예를 들면 렌(Rennes), 볼리외(Beaulieu), 앙시샤임(Ensisheim)의 중앙 형무소는 부랑자 수용소를 전용한 것이며, 비세트르(Bicêtre)는 종합 구빈원을 전용한 것이었다. 이들 시설도 수도원 관련 시설과 마찬가지로 그 공간구성이 감옥으로 전용하기에 적합했던 것으로 유추된다.

1804년 10월 18일 나폴레옹은 클레르보 대수도원과 몽생미셸을 중앙 형무소로 전용하는 법령에 서명한다. 클레르보의 감옥은 1808년에, 몽생미셸은 1811년에 사용되기 시작했다. 몽생미셸은 16세기부터 18세기 사이에도 '철의 감옥'이라고 불리는 감옥이 설치되어 수도원으로서 존속하면서

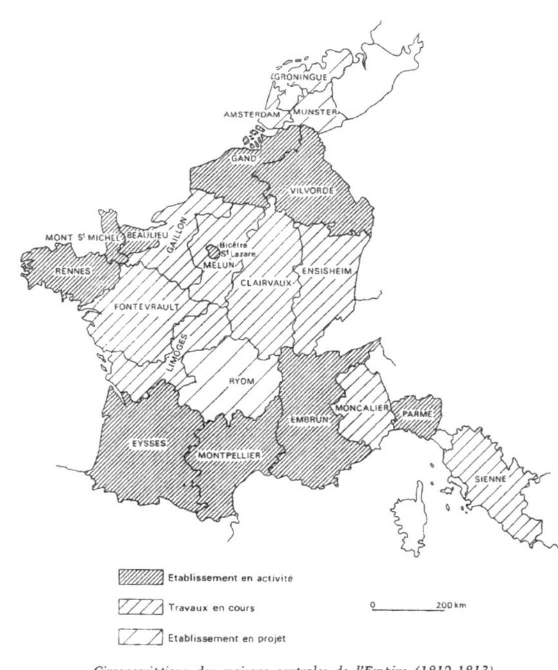


〈그림 2-26〉 프랑스 중앙 형무소의 배치와 관할

1 —　Jacques-Guy Petit, *Ces peines obscures: la prison pénale en France(1780-1875)*, *Hachette*, Fayard, 1990, p.153

도 감옥으로도 사용되었는데 나폴레옹 시대가 되면 결국 수도원의 역할을 잃고 영구적으로 감옥이 된 것이었다.

참고로 몽생미셸은 1863년 나폴레옹 3세 통치기에 중앙 형무소로서 역할이 정지되었다. 퐁트브로에는 1963년까지 중앙 형무소가 있었지만, 그 후 오랜 수복 기간을 거쳐 현재는 구 퐁트브로 수도원이라는 중요한 문화재로서 공개되고 있다. 그러나 클레르보에는 현재도 중앙 형무소가 있다.

## 성채에서 병영으로

프랑스 혁명기에 빈번하게 이뤄진 두 번째 건축의 전용은 병영의 설치였다. 감옥 설치가 법무부(Ministère de la Justice)의 관할로 진행되었던 반면 병영의 설치는 전쟁부(Ministère de la Guerre)의 관할이었다. 병영으로 전용된 것은 중세 이래의 성채 건축이 많았다. 이것은 관할의 문제였던 것일까. 아니면 군대의 주둔지로 삼을 만한 군사상의 요충지가 전근대에도, 근대에도 그다지 변함없었던 탓일까.

예를 들어 파리 교외에는 중세 이래 프랑스 왕의 성이었던 뱅센(Vincennes) 성에 병영이 설치되어 무기 공장도 만들어졌다.[2] 루아르강 유역에는 구 블루아 성에 병영이 설치되었고,[3] 구 앙제 성(Château d'Angers)에는 나폴레옹 전쟁에서 붙잡힌 잉글랜드인 포로수용소가 만들어졌다. 아비뇽의 구 교황청에는 법무부와 전쟁부가 나눠서 감옥과 병영을 설치했다.[4]

이러한 중세 성곽을 근대 군대의 병영으로 전용한 예는 프랑스에서만 보이는 것은 아니다. 예를 들어 이탈리아의 베로나에서도 나폴레옹 군 주둔 시대, 그후 오스트리아의 지배 아래 중세의 성곽 카스텔베키오(Castel Vecchio)가 병영으로 전

---

2 — François Enaud, "Du bon et du mauvais usage des monuments anciens, essai d' interprétation historique", *MH: Monuments historiques*, no. 5, 1978, p.14

3 — Louis Réau, *Histoire du Vandalisme: Les monuments détruits de l'art français*, tome II, Paris, Hachette. 1959, p.49

4 — François Enaud, ibid., p.14

용되었다. 이 병영은 20세기 후반이 되어 건축가 카를로 스카르파(Carlo Scarpa)의 설계로 이번에는 미술관으로 전용되었다. 스카르파의 이 작품은 건축의 재이용을 거의 볼 수 없었던 20세기의 희소한 예 중 하나이며, 현대의 건축 재이용에 다시금 불을 지핀 건축 작품인데, 이에 대해서는 5장에서 소개하고자 한다.

## 민간에서의 재이용

혁명기에 볼 수 있는 세 번째 건축의 전용으로 들 수 있는 것은 민간에서의 재이용, 특히 공장으로서의 재이용이다. 예를 들면 파리 생루이섬의 랑베르(Lambert) 저택은 군용 침대 제조 공장으로 전용되었다. 루아르 계곡의 성 중 하나로서 세계유산에도 등록된 샹보르 성(Château de Chambord) 역시 이 시기 질산칼륨(흑색 화약) 공장으로 재이용되었고, 그 뒤에는 제염 공장으로도 전용된다. 또 생드니 구 대수도원은 1799년 실내 시장으로 전용되었다.[1]

이 많은 건물은 일시적으로 공장이나 시장으로 재이용된 후에 혁명기의 '만행(vandalisme)'에 대한 반동으로서 등장한 '문화재'라는 사고방식에 기초하여 수복되어 보존되었다. 그러나 이 시기의 난폭한 전용으로 사라진 건물도 적지 않다. 예를 들면 16세기에 건설된 유명한 파리의 생제르맹데프레 수도원(Abbaye de Saint-Germain-des-Pres)의 수도원장관은 이 시기 국유재산으로 매각되어 질산칼륨 공장과 화약, 석탄 창고로 전용되었다. 그런데 이 공장에서 1794년 화약 폭발 사고가 일어난다. 이 사고가 계기가 되어 1798년에는 13세기의 위대한 건축 장인 피에르 드 몽트뢰유(Pierre de Montreuil)가 작업한 수도원 대식당까지 파괴되었고 1802년에는 수도원 회랑도 파괴되고 만다.[2]

또 파리 근교의 뫼동 성(Château de Meudon)은 루이 14세와 루이 15세가 사랑했던 아름다운 성이었는데, 군사 공장으로 전용되어 쓰이다 1795년에 화재로 폐허가

<hr>

1 — François Enaud, "Du bon et du mauvais usage des monuments anciens, essai d' interprétation historique", *MH: Monuments historiques*, no. 5, 1978, p.15

2 — ibid., pp.14~15

되어버린다. 결국 이 폐허는 1804년에 철거되고 그 자리에 새로운 성이 건설되었다. 흥미로운 것은 이 폐허를 철거할 때 스폴리아가 일어났다는 점이다. 뫼동 성의 폐허가 철거된 직후에 파리 중심부에는 나폴레옹의 명령으로 루브르 서쪽에 카루젤 개선문(Arc de Triomphe du Carrousel)이 건설되었다. 1809년에 완성된 이 개선문에 사용된 특징적인 핑크색 대리석 원주는 불타서 내려앉은 뫼동 성에서 이설된 것이다.[3]

실은 카루젤 개선문의 스폴리아는 이것만이 아니라 문자 그대로 '전리품'으로서의 스폴리아도 사용되었다. 이 개선문 상부에 걸린 말 네 필이 이끄는 전차의 말 조각은 나폴레옹이 베네치아의 산마르코 성당에서 빼앗아 온 것이었다. 그러나 이 말 네 필 조각은 1815년 황제 나폴레옹이 워털루 전투에서 패배한 후 산마르코 성당으로 되돌아갔고 현재 카루젤 개선문에서 볼 수 있는 것은 1828년에 새롭게 제작한 다른 전차다.

부언하면 산마르코 성당의 말 조각 그 자체도 원래 베네치아에서 제작된 것이 아니라 고대 조각의 스폴리아다. 실은 이 조각은 고대 로마 시대의 동쪽 수도 콘스탄티노플의 경마장 건물에 사용되었던 것이었다. 13세기 초의 제4차 십자군 때 콘스탄티노플의 경마장에서 베네치아로 옮겨져 산마르코 성당의 파사드를 장식하게 된 것이었다.

2장에서는 고대 말기부터 19세기 초까지를 살펴봤는데, 역사적 건물이나 건축 부자재의 재이용은 거의 건축의 역사 그 자체라고 해도 좋을 정도로 오랜 역사를 가지며, 지극히 본질적인 건축행위 중 하나였다. 나폴레옹 시대에 볼 수 있는 기존 건물의 전용과 스폴리아의 범람은 건축 재이용 시대의 불꽃이 다 타버리기 전 마지막 빛이었던 것처럼 생각된다. 그러나 제1 제정이 끝나고 복고왕정(Restauration) 시대가 되면 나폴레옹 시대의 지나치게 난폭한 건축 재이용에 대한 반동으

---

3 — ibid., p.15

     2장. 재이용적 건축관: 사회 변동과 건축의 생존

로써 건축의 시간을 되돌리는 수복(Restauration)이라는 사고방식이 등장한다. 그리고 이것이 일단 오랫동안 계속된 건축 재이용의 시대의 막을 내리게 한다.

# 재개발적 건축관:
# 가치의 층위와 건축의 형식화

## 16세기부터 현재까지

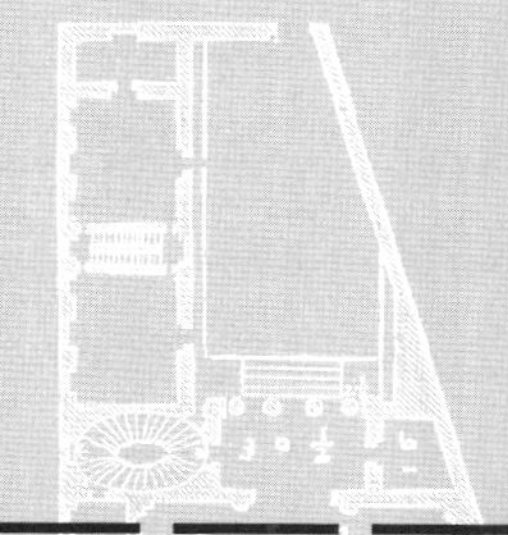

# 야만의 탄생

### '중세'라는 발명

15세기 무렵에 시작된 르네상스는 고대를 발견함으로써 새로운 시대를 연, 역사에서 가장 중요하고 획기적인 사건 중 하나로 건축 역사에 자리매김했다. 3장에서는 고대의 발견보다도 중세의 발명이야말로 본질적인 혁신(innovation)이었다는 가설에 의거해 논의를 진행하고자 한다.

15세기의 르네상스뿐 아니라 9세기 샤를마뉴의 궁정에서도, 12세기의 생드니 대수도원에서도 고대 로마를 어떻게 계승할 것인가, 고대 회귀에 관한 문제는 중요한 주제였다. 2장에서 살펴보았듯 '카롤링거 르네상스'나 '12세기 르네상스'에서는 고대에 사용된 대리석 원주 그 자체를 재이용함으로써 고대의 계승을 직접적으로 표명하려고 했다. 이에 반해 15세기 르네상스에는 고대 건축의 형태(form)를 모방하여 다양한 건축 요소의 형태를 카탈로그화하여 양산해 감으로써 고대의 재생(르네상스)에 착수했다고 할 수 있다.

형식주의라고도 부를 수 있는 그 수법은 2장에서 살펴본 '재이용'과는 다른 것이었다고 할 수 있을 것이다. 이에 대해서는 뒤에서 논하도록 하고 여기서는 우선 '중세의 발명'에 초점을 맞추려고 한다.

'중세'라는 말이 처음 나온 것은 이탈리아의 인문주의자 조반니 안드레아 (Giovanni Andrea)가 사용한 1469년의 라틴어 용례 "media tempestas"라고 생각된다.[1] 직역하면 '사이의 시대'가 될 이 말이 가리키는 것은 고대와 근대(르네상스) 사이의 틈새로서의 '중세'다. 그것은 역사를 단순히 세 가지 시대로 구분하는 관점이 아니었다. 거기에는 명확한 가치 판단이 있었다. 훌륭한 고대와 그것을 재생하는 근

---

1 — 鷲田哲夫, 〈「中世」を意味する語の用法とその範囲について〉, 《早稲田大学大学院文学研究科紀要 文学·芸術学編》, 1993, p.41

대(르네상스)의 틈에 위치한 쇠퇴의 시대 즉 '암흑의 중세'라는 사고가 깔려있었다.

시간축을 세 가지로 구분하여 파악하려는 역사관은 그다지 드문 것은 아니었다. 일본에서도 상고(上古)·중고(中古)·근고(近古)나 상세(上世)·중세(中世)·근세(近世) 같은 표현은 존재했다.[2•] 그러나 서양과 같은 가치 판단의 위계는 없었다. 서양 역사의 세 구분에서 중세를 틈새 시대 혹은 '쇠퇴의 시대'로 파악하는 것이야말로 지극히 독창적이었다. 그들은 중세를 야만이라고 자리매김했다.

조반니 안드레아가 사용한 중세라는 명칭이 바로 정착한 것은 아니었을 것이다. 1469년에 처음 등장하고 거의 1세기 지난 1550년이 되어서도 조르조 바사리는 중세라는 말을 사용하지 않았다. 바사리가 중세 건축을 '야만'이라고 단정하고 고대 '야만족'의 상징으로서 고트인의 이름을 든 것이 '고딕'이라는 건축양식 명칭의 유래가 되었다. 2장에서 논한 것을 반복하게 되겠지만, 바사리는 전성기 고대의 예술형식을 높이 평가한 한편, 고대 말기에서 중세에 걸친 예술형식을 쇠퇴와 야만이라고 단죄했음에도 불구하고 '중세'라는 학술용어를 갖추지 않았다. 대신에 바사리는 '고대(antica)'와 '오래된(vecchio)'이라는 용어를 구분함으로써 시대를 논증했다. 참고로 바사리에 의하면 '고대(antica)'란 콘스탄티누스 황제 이전의 시대로, 대개 네로, 베스파시아누스, 트라야누스, 하드리아누스, 안토니누스 황제 시대까지를 가리키므로,[3] 서기 2세기의 로마제국 전성기를 가리키게 된다. '오래된(vecchio)'은 그 이후를, 콘스탄티누스 황제의 치세를 포함한 고대 말기부터 중세까지의 오랜 기간을 가리키게 된다. 그것은 현대의 역사학이 가리키는 '중세'의 역사 구분과 반드시 일치하지 않을지도 모른다. 그러나 '중세는 언제부터 언제까

---

2 — 尾藤正英, 〈近世史序説〉, 《岩波講座 日本歴史9 近世1》, 岩波書店, 1975, p.2

• — 일본에서 주된 시대구분과 그 명칭은 세 부류로 나눌 수 있다. 첫째는 원시시대-고대-중세-근세-근대-현대로 지칭하는 부류, 둘째는 가마쿠라 막부, 에도 막부처럼 정권(政權) 소재지를 지칭하는 부류, 세 번째는 상고-중고-근고 혹은 상세-중세-근세로 부르는 부류다. 세 번째 부류는 현재로서는 거의 사용되지 않는다.

3 — ジョルジョ·ヴァザーリ, 《ヴァザーリの芸術論: 〈芸術家列伝〉における技法論と美学》, ヴァザーリ研究会 (編), 平凡社, 1980, p.199

지인가?'라는 정의가 아니라 '중세는 쇠퇴의 시대다'라는 정의라면 바사리는 서양의 중세관을 명료하게 제시하고 있는 셈이다.

이와 같은 중세관은 16세기를 거치며 점차 확립되어 갔다. 중세의 야만을 뛰어넘은 근대인이라는 자기 확신과 역사관을 가지는 것이 근대 유럽 문명의 기초를 쌓았다고 할 수 있지 않을까 생각될 정도다.

## '고전'이라는 가치관

그로부터 200년 후, 18세기 후반에 독일의 시인 괴테는 약관 23세에 발표한 에세이 《독일 건축에 대한 소고(Von Deutscher Baukunst)》(1772)에서 당시의 중세 건축에 대한 지적인 태도를 보여준다.

> 처음으로 대 사원에 갔을 때 나는 훌륭한 취미에 대한 통념으로 머리가 가득차
> 있었다. 귀동냥으로 질량(mass)의 조화라든지 형식의 순수함을 우러러 받들고
> 있어서 고딕적 겉치레의 제멋대로인 난잡함은 절대로 용서하지 못한다고 생각했다.
> 고딕이라는 이름에 대해서 나는 마치 사전의 표제어처럼 애매, 혼란, 부자연,
> 혼잡, 누더기, 지나친 장식 등 거의 내 머리를 스쳐 가는 실수투성이와 동의어를
> 그러모았다. 바깥 세계는 모두 야만이라고 부르는 국민보다 낫다고 할 수 없는 바보
> 수준으로 자신의 체계에 맞지 않는 것은 모조리 고딕이라고 치부했던 것이다.[1]

르네상스의 훌륭한 취미와 비교해서 중세는 야만이며 악취미라고 자리매김되어 있는 것을 괴테의 에세이에서 잘 알 수 있다. 15, 16세기에 싹튼 중세관은 18세기가 되어 더욱 강하게 남아 있다. 아니 오히려 이렇게 말해야 할지도 모르겠다. 중세를 야만이라고 간주하는 역사관은 근대의 발전과 함께 한층 강하게 유럽인의 의식 속에 박혔다고.

---

1— 〈ゲーテ 文学論 美術論〉, 小栗浩訳, 《世界の名著 続7 ヘルダー ゲーテ》, 中央公論社, 1975, pp.306~307

괴테의 《독일 건축에 대한 소고》는 19세기 고딕을 향한 재평가, 고딕 부흥 (Gothic Revival)의 시작으로 잘 알려져 있다. 고딕을 향한 재평가는 건축가들에게 르네상스와는 다른 디자인의 선택지를 안겨주었다. 고딕 부흥이라고 불리는 새로운 건축 디자인은 새로운 형식으로서 정리되어 근대 건축의 대열에 끼게 된다. 이어서 괴테는 다음과 같이 말한다.

> 그러나 대 사원 앞에 서서 올려다봤을 때, 뭐라 할 수 없는 느낌에 휩싸였다. 하나의 완전하고 거대한 인상이 나의 마음을 채웠다. 그것은 조화로운 무수한 부분으로 이뤄져 있었으므로 기쁘게 맛볼 수 있어도 인식도 설명도 도저히 할 수 없는 것이었다.[2]

괴테의 논지에 따르면 "애매, 혼란, 부자연, 혼잡, 누더기, 지나친 장식"은 악이었다. 그 가치관 자체가 전복된 것은 아니다. 고딕에도 르네상스와 마찬가지 조화가 있다고 괴테는 주장한 것이다.

19세기의 부흥(revivalism)의 시대가 되어도 야만스러운 중세라는 전제가 바로 불식된 것은 아니었다. 그것은 같은 시기 고대 그리스·로마의 예술을 '고전(Classic)'이라고 부르는 풍조가 괴테와 독일의 미술사가 빙켈만(Johann Joachim Winckelmann) 등에 의해 유행하기 시작했기 때문이다.

라틴어 "Classicus"는 고대의 용례에서는 정치나 군대 용어로서 '첫 번째로 지명되는'이라는 의미가 있었으나 이것이 변하여 '상류계급의 고액 납세자'가 되었고, 여기서 비유적으로 '최상급의'라는 의미를 이루게 되었다고 한다. 16세기가 되면 비유적으로 고대 그리스·로마의 문학작품을 "Classicus"라고 부르는 용법이 등장하기 시작해서 이때 처음 '고대'와 '고전'이 연결되었다. 시각예술 분야에서는 19세기가 되어 빙켈만, 괴테, 볼프 등에 의해 고대 그리스·로마 예술이 '고전'이라

2 —  ibid., p.307

   

고 불리게 된다.[1]

오늘날에도 우리는 고대 그리스나 로마를 부를 때 거의 무의식적으로 '고전'이란 마치 수사에 지나지 않는 것처럼 '고전 고대(Classical Antiquity)'라고 표현한다. 그러나 여기에는 고대 그리스·로마가 최상급이라는 16세기 이후의 함의가 있으며, 야만적인 중세의 반증이라고도 할 수 있는 가치 판단의 표현이다. 분명 '암흑의 중세(Dark Ages)' 같이 직접적으로 중세를 경멸하는 표현은 현재 그다지 사용되지 않게 되었다. 그러나 '고전 고대'나 '근대 문명' 등의 자랑스러운 표현은 '중세'를 발명한 16세기 이후 유럽인의 층위적 역사관을 계승하고 있다.

르네상스 이후의 건축은 현대의 건축사 연구에서는 고전주의(Classicism)라고 불린다. 이것은 (중세를 야만이라고 폄하하며) 고대를 숭배하겠다는 입장의 표명인 것이다.

## 근대가 발견한 야만

르네상스가 고대를 높이 평가함으로써 시작된 것에 비해서 고대 건축을 '고전'으로 인식한 표현은 겨우 19세기에 시작되었다. 그에 비해 중세를 '야만'이라고 부르는 습관이 16세기에 시작되었다면, '고대의 발견'보다도 '중세의 발명'이라고 부르는 편이 근대라는 새로운 단계로 접어든 16세기 유럽의 본질적인 사고가 잘 나타나 있는 것 같다.

월러스틴은 16세기 유럽이 시간축의 '중세'에서 뿐 아니라 공간축의 '비유럽' 세계에서도 마찬가지로 야만을 발견했다는 것을 지적한다. 월러스틴은 그것을 '유럽적 보편주의'의 시작이라고 평가했다.[2] 그가 말하는 유럽적 보편주의란 범유럽 세계가 자신을 정당화하면서 '타자'에 간섭해 온 16세기부터 현대까지 이어

1 — A. Grafton, et al. (eds.), *The Classical Tradition*, Harvard University Press Reference Library, Belknap Press, 2010, p.205

2 — イマニュエル·ウォーラーステイン,《ヨーロッパ的普遍主義: 近代世界システムにおける構造的暴力と権力の修辞学》, 山下範久訳, 明石書店, 2008

• — 이매뉴얼 월러스틴, 《유럽적 보편주의: 권력의 레토릭》, 김재오 옮김, 창비, 2008, 특히 1장 〈누구의 개입할 권리인가—야만에 맞서는 보편적 가치들〉을 참조

진 역사이며 "종종 독선적, 위압적, 방만하기는 하지만 그 정책은 언제나 보편적인 가치나 진리를 반영하고 있는 것으로 제시"[3]된다.

근대 세계 시스템이 유럽에서 시작되어 세계로 확대되는 과정에는 군사적 정복이나 경제적 착취를 동반했으나, "이 확대에서 많은 이익을 얻은 자들은 이와 같은 확대가 세계 사람들에게 준 이익이 더욱 크다는 점을 근거로 스스로도, 또 세계에 대해서도 확대를 정당화해 왔다"[4]라고 월러스틴은 주장한다. 그는 16세기 유럽에 등장한 이 같은 사고 방식의 선례로서 '바야돌리드 논쟁(La Junta de Valladolid)'을 든다. 이것은 라틴 아메리카를 침략하여 스페인인의 관리아래 선주민의 노동력을 강제 동원한 '엔코미엔다(encomienda) 제도'를 비판한 바르톨로메 데 라스 카사스(Bartolomé de las Casas)와 반(反) 라스 카사스의 입장에서 라틴 아메리카 선주민에 대한 '간섭'을 정당화한 후안 히네스 데 세풀베다(Juan Ginés de Sepúlveda) 사이의 논쟁이다. 월러스틴은 세풀베다의 《제2의 데모크라테스 혹은 인디오에 대한 전쟁의 정당한 원인에 대한 대화》(1545년경) 속에서 '문명화된' 자에 의한 '비문명적' 지역에 대한 '간섭' 정당화를 이끌어내는데,[5] 여기서는 세풀베다가 1550년에 쓴 《아폴로기아(Apologia pro libro de justis belli causis)》를 인용하고자 한다. 여기에는 월러스틴이 말한 '야만에 대한 간섭의 정당화'가 응축되어 있다.

> 전쟁으로 그 **야만인**들이 받는 손실과 은혜를 계산하면 확연히 은혜 쪽이 크고
> 또 가치도 높아서, 그에 비하면 그들이 당하는 피해는 없는 것이나 마찬가지다.
> (…) 게다가 약간의 불행은 재산의 대부분 즉 그들이 그다지 높이 평가하지 않는
> 금, 은이나 귀금속을 빼앗기는 것이다. 그 대신에 **야만인**은 스페인인으로부터
> 보상으로서 철이라는 생활에 지극히 유용한, 또 단연 편리한 금속을 비롯해 보리,

---

3 —　ibid., p.12

4 —　ibid., pp.19~20

5 —　ibid., pp.26~28

　3장. 재개발적 건축관: 가치의 층위와 건축의 형식화

밀, 콩류, 그 외 다양한 종류의 과일, 올리브, 말, 노새, 당나귀, 양, 산양, 그 외 그들이 본 적 없는 것을 수없이 손에 넣고 있다. 그것들은 모두 스페인으로부터 와서 그 지방의 주민에게 크나큰 은혜를 가져다주고 있다. 이 물건들이 각각 가져다주는 이익은 **야만인**이 금과 은으로 얻던 이익을 훨씬 웃돈다. 또 스페인인이 가져다준 것 중에 문자가 있다. **야만인**은 문자를 전혀 모르고 읽고 쓰는 지식도 전혀 없다. 설상가상으로 그들에게는 인간적인 생활과 **훌륭한 법률과 제도**, 게다가 다양한 종류의 은혜를 모조리 능가할 정도로 큰 가치가 있는 것, 즉 진실한 신과 기독교에 대한 지식도 받을 수 있게 되었다. 이러한 것은 모두 잘 알려진 사실이니까 확실히 말하자면 정복을 방해하고 **야만인**이 기독교도의 권력 밑으로 들어가는 것을 저지하려는 사람들은 인간적인 마음에서 그들을 지키려고 하는 것이 맞는가? 실제는 그 의도와는 반대되는 행동을 하는 것 아닌가? 즉 말하자면 그들의 바람은 잔혹하게도 **야만인**에게서 수없이 많은 은혜를 빼앗는 것이다. 그들은 어리석고 목표도 없는 생각을 주장하여 야만인에게서 그들 모든 은혜를 완전히 뺏거나 그렇지 않으면 은혜를 가져다주는 것을 방해하는 것이다.[1]


여기서는 '유럽인'과 '비유럽인'이라는 개념이 '스페인인'(혹은 '기독교도')과 '야만인'의 대비로 제시되어 있다. 비유럽인을 가리키는 명사로서 '야만인'이라는 말이 이토록 반복되는 것에는 놀랄 수밖에 없다.

월러스틴에 따르면 이와 같은 비유럽의 '야만'에 대한 간섭은 16세기에는 '신앙(기독교)'으로 정당화되었고, 식민지주의 시대에는 '문명(기술)의 전파'라는 관점에서 정당화되었다. 그리고 옛 식민지가 독립 국가가 되어 국제 연맹에 가입하게 된 현대에는 '인권'에 의해 정당화된다고 주장한다.[2] 이런 '유럽적 보편주의'를 파악

1 — セプールベダ, 《征服戦争は是か非か》, 柴田秀藤訳, 岩波書店, 1992, pp.39~40 (굵게 표시된 강조부분은 저자에 의한 것)

2 — イマニュエル・ウォーラーステイン, 《ヨーロッパ的普遍主義: 近代世界システムにおける構造的暴力と権力の修辞学》, 山下範久訳, 明石書店, 2008, pp.39~40

하는 그의 관점은 지극히 설득력이 있다.

이 책에서는 16세기의 가치관 전환에 주목하고 있으므로 중요한 것은 '신앙'으로 정당화된 '야만'에 대한 간섭이 될 것이다. 주의해야 할 것은 이 '야만론'에서 기독교 신앙은 완전히 편리한 변명(apologia)에 지나지 않는다는 점이다.

## 시간 속의 야만, 공간 속의 야만

대략 정리하자면 16세기 유럽인은 지리적·공간적인 타자와 시간적 타자를 발견하고 이 모두를 야만이라고 보았다. 지리적·공간적으로 라틴 아메리카도 아시아도 비기독교도(이교도)이므로 야만이라고 간주되었다. 한편으로 시간적 타자는 유럽 자신의 중세에서 발견한다. 16세기 유럽인들은 그들 자신이 정의한 야만스러운 중세의 극복으로 근대라는 새로운 국면을 열었다고 자기 자신을 자리매김한 것이다. 이때 중세는 비 인문주의적(기독교적)이기에 야만이라고 여겨졌다. 그들은 로마의 신들이 신앙의 대상이었던 고대를 이상적인 시대로 보았기 때문에 옛날에 배척되었던 로마의 이교 숭배를 도리어 찬미했다. 나아가 17, 18세기에 일어난 가치관의 전환에는 큰 뒤틀림이 숨어 있다. 우선 야만이 있었다. 기독교는 핑계에 지나지 않는다.

또 하나 지적해야만 하는 것은 이 논의의 키워드다. 야만인이나 이교도는 모두 고대 말기의 중요한 개념이었다.[3] 고대 말기에 로마제국에 침입한 동방에서의 이민들이야말로 '야만인'이라고 불리는 최초의 사람들이었다. 또 이에 따른 사회 변동의 시대에 황제의 결단으로 로마 국교가 기독교로 정해짐으로 그때까지의 로마 신들에 대한 숭배가 이교로 여겨졌다. 즉 고대의 이교도는 과거의 로마인 자신이기도 했고, 실은 이쪽을 시간적 타자라고 불러야 했다. 한편 고대의 야

---

3 —　ジリアン·クラーク,《古代末期のローマ帝国: 多文化が織りなす世界》, 足立広明訳, 白水社, 2015, p.131

만인은 근대의 야만인과는 달리 결코 하위 층위에 속해 있었다고는 할 수 없다.[1] 근대의 야만은 간섭의 대상이 되었으나 고대에는 문명적인 로마인이 야만인의 간섭을 받았던 것이다. 서쪽 로마제국은 야만의 간섭으로 소멸했다.

그에 비해 16세기의 유럽인은 고대의 용어인 야만인과 이교도를 재생하여 거기에 상위의 자기 자신과 하위의 타자라는 층위를 더함으로써 세계와 역사를 파악하려고 했다. 기독교도와 이교도라는 구도에 의한 세계 파악은 더욱 보편적인 유럽과 비유럽이라는 구도에 수렴되어 간다. 문명과 야만이라는 구도는 지리적·공간적 세계 인식 속에서도, 근대와 전근대라는 시간적 역사 인식에서도 지금까지 살아있다.

지리적·공간적 측면에서 말하면 건축의 세계에서 고전주의는 일종의 국제적인 스타일로 세계로 확대되어 갔다. 그것은 건축의 형식주의와 인쇄 기술의 발전으로 건축서가 보급된 결과라고 할 수 있다. 이 형식주의의 문제에 대해서는 뒤에서 다룬다.

시간적 층위 구분은 중세를 야만으로 파악한 결과 중세의 도시와 건축의 파괴를 촉진했다. 중세의 건축은 야만이기 때문에 파괴되고 '훌륭한 취미'를 가진 건축이 신축되었다. 중세의 구불구불하고 유기적인 가로(街路)는 대규모로 파괴되고 직선적이고 계획적인 가로로 바뀌어 간다. 재개발적 건축관의 시작이었다.

---

[1] — 질리언 클락은 다음과 같이 설명한다. "'야만족(영어로는 barbarian)'이라는 명칭이 생긴 것은 그들이 사용하는 언어가 그리스인에게는 '바르, 바르, 바르(혹은 르흐바르브, 르흐바르브, 르흐바르브)'라고 들렸기 때문이다. 비 그리스인 '야만족' 중에서는 실제로는 고도의 문명을 가진 민족이 있었고, 바빌로니아나 이집트, 페니키아 등의 '야만족의 지혜'는 단순히 그리스의 현명함보다도 훨씬 깊었다고 생각한 그리스인도 있었다." (ジリアン·クラーク, 《古代末期のローマ帝国: 多文化が織りなす世界》, 足立広明訳, 白水社, 2015, pp.127~128)

# 재개발적 건축관과 재이용적 건축 실천

## 세바스티아노 세를리오

여기서 재이용적 건축관과 재개발적 건축관이 공존한 16세기의 하이브리드적인 태도를 확인해 두고자 한다. 건축가 세바스티아노 세를리오(1475~1554년경)가 집필한《건축서(I Sette libri dell'architettura)》제7권을 살펴보고자 한다. 여기에는 중세의 야만적인 건축을 파괴하고 르네상스의 이상적인 건축으로 바꾸고자 한 새로운 재개발적 건축 이론의 발로와 기존 구조물의 재이용에 따른 건축 실천의 지속이라는 두 단계의 과도기적 상황이 드러나 있다.

세를리오는 젊었을 적에는 화가로서 수행을 쌓았으나 30대 후반이 되어 건축에 뜻을 두고 1411년부터 1514년에 걸쳐서 우르비노 근방의 페사로(Pesaro)에서, 그 후 로마로 이주하여 여섯 살 아래의 발다사레 페루치를 스승으로 모시고 건축을 배웠다. 1527년의 로마 약탈 전후로 페루치 문하를 떠나 이번에는 베네치아로 이주했던 모양이어서,[2] 2장에서 다룬 마루켈루스 극장의 재이용 사례인 팔라초 사벨리나 오데온 극장의 기초 곡선이 파사드의 곡면에 반영된 팔라초 마시모 알레 콜론네 등 페루치에 의한 기존 건물 재이용에 세를리오는 관여하지 않은 모양이다. 그러나《건축서》제7권에서 논할 그의 건축관에는 기존 건물을 전제로 한 건축 실무가 설명되어 있어 재이용이라는 관점에서도 지극히 흥미롭다.

## 세를리오의 건축서

세를리오가 건축의 역사에서 중요하게 다뤄지는 이유는 그의 건축 작품보다도《건축서》때문이다. 그는 전 7권*으로 이루어진《건축서》를 출판하기로 계획하는

---

2 — *Sebastiano Serlio on Architecture*, Volume Ⅰ, trans. by Vaughan Hart and Peter Hicks, Yale University Press, 1997, p.xi

데, 그것이 그의 생애 후반부의 중요한 작업이 되었다(표 3-1). 처음으로 제4권《건축의 다섯 양식(cinque maniere)에 대해서》(1537)가, 이어서 제3권《고대 로마의 건축에 대해서》(1540)가 모두 베네치아에서 출판되었다. 그 후 프랑수아 1세의 초대에 응하여 프랑스로 건너가서 퐁텐블로 궁전의 건설에 참여하면서 제1권《기하학에 대해서》와 제2권《투시도에 대해서》를 1545년 파리에서 출판하고, 이어서 제5권《신전에 대해서》를 마찬가지로 파리에서 1547년에 출판했다. 세를리오는 퐁텐블로에서 1554년 무렵 사망하는데, 그가 죽은 후 1575년이 되어 제7권《계획 대상 부지의 상황에 대해서》가 프랑크푸르트의 출판사에서 간행된다.[1] 남은 제6권은 출판되지 않은 채 20세기가 되어 간행되었다.

처음으로 간행된 제4권의 서문에는 스승 발다사레 페루치에게 보내는 감사의 말이 쓰여 있어서 두 사람 사이의 강한 유대를 알 수 있다.[2] 이 책의 가장 흥미로운 점은 유럽 전체로 전파된 상황이다.

〈표 3-1〉 세를리오의 《건축서》 출판 연대와 출판 장소

| 제1권 | 기하학에 대해서 | 1545년 | 피리 | | |
|---|---|---|---|---|---|
| 제2권 | 투시도에 대해서 | 1545년 | 파리 | | |
| 제3권 | 고대 로마의 건물에 대해서 | 1540년 | 베네치아 | 1550년 프랑스어판 | 1~5권 세트:<br>1551년 이탈리아어판<br>1606년 독일어판<br>1611년 영어판 |
| 제4권 | 건물의 다섯 양식에 대해서 | 1537년 | 베네치아 | 1539년 프랑스어판<br>1542년 독일어판<br>1545년 프랑스어판 | |
| 제5권 | 신전에 대해서 | 1547년 | 파리 | | |
| 제6권 | 다양한 주택에 대해서 | - | 수기 원고인 채로 출판되지 않다가 1966년에 처음으로 간행 | | |
| 제7권 | 계획 대상 부지의 상황에 대해서 | 1575년<br>(사망 후) | 프랑크푸르트 | | |

• — 전 8권으로 여겨질 때도 있다. 8번째 책 《군대 건축(all'architettura militare)》은 여기에 포함되지 않는 경우도 있다.

1 — *Sebastiano Serlio on Architecture*, Volume Ⅰ, trans. by Vaughan Hart and Peter Hicks, Yale University Press, 1997, p.xxv

2 — ibid., p.253

세를리오가 살아 있는 동안 이미 이 책들은 차례차례 다양한 언어로 번역되어 갔다. 1537년의 제4권 초판이 간행되고 겨우 2년 후에 프랑스어판이 출판되었고, 1542년에는 독일어판이 출판되었다. 1545년에는 제4권의 프랑스어판이, 1550년에는 제3권의 프랑스어판이 출판되었다.[3] 제4권 《건물의 다섯 양식에 대해서(다섯 개의 오더)》와 제3권 《고대 로마의 건물에 대해서》가 전 유럽에서 이른 시기에 수용된 것을 잘 알 수 있다. 세를리오는 '오더(order)'라는 말은 사용하지 않았지만 자코모 바로치 다 비뇰라가 처음으로 《건축의 다섯 개의 오더》(1562)라는 제목의 책을 출판하기 이전에 이 개념의 기초를 쌓았으며, 오더라는 형식이 국제적으로 확대되는 데에 세를리오의 《건축서》가 최초로 큰 역할을 했던 것은 틀림없다.

1551년에는 제1권부터 제5권까지 다섯 권 세트가 베네치아에서 재출간된다. 1606년에는 다시 다섯 권 세트로 된 독일어판이 암스테르담에서 출판되었고 1611년에는 독일어판에서 번역된 영어판 다섯 권 세트가 런던에 등장한다. 이탈리아 국내에는 1584년에 제7권과 문 디자인에 관한 다른 책을 합한 세트도 간행되었지만, 국제적으로 확산된 것은 제1권부터 제5권까지였다. 그 결과 세를리오의 당초 의도와는 다르게 이 책은 《건축 5서》로서 널리 알려지게 된다.[4]

제6권 《다양한 주택에 대해서》가 수기 원고인 채 출판되지 않고, 이탈리아에서 출판된 제7권 《계획 대상 부지의 상황에 대해서》가 번역되지 않고 국제화되지 않은 것은 과연 어떤 이유에서였을까. 그 배경을 논하기 위해서는 신중한 조사가 필요할 것이다. 그러나 한 가지 가설로 생각할 수 있는 것은 제1권부터 제5권까지가 르네상스의 전파에 빼놓을 수 없는 내용인 데 비해, 제6권과 제7권은 르네상스에 그다지 필요하지 않았던 것은 아닐까? 이처럼 생각하면 16세기에 시작된 근대가 폐막을 맞이하고 있는 것처럼 보이는 현재, 제6권과 제7권 쪽이 더욱 흥미롭게 보인다.

3 — ibid., pp.xxxii~xxxiii

4 — ibid., pp.xxxiii~xxxiv

 

## 세를리오의 재이용과 재개발

세를리오의 《건축서》 제7권 《계획 대상 부지의 상황에 대해서》는 재이용과 재개발이라는 관점에서 흥미로운 저서이다. 특히 제55장~제73장의 〈정돈되지 않은 부지에 대한 제안〉은 이 문제에 대해 중요한 시사점을 던진다. 여기서 매우 독특한 일화인 제62장 전문을 소개하고자 한다.[1]

제62장 〈제8의 제안―오래된 것의 개축(ristorar)에 대해서〉

내가 의도하는 것은 일반적이지 않은 상황 혹은 오래된 주택의 개조에 대해 논의하는 것이니 지금까지의 내 인생에서 이 주제와 관련된 한 사건에 대해서 자세히 이야기해야겠다. 이탈리아의 어떤 도시에 매우 유복한 구두쇠가 한 채의 집을 소유하고 있었다. 이 집은 '좋은 건축(buona Architettura)'이 아직 묻혀있던 시대에 그의 조부가 세운 것이었다. 그러나 집이 살기 편하고 무엇보다 그도 이 집에서 태어나서 매우 행복했다. 그런데 이 집의 양쪽과 정면에 새로운 집이 세워졌다. 좋은 건축가들(buoni Architettori)이 계획하여 건물에 갖춰진 적절함(decorum)과 균형 덕분에 이 구두쇠의 집은 매우 볼썽사납게 보이게 되었다. 이 동네의 영주가 이 길을 지나갈 때마다 다른 건물과 비교하게 되었고, 이 집이 완전히 다르다는 사실 때문에 기분이 나빠졌다. 그래서 영주는 이 구두쇠의 직장 동료들을 통해 이 건물을 인근 건물과 같은 스타일로 다시 세우도록 했다. 이 선량한 구두쇠는 동네의 적절함보다도 자신의 금고 쪽을 훨씬 소중히 여겼으므로 영주와 마주칠 때마다 자신은 정말로 집을 다시 세우고 싶지만 지금은 돈이 없다고 말했다. 결국 어느 날 영주는 다시 이 길을 지나가면서 그 파사드를 보고 아직도 이

---

1 ― 陣内秀信, 〈空間の魔術師: イタリア人の都市再生〉, 《新建築》, 1983. 3, pp.226~227 (陣内秀信·大坂彰, 《都市を読む＊イタリア》, 法政大学出版局, 1988, pp.472~477에 재수록)에 여기서 소개한 세를리오의 개축안을 소개하는데, 'restauro'라는 관점에서 논한다. 'restauro'는 역사적인 건물을 수복·개조·재구성 등의 방법으로 재생하는 것을 말하며, 그것은 이 책의 '재이용'과 유사한 것이라고 할 수 있겠다. 'restauro'는 일본어로 직역하면 '수복'이 되는데, 문화재적인 '시간 되돌리기'로서의 '수복'과는 다르다. 이 점에 대해서는 4장 "'수복'의 의미 변천"을 참조

집이 개축(rinnovare)될 기미가 없는 것을 보고 집주인을 불러서 화를 냈다. "주인! 1년 이내에 겉이라도 인근의 주택과 같지 않으면 당신의 집을 경험 있는 자가 부르는 적정한 가격으로 사들여서 내 집처럼 다시 지을 테니, 명심해!" 유복한 구두쇠는 자신이 태어나 성장한 그 집을 빼앗기지 않기 위해서 건설 공사를 시작하기로 —자신의 의지가 아니라 귀족의 노여움을 사지 않기 위해서— 결심했다. 그리고 동네 최고의 건축가를 찾아 돈을 아끼지 않을 테니 지금의 살기 좋은 느낌은 그대로 두고, 표면은 영주의

〈그림 3-1〉 세를리오의 《건축서》 제7권, 제62장 〈제8의 제안—오랜 것의 개축에 대해서〉에서

마음에 들도록 개축해달라고 진지하게 의뢰했다. 사실 그것은 인색한 사람이 허세를 부릴 때 하는 방법이다. 인색한 사람들은 거의 좀처럼 그러지 않지만, 일을 벌일 때는 호화스럽게 일을 벌이고 싶어 한다. 이 좋은 건축가(buono Architetto)는 훌륭하고 살기 편한 이 집을 관찰하고 고민했다. 그러나 집 내부에 대해서는 무엇 하나 옮길 것이 없고 그저 현관이 도면 A, B, C, D, E에서 보이듯이 파사드의 중앙에 위치하지 않는다는 점을 깨달았다(이것은 좋은 건축과는 정반대의 방법이다). 이것이 이전의 평면이며, 그 위의 그림이 이 집의 파사드였다. 그는 C의 큰 방에 ※표시의 벽을 세우기로 결단했는데, 이 큰 방은 통로와 방 C가 되었다. 그리고 다른 벽은 무엇 하나 바꾸는 일 없이 원래의 통로에 방 B를 만들었다. 그는 정면의 벽을 부수고 아래 그림처럼 제2의 파사드를 덧씌우고 창을 덧씌웠다. 현관 입구의 양쪽에 있는 네 개의 벽감과 상부 한 개의 창은 특별한 목적이 없다. 집주인은 탐욕의 상(像) —여러 악의 근원이며, 미덕의 적인— 을 가장 영예로운 장소에 둬야 하지만, 대신에 자신이 이러한 고귀한 성질을 가지고 있다는 인상을 주기 위해서, 혹은 교활한 남자답게 자신이 선량한 남자임을 세간에 믿게 하기 위해서 바리새인의 의복을 입혀서 네



3장. 재개발적 건축관: 가치의 층위와 건축의 형식화

개의 벽감에 네 개의 덕을 나타내는 상을 놓고 싶어 할 것이다[1](그림 3-1).

이것은 전문적인 건축론이라기보다도 (유복하기는 하지만) 일반 주택 소유자와 도시 지배층의 건축에 대한 태도가 묘사되어 있다는 점에서 흥미롭다. 입면도의 이전과 이후를 비교하면 개축 전의 주택에는 첨두아치로 된 창이 나란히 있어서 양식적으로는 고딕이라고 불리는 디자인이다. 개축 후는 반원아치 창이 늘어서 있고 2층 중앙의 세를리아나(Serliana)라고 불리는 형식의 창에는 삼각형의 페디먼트도 갖춰져 있는 등 그야말로 르네상스적인 디자인으로 바뀌어 있다. 그러나 문장에는 후에 정착할 르네상스나 고딕이라는 미술사, 건축사적 용어는 사용하지 않고 '좋은 건축'과 '좋은 건축이 아직 묻혀있던 시대'의 대비로 설명한다. 야만이라는 말은 사용하지 않았지만, 여기에 있는 것은 분명히 '좋은 건축'과 '야만적인 건축' 사이에 선을 긋는 층위 구분이다. 16세기 이탈리아에서 중세 건축은 단지 '좋은 건축과 정반대의 방법(좌우 비대칭)'이었기에 파괴되어야만 했던 것이다.

여기서 재미있는 것은 파괴와 신축 방법이다. 그 건축적 실천은 실은 완전한 재개발은 아니었다. 파괴하여 완전히 나대지로 만들지 않고 길에 면한 벽 한 장만을 파괴하고 바꾸는 것이었기 때문이다.

돌을 쌓아 올려 건설하는 조적조 건물의 경우, 기본적으로는 각각의 벽이 자립 구조이기 때문에 벽 한 장을 부숴도 건물 전체가 무너지는 일은 없다. 문제는 그 벽이 상층의 바닥이나 천장, 지붕 등의 상부구조를 지탱하는 경우인데, 그런 벽은 특히 '내력벽'이라고 불린다. 유럽의 역사적 밀집 시가지에는 옆집과 접하는 경계벽이 내력벽인 경우가 많다. 나란히 있는 건물과 공유하는 경계벽은 두텁고 튼튼하게 만듦으로써 내력벽이 되며, 만일 화재가 발생했을 경우 불이 번지는 것을 막는 역할도 있었다. 이런 경계벽은 이것에 접하는 한쪽 부지에서 재건축이

1 — *Sebastiano Serlio on Architecture*, Volume II, trans. by Vaughan Hart and Peter Hicks, Yale University Press, 2001, p.310

진행되더라도 부수는 일은 없어서 이것을 건물의 기본적인 내력벽으로 삼는 것은 합리적이었다.

이와 비교하면 길에 면한 파사드 벽은 부숴도 구조적으로 문제가 되지 않는 경우가 많았던 것 같다. 그야말로 세를리오가 말하는 예가 보여주는 대로 건물의 외관이 케케묵고 시대에 뒤처졌다고 느껴지면 때때로 이렇게 파사드의 재건축이 진행되었다. 인테리어를 쇄신하는 것과 비교하면 물론 조적조 벽을 부수고 다시 짓는 것은 매우 큰 공사이기는 하지만, 20세기의 스크랩 앤 빌드와 비교하면 건설에 긴 시간을 요하는 시대에는 파사드만을 당대 풍으로 재건축하는 방법은 나름대로 합리적인 것이었다.

이처럼 '강한 구조(경계벽)'와 '약한 구조(파사드벽)'의 조합으로 건물을 파악하면 2장에서 살펴본 기존 건물 재이용의 역사를 이해하기 쉬워진다. 그런 의미에서 세를리오가 말하는 일화는 완전히 재이용이라고 할 수 있다. 그러나 그에 더해 주목하고 싶은 것은 개축 이유다. 좋은 건축과 달랐기 때문에 '매우 흉하다'고 여겨져 새로운 르네상스적인 거리와 조화되지 않기 때문에 '기분을 해친다'는 것은 단순히 오래된 것을 새로이 재건축하려는 행위와 비교해 강한 가치 판단이 나타나 있다. '흉하니까 파괴하라'는 명령은 어떤 획일적인 가치 판단의 강요다. 그것은 야만에 대한 간섭이며 그 간섭 행위는 '르네상스는 좋은 건축'이라는 16세기 이후에 보편화되는 가치관으로 정당화된다.

## 16세기의 파괴와 도시계획

16세기 이후가 되어 야만에 대한 간섭 즉 중세 건축의 파괴가 빈번하게 이뤄졌다는 것은 그다지 신기한 사고방식은 아니다. 예를 들어 19세기에 빅토르 위고는 《파리의 노트르담》에서 이렇게 쓴다.

르네상스는 공평하지 않았으며, 건축하는 것으로 만족하지 못하고 무너뜨리고자

하였다.[1][•]

위고의 《파리의 노트르담》은 1482년이라는 시대로 설정되어 있다. 그것은 '긴 16세기'가 시작된 시기이며, 1455년에 활판 인쇄로 된 《구텐베르크 성경》이 간행된 약 30년 후의 시대다. 위고는 《파리의 노트르담》에서 주교 보좌 클로드 프롤로에게 "이것이 저것을 죽이리라. 책이 건물을 죽이리라"[2][••]라는 유명한 대사를 뱉게 했다. 책이 건축을 멸망시킨다는 암시에 대해서 이 대목에서는 미디어로서 건축의 역할이 사라진다는 주장으로 읽을 수 있는데, 본질적으로는 '근대가 중세를 멸망시킨다'라고 읽을 수 있을지도 모른다. 위고의 진짜 적은 중세 건축의 파괴자들이었다. 그는 19세기 사회에서 고딕 건축의 파괴에 대항하는 방법으로써 보호를 부르짖던 인물이었다. 그리고 그는 중세 건축의 파괴 즉 야만에 대한 간섭의 뿌리를 르네상스 정신의 불공평함에서 찾았다.

또 현대의 건축사·도시사 연구자 피에르 피뇽(Pierre Pinon)은 《파괴된 파리》에서 다음과 같이 논한다.

16세기 이래로 진행된 근대적 도시계획은 항상 개인 소유의 건물이 서 있는 공간을 희생하여 공공 공간을 넓히려고 했고(도로의 관통 혹은 확장, 광장의 개설 혹은 확장, 녹지 정비), 그런 의미에서 파괴자였다. 중세의 파리같이 밀도 높은 도시를 근대화하는 유일한 방법은 이미 건물이 서 있는 토지를 다시 나대지로 만드는 그것밖에는 없었다. 고명한 판화가의 아들 피에트로 피라네시(Pietro Piranesi)는 제1 제정 시대에 로마에서 경찰서장으로 있었을 때, 도시를 미화하는 가장 좋은 방법은 세우는 것이 아니라 부수는 것이라고 인식했다. 따라서 아무리 현대의 감성이 이와 대립할지라도


1 — ヴィクトル·ユゴー, 《ノートル=ダム·ド·パリ》, p.137

• — 빅토르 위고, 《파리의 노트르담》 1권, 정기수 옮김, 민음사, 2005, 253쪽

2 — ibid., p.175

•• — 빅토르 위고, 332쪽

도시는 건설, 그러니까 파괴에 의해 만들어졌다. 투기에 대해서 말하자면 그것은 파리를 파괴하고, ―도시 내의 계획지 분양, 건축의 갱신으로써― 건설했다. 적어도 16세기 이후, 세우기 위해서는 우선 파괴해야만 했던 것이다.[3]

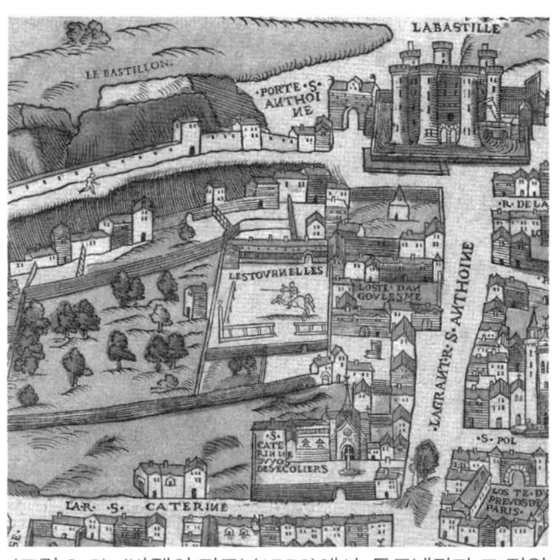

〈그림 3-2〉 〈바젤의 지도〉(1552)에서, 투르넬관과 그 정원

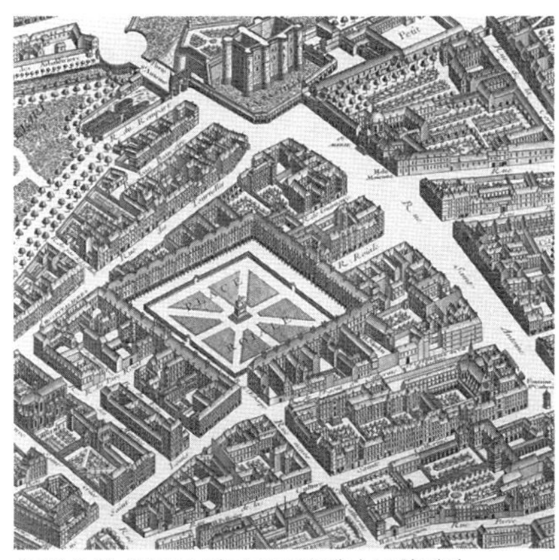

〈그림 3-3〉 〈투르고 지도〉(1739)에서, 국왕 광장

이처럼 16세기의 전환에 주목하면 세를리오의 《건축서》 제7권 62장에서 이야기한 에피소드는 16세기에 시작된 재개발적 건축관과 고대 말기부터 지속되어 온 재이용적 건축 실천의 하이브리드라고 할 수 있다.

피뇽이 지적하는 도로의 관통이나 광장의 개설은 물론 16세기 이후의 재개발적 도시계획의 특징적인 수법이다. 그러나 그 초기 사례이자 16세기 로마 교황 식스투스 5세가 진행한 직선도로 계획이나 17세기 초에 프랑스 왕 앙리 4세가 파리에서 진행한 광장 건설에서 기존 건물 파괴가 그다지 심각하지 않았을지 모른다. 14, 15세기의 축소 시대부터 겨우 성장 시대로 전환된 지 얼마 안 되는 유럽에서는 도시 주변부에 아직 전원 풍경이 펼쳐져 있었고, 도시 중심부에도 빈 땅이 적지 않게 존재했다. 식스투스 5세의 직선도로는 밀집 시가지보다도 오히려 주변부의 농지를 관통하는 것처럼 보이며(1장, 그림 1-3), 앙리 4세가 파리 동쪽에 계획한 국왕 광장(현재의 보쥬 광장, 그림

3— Pierre Pinon, *Paris détruit*, Parigramme, 2011, pp.14~15

3-3)은 왕가의 별궁 중 하나인 투르넬관을 파괴했으나 부지의 대부분은 저택의 정원이었다(그림 3-2).

## 앙리 4세에 의한 파리 도시계획

앙리 4세에 의해 국왕 광장을 개설하려는 도시계획은 원래 산업 장려 정책과 연관되어 있었으며, 밀라노에서 견직물 생산자를 유치하여 그 생산 거점을 만들기 위한 계획이었다. 앙리 4세는 1604년에 왕가의 토지를 이 계획을 위해 양도하기로 한다.

〈그림 3-4〉《브라운과 호헨베르크의 지도》(1572)에서, 시테 궁전과 그 정원

> 그러나 짐의 도시에서는 필요한 대량의 직기와 공장 기계를 수용하거나 거기에서 일할 작업원들이 생활하며 보호할 수 있는 충분하고 광대하며 청결한 혹은 살기 좋은 장소를 발견할 수 없었으므로, 옛 투르넬 정원이라고 불리던 나의 영지에 이를 위한 건물을 급속히 세우는 게 좋겠다고 생각했다. 부지를 계측한 후에 상기의 공장 소유자인 무아세 씨, 카미유 씨, 파르페 씨에게 공방과 노동자들을 위해 필요한 주택군을 짐이 제시한 디자인에 따라 건설토록 하기 위해서 길이 100토와즈, 폭 60토와즈*의 토지를 증여할 것을 짐은 약속하고 합의했다.[1] _1604년 3월 4일의 칙령

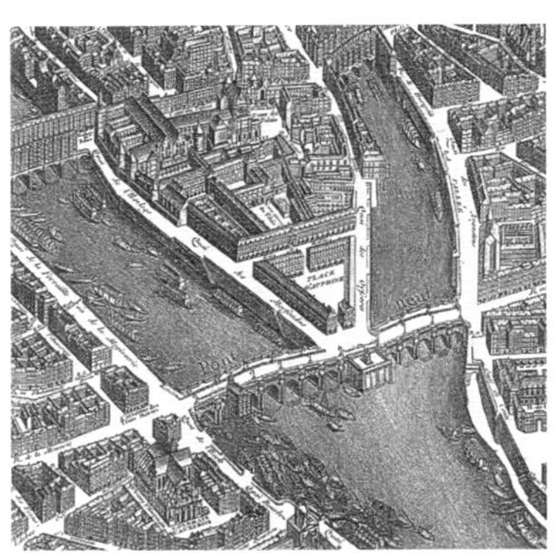

〈그림 3-5〉〈투르고 지도〉(1739)에서, 도핀 광장

같은 해 말에 이 공장과 직인들을 위한 주택군이 건설되었고, 다음 해부터는 이 주택의 남쪽에 정사각형 광장을 개설하기 위해서 광장의 동·남·서변에 통

---

* — 토와즈(toise). 옛날 프랑스에서 쓰인 길이의 단위. 100토와즈는 6.395피트(1.949m)에 상당

1 — Hilary Ballon, *The Paris of Henri IV, Architecture and Urbanism*, MIT Press, 1991, p.65

134

일된 파사드를 가진 주택군을 건설하기 시작했다. 최종적으로 이 정사각형의 광장과 광장에 면한 파사드를 통일한 주택 디자인이 우선시되어 처음 건설된 직인들의 공장과 주택은 철거된다. 1607년이 되면 견직물 공장은 시테섬 서쪽에 개발 계획되어 있던 아름다운 삼각형 모양의 도핀 광장으로 이전하기로 결정된다(그림 3-5). 결국 국왕 광장의 북쪽 변을 이루는 1604년의 건물은 겨우 3년 만에 철거되었고 거기에 다른 세 변과 같은 디자인을 가진 주택군이 건설되어 국왕 광장이 완성된다.

〈그림 3-6〉〈베리 공작의 매우 호화로운 기도서〉에서, 시테 궁전과 그 정원

1607년의 도핀 광장 계획은 시테섬이라는 파리의 중심부를 계획한 것이었으나 여기서도 건물의 철거는 아직 그다지 심각하지 않았다. 이 부지는 중세의 이른 시기부터 왕가의 파리 궁전이었던 시테 궁전에 부속된 정원이었기 때문이다.

15세기 중반에 그려진 유명한 〈베리 공작의 매우 호화로운 기도서(Les Très Riches Heures du Duc de Berry)〉에는 한가로운 이 정원의 풍경이 묘사되어 있고(그림 3-6), 16세기 중반에 제작된《브라운과 호헨베르크의 지도》에도 시테섬 서쪽에 이 정원이 그려져 있다(그림 3-4). 도핀 광장은 이 왕궁의 정원을 파괴하는 재개발 계획이었던 것이다.[2]

---

2 — 〈그림 3-5〉에서 시테섬의 끄트머리에 그려져 있는 퐁뇌프(Pont Neuf, 새로운 다리)도 앙리 4세의 중요한 도시계획 중 하나로 도핀 광장과 같은 시기에 지어졌다. 중세 도시에서는 종종 석조 다리와 같은 강한 구조에 많은 건물이 기생하듯이 들어서 상점가와 같은 가로를 형성한다. 반면에 새로운 도시계획의 일환이었던 이 다리는, 다리 위에서 강의 경치를 즐긴다는 새로운 시대의 콘셉트로 실현된 것이었다. 퐁뇌프 자체는 기존 건물의 파괴와는 관계 없는 신축 프로젝트다. 그러나 퐁뇌프는 근대도시의 다리 모델이 되었고 파리에서는 1786년이 되면 중세 이래의 전통이었던 다리 위 장사를 금지하고 다리 위의 건물을 철거하는 법령이 내려진다. 그리고 중세의 파리 풍경을 만들어 내었던 다리 위 건물군은 1809년까지 단계적으로 철거되어 갔다.



3장. 재개발적 건축관: 가치의 층위와 건축의 형식화

따라서 성장 시대로 전환된 긴 16세기에 개발의 기운이 높아지기 시작했다고 해도 갑자기 중세의 건물이 차례로 파괴되었던 것은 아니었다. 그러나 도시의 빈 땅이 없어지면 다음 개발 타깃은 당연히 기존 건물이었다. 그리고 그 기존 건물이 '좋은 건축이 묻혀있던 시대'의 건물이라면 파괴는 정당화되었다.

재개발로 만들어진 직선도로, 정사각형이나 삼각형의 광장은 그야말로 근대적이고 계획적인 개발이라고 평가되는 것이었다. 그와 대조적인 것이 폭도 일정하지 않고 구불구불해서 앞을 내다볼 수 없는 골목이나 다양한 건물의 윤곽선이 복잡하게 얽힌 일정하지 않은 모양의 광장 등이다. 이러한 도시경관은 중세 도시의 특징으로 여겨지며, 자연발생적이라든지 유기적이라고 불린다. '자연발생적'이라는 말은 불가사의한 말인데, 도시계획이 하향식으로 실현되는 데 비해 도시 주민들의 자발적인 활동으로 건물이 증식하여 도시가 형성되는 모습을 마치 미생물이 세포분열로 증식해 가는 이미지와 겹쳐서 '자연발생'이라는 말로 표현한 것이다. 이 '도시계획적'과 '자연발생적'의 대비는 이 책의 입장에서 본다면 '재개발적'과 '재이용적'의 대비다. 기존 건물을 재이용할 강한 구조에 약한 구조가 기생해 가는 건축 활동으로 일정하지 않고 불규칙한 거리가 생성되어 간다. 계획에 의해 직선으로 구성된 거리는 어느 정도 대규모 파괴와 신축이 없으면 실현되기 어렵다.

## 강한 날실로서의 경계벽

여기서 다시 세를리오의 《건축서》 제7권으로 돌아가 보자. 16세기의 재개발적 건축관의 여명기에 세를리오는 중세적이고 비뚤어진 건물의 윤곽선을 어떻게 아름답고 직선적으로 정돈할 것인가, 그 건축 수법에 대해서 정성스럽게 설명한다. 여기서도 살펴볼 수 있는 것은 재개발적 정신에 바탕한 재이용적 건축 실천이다.

제41장 〈똑바르지 않은 부지에 대한 제2의 제안〉
때때로 건축가는 모든 면에서 똑바르지 않은, 완전히 일반적이지 않은 부지를

다뤄야만 하는 상황에 맞닥뜨리는 경우가
있다. 이 부지의 경계를 이루는 각 점은 다음과
같다. A, M, L, K —이것은 골목길에 면한
지그재그 모양의 벽면이다. 건물의 뒷면도
마찬가지로 경사져 있고, 이것을 이루는 점은
K, I, H, G다— 이 면도 길에 면해 있다. 다음
면은 경계벽으로 되어 있으며, 그 점은 G,
F, E, D다. 정면도 지극히 비뚤어져 있어서
그 점은 A, B, C, D다. 여기서 건축가는
기하학자인 동시에 법률가여야만 한다.
그는 공공의 토지와 면적을 주고받기 위해서
기하학자여야 하며, 공공의 토지와 사유지의
공평한 경계를 어떻게 결정할 것인가를 알기

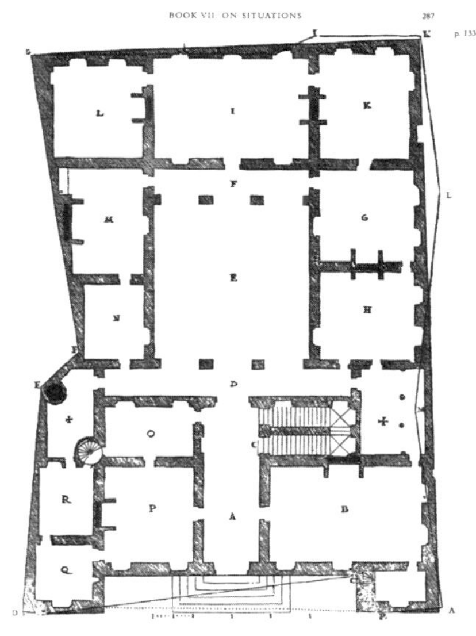

〈그림 3-7〉 세를리오의 《건축서》 제7권, 제41장
〈똑바르지 않은 부지에 대한 제2의 제안〉

위해서 법률가여야 한다. 그래서 정면이 크고 지그재그 모양이어서 일반적이지 않은
경우에 일정량의 적절함(decorum)을 갖추고 건물의 의뢰인이 살기 좋도록 건축가가
어떻게 해석해야만 하는지 살펴보자. 우선 A의 각에는 큰길에서 1피에데(feet) 분을
양도받고 대신 같은 모퉁이에서 1피에데 분을 공공에(측면의 길에— 영문판의 옮긴이
주) 양도한다. 이어서 C의 모퉁이에는 길에 수직선을 긋고 모퉁이 B에서 6피에데
지점까지 공공의 토지로 삐져나가게 한다. 이로써 정면의 이쪽 모퉁이에 작은
탑을 세울 수 있게 될 것이다— 이때 이 정면은 위에서 쓴 것처럼 공공의 토지로
9피에데 튀어나왔다. 이렇게 생긴 면은 D의 모퉁이에서 1피에데 후퇴해 있지만
거의 일직선이 된다. 그리고 20피에데 폭이 되는 이 작은 탑 AB와 일치하도록
D의 모퉁이도 작은 탑으로 만들고 이로써 이 모퉁이가 안쪽으로 들어가게 되면서
9피에데가 집에서 공공으로 반환되게 된다. 이 결과 이 집은 양쪽 구석에 작은 탑을
갖추게 된다. 그리고 이 경우에는 이 집의 의뢰인이 파사드를 똑바르게 함으로써
그가 물려받은 것 이상으로 많은 것을 공공에 주게 될 것이다. DEFG 부분은



3장. 재개발적 건축관: 가치의 층위와 건축의 형식화

경계벽이기 때문에 경계선상에 머물러야만 한다. 그러나 AMLK 부분을 똑바르게 만들기 위해서는 점 A에서 점 K에 직선이 그려져야 한다. 이로써 공공의 토지에서 양도받은 분과 같은 분량의 토지를 양도할 수 있으며 혹은 이것으로 길이 똑바르게 정돈되며 이 변화는 매우 작은 것이어서 동네 사람들이 참아야 하는 것은 거의 없다. 그 외에 또 하나가 길과의 경계를 이루는 배면의 벽이다. 이 벽은 KIHG의 각 점으로 이루어져 있다. 그러나 점 G에서 점 K까지 직선을 그리고 이때 점 K에는 1피에데 들어간 점을 사용하면 큰 불평 없이 이 작은 길은 직선이 될 것이다 (…)[1](그림 3-7)

여기서는 공공과 사유 부지의 경계 문제와 건물에 면한 길을 어떻게 직선으로 만들 것인가를 중층적으로 논하고 있다는 점에서 흥미롭다. "건축가는 기하학자이자 동시에 법률가여야 한다"라는 세를리오의 주장은 오래된 도시 속에 도로를 지나게 하기 위해서는 그저 지도 위에 자로 직선을 그어서만 되는 것이 아니라는 것을 재확인시켜 준다. 도로의 문제는 건물 윤곽선의 문제다. 세를리오가 제안하는 조작은 정확한 면적 계산이라는 관점에서 보자면 무책임하고 대략적일지도 모른다. 그러나 토지 소유가 복잡하게 분할된 도시에서 건물의 윤곽선을 정리하여 직선도로를 만드는 것이 간단하지 않다는 것을 이 기술을 통해 잘 이해할 수 있다. 게다가 세를리오는 이 조작으로 '좋은 건축'의 필요조건인 좌우가 대칭인 파사드도 만들어 내고 있다. 이러한 복잡한 조작을 거쳐 중세적이고 구불구불한 도로, 비대칭적인 파사드는 르네상스적으로 정리된 거리로 변모했다.

## '도시 조직'이라는 생각

그러나 이러한 '아름답게' 정리된 건축 평면 속에서 마지막까지 중세적인 왜곡을 남기는 경계벽 GFED의 존재는 훨씬 흥미롭다. 유럽의 오래된 도시에서 만나는

1 — *Sebastiano Serlio on Architecture*, Volume II, trans. by Vaughan Hart and Peter Hicks, Yale University Press, 2001, p.286

오래된 주택은 밖에서 봤을 때 직선적으로 정리되어 있는 것처럼 보여도 실은 그 안쪽은 훨씬 오래되고 중세 이래의 벽이 이렇게 남아 있는 경우가 있다. 이러한 표층에서는 보이지 않는 도시의 골격 같은 것을 현대의 도시사 연구에서는 '도시 조직(urban tissue)'이라는 개념으로 설명한다.

> 도시는 살아있는 존재다. 그것은 우선 공간의 확산 속에 다양한 각각의 요소가 복합적으로 관계하여 직조된 조직체를 이루고 있다고 할 수 있다(도시 조직). 이렇게 도시의 구석구석까지 피가 통함으로써 도시 전체가 언제나 기능한다. 동시에 도시는 시간의 흐름 속에서 살아 있다. 그것은 과거로 규정되면서 새로운 것을 덧붙여 언제나 변화하면서 몇 겹이나 층을 쌓아 올려서 형성되어 간다. 이처럼 과거 조건과 얽혀 있기에 그 동네의 고유한 형태와 용모도 태어난다고 할 수 있겠다.
> 계속해서 살아가는 도시는 그 조직 안에서 지금까지의 형성 과정을 물리적인 흔적으로 각인시킨다. 따라서 우리는 도시 조직을 구성하는 건물의 벽, 부지 경계, 도로 등의 이상적인 모습을 읽어냄으로써 도시가 역사의 시간 속에서 전개해 온 동적인 궤적을 해석할 수 있다.[2]

"조직(tissue)"이라는 말은 어원적으로는 직물을 가리키는 말이다. 날실과 씨실이 자아내는 구조가 '조직'이라는 추상화된 의미로 바뀌었다. 즉 "도시 조직"은 강한 구조(씨실)와 약한 구조(날실)로 직조된 천을 메타포로 한다. 경계벽이 언제나 계속 남아 있는 것은 아니지만 건물이 재건축되더라도 많은 경우 변화되지 않고 남아 있는 경계벽은 도시의 골격을 형성하는 강한 씨실이라고 파악할 수 있다. 경계벽은 강한 구조이며, 반대로 어떠한 강한 구조가 있으면 그것은 경계벽으로 재이용된다. 원래의 주제에서 조금 벗어나기는 하지만 그러한 역동적인 사례로서 파리의 시벽을 살펴보고자 한다.

2 —  陣内秀信·大坂彰,《都市を読む＊イタリア》, 法政大学出版局, 1988, pp.3~4

   

# 파리의 시벽

## 파리 시벽의 간략한 역사

유럽의 역사적인 도시는 고대 말기부터 근대의 어떤 시기까지 시벽(市壁)으로 둘러싸여 있는 일이 많았다. 도시를 둥근 고리 모양으로 둘러싸고 있는 시벽의 대다수는 18세기부터 19세기에 걸쳐서 도시로 인구가 집중되고 영역이 확대되면서 해체되고 그 터는 큰 거리가 되어 도시를 둘러싼 환상도로(環狀道路)가 되었다. 이처럼 시벽 터에 설치된 큰 거리는 프랑스어로 '불바드(boulevard)'라고 불린다. 불바드는 어원적으로 성벽이나 시벽 상부에 마련된 순회용 통로를 가리키는 말이었으나 그것이 바뀌어 시벽 터의 큰 거리를 가리키게 된 것이다.

근대 유럽의 도시계획에서 시벽이 불바드로 바뀐 것은 잘 알려진 사실이다. 그러나 모든 시벽이 불바드가 된 것은 아니었다. 많은 시벽은 재개발로 파괴되었지만, 몇몇 시벽은 재이용되었다. 그러한 시벽의 재이용 사례로 1200년경의 파리에서 프랑스 왕 필립 오귀스트가 건설하게 한 시벽에 주목하고자 한다.

1190년경 필립 오귀스트는 제3차 십자군에 참전하기로 한다. 오랜 기간 파리를 비우게 되어 파리의 방비를 확고히 하기 위해 왕은 파리의 우안(右岸)을 둘러싼 시벽 건설을 명했다. 좌안(左岸)의

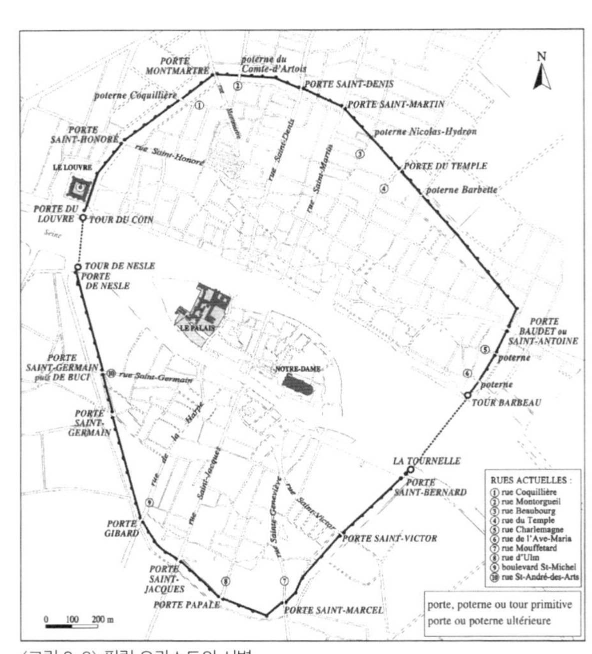


〈그림 3-8〉 필립 오귀스트의 시벽

시벽은 그토부터 10년 정도 늦은 1200년이 되어 건설이 시작되었던 것 같다. 이렇게 건설된 시벽의 길이는 우안이 약 2,800m, 좌안이 약 2,600m로 대규모였다. 시벽의 높이는 거의 8m 정도, 그 두께는 가장 상단 부분이 2m 정도, 기단부가 3m 정도나 되었다. 이 완고한 벽체는 거대한 마름돌 블록을 쌓아 올린 두 장의 돌담 층 사이에 모르타르와 자갈을 흘려 넣어 모르타르가 굳으면 일체가 되는 거대한 덩어리로서 최대한의 강도를 발휘하는 구조로 되어 있다. 그 역할을 생각하면 당연하지만, 주택의 경계벽이 겨우 50cm 정도였던 데 비하면 이 시벽이 얼마나 완고한 구조물이었는지를 잘 알 수 있다. 게다가 시벽에는 약 60m 간격으로 망을 보기 위한 탑이 설치되었고, 벽면에서 반원 모양으로 튀어나와 있었다. 또 도시의 내외를 연결하는 주요 도로가 시벽과 부딪히는 곳에는 방어적인 시문이 설치되었다[1](그림 3-8).

이렇게 1200년 시점의 파리 경계선이 정해졌다. 그러나 그 후 13세기의 성장 시대를 거쳐 파리는 시벽 밖까지 확대되어 갔다. 특히 우안의 발전은 눈부셨다. 그 때문에 14세기 중반에 백년전쟁이 발발하여 2장의 나르본 대성당의 에피소드(89~93쪽)에서도 등장했던 선량왕 장 2세가 1356년의 전투에서 잉글랜드의 왕 에드워드 흑태자에게 패해 포로가 되어 런던으로 연행되자 장의 아들이자 왕태자였던 샤를은 잉글랜드 군의 침공에 대비하여 파리 우안에 한층 더 큰 시벽과 해자를 건설하기 시작한다. 좌안에는 도시가 그다지 확장되지 않았던 듯해서 도시 영역을 확장하는 새로운 시벽은 건설되지 않고 필립 오귀스트의 시벽 바깥쪽에 해자를 파는 것으로 방비를 강화했다.

이 시벽(샤를 5세의 시벽이라고 불린다)의 건설에는 꽤 오랜 시간이 걸린 것 같아서 1356년에 건설이 시작되어 완성될 때까지 반세기 이상이 걸렸다. 필립 오귀스트

---

1 —  Renaud Gagneux et Denis Prouvost, *Sur les traces des enceintes de Paris, promenades au long des murs disparus*, Parigramme, 2004, pp.22~24; Philippe Lorentz et Dany Sandron, *Atlas de Paris au Moyen Âge, espace urbain, habitat, société, religion, lieux de pouvoir*, Parigramme, 2006, pp.38~39

 3장. 재개발적 건축관: 가치의 층위와 건축의 형식화

의 시벽의 경우 우안과 좌안의 공사가 모두 10년 이내에 완성되었다는 것을 생각하면 꽤 오랜 공사였다. 13세기 초의 성장 시대와 비교했을 때, 이것이 14세기의 고난의 시대의 대사업이었다고는 하더라도 전시의 긴급한 방비 시설에 이만큼의 시간이 걸린 것은 조금 불가사의하게 생각된다.

실은 왕태자 샤를의 명을 받은 상인 대표(prevot des marchands) 에티엔 마르셀의 지휘로 진행된 응급 도시 방비는 해자 굴착과 여기서 발생한 흙을 쌓아 올려 성채를 짓는 것뿐이었다. 파리 시민들이 적극적으로 관계한 이 공사는 굴착된 해자에서의 어업권이 이양된다는 인센티브가 있어서 순조롭게 진행되어 비교적 짧은 기간에 완료되었던 듯하다.[1] 1364년에 부왕 장이 런던에서 죽고 그를 대신하여 샤를 5세가 프랑스 왕으로 즉위하자 토성 위에 돌을 쌓아 벽을 건설하기 시작했다. 아무래도 이 벽을 건설하는 데 오랜 시간이 필요했던 모양이다. 시벽의 완성은 1420년 무렵이라고 생각되는데, 샤를 5세의 뒤를 이은 샤를 6세의 치세 말기이다.

광인왕 샤를 6세는 유명한 샤리바리 화재 사건(1393)에서 옷에 불이 붙어 하마터면 타죽을 뻔했다. 정신이상을 일으킨 왕 밑에서 샤를 6세의 숙부에 해당하는 필립 공과 그 아들 장을 중심으로 한 부르고뉴파와 샤를 6세의 동생인 오를레앙 공 루이를 중심으로 한 아르마냑파 사이에 가열찬 권력투쟁이 발발하여 암살과 동란, 나아가서는 잉글랜드 군의 개입 등 파리의 치안이 눈에 띄게 안 좋아졌다. 파리의 혼란은 도시 내부에 있었으며, 시벽을 완성하는 것에 큰 동기부여가 없었던 것일지도 모른다.

샤를 5세의 시벽은 16세기부터 17세기에 걸쳐 도시 지역을 조금씩 확장하면서 화약 시대에 걸맞은 요새(bastion)를 갖춘 근대적 시벽으로 바뀌어 간다. 이것도 또한 긴 시간에 걸친 거대 토목 사업이었다. 그런데 이 시벽의 개편 사업이 겨우 일단락된 1670년, 당시의 프랑스 왕 루이 14세는 파리를 '열린 도시'로 만들기로

1 — Philippe Lorentz et Dany Sandron, *Atlas de Paris au Moyen Âge, espace urbain, habitat, société, religion, lieux de pouvoir*, Parigramme, 2006, p.49

결정한다. 국경의 전선 지대에 근대적인 성곽을 건설하는 방법으로 나라의 방비를 실현하던 수도 파리를 벽 안에 가둘 필요는 없어진다는 전략 변화였다. 과연 태양왕 루이 14세다. 1670년부터 1700년경에 걸쳐서 시벽은 파괴되어 여기에 불바드가 건설된다.[2]

그로부터 1세기가 지난 절대왕정 말기, 루이 16세의 치세인 1784년이 되면 파리는 다시 시벽으로 둘러싸이게 된다. 이것은 '징세 청부인의 벽(mur des Fermiers généraux)'이라고 불리는 벽으로, 그 이름대로 관세를 위한 시벽이며 군사적인 방비가 목적은 아니었다. 징세 청부인의 사무소이며 관문이기도 했던 약 50개의 시문은 건축가 클로드 니콜라 르두(Claude Nicholas Le-doux)의 설계로 유명한 것이었으나 1860년에는 이 시벽도 철거되어 르두가 설계한 시문은 현재 네 곳밖에 남아 있지 않다.[3]

## 브라운과 호헨베르크의 지도

그럼, 이야기를 필립 오귀스트의 시벽으로 되돌려 보자. 1200년경에 이 시벽이 건설된 후, 우안에는 한층 더 큰 샤를 5세의 시벽(1356~1420년경) 이 건설되었다. 이때 안쪽의 필립 오귀스트의 시벽은 필요하지 않게 되었을 것이다. 그러나 새로운 시벽이 완성된 지 100년이 지난 1530년경이 되어서도 오래된 성벽은 철거되지 않고 남아 있었던 듯하다(그림 3-9).

지금까지 몇 번이고 참조했던 《브라운과 호헨베르크의 지도》는 게오르크 브라운(Georg Braun, 1541~1622)이 편찬하고 판화가 프란스 호헨베르크(Frans Hogenberg, 1535~1590)가 중심이 되어 제작한 유럽 도시 지도집으로 1572년에 쾰른에서 출판되었다. 500여 도시를 세밀하게 그려낸 이 도시 지도집은 보는 것만으로도 즐거운 체험을 할 수 있게 해 준다. 독일의 출판사 타셴에서 '구글 어스의 선조'라는 캐치

---

2 — Danielle Chadych et Dominique Leborgne, *Atlas de Paris*, Parigramme, 1999, p.82

3 — ibid., p.108

    3장. 재개발적 건축관: 가치의 층위와 건축의 형식화

〈그림 3-9〉《브라운과 호헨베르크의 지도》에서, 16세기 파리의 도시지도

프레이즈로 출판된 책의 서문에서 건축가 렘 콜하스는 "깊은 경외심과 맹렬한 질투심 없이 이 책을 읽거나 바라보는 것은 불가능하다"[1]고 썼는데, 아첨이 아니다.

이 파리 지도 역시 보면 볼수록 즐거운 지도다. 여기에 그려져 있는 파리는 출판 연도대로 1572년 무렵의 파리일 것 같지만, 실제로는 반세기 전인 1530년경의 모습으로 추측된다.[2] 그 연대 판정의 뒷받침 중 하나가 필립 오귀스트의 시벽이다. 샤를 5세의 시벽 안쪽에 필립 오귀스트의 시벽을 볼 수 있는 것은 1530년대까지였기 때문이다.

〈그림 3-10〉은《브라운과 호헨베르크의 지도》에 그려진 필립 오귀스트의 시벽으로 여기에 기생하는 건물이 투영되어 있다. 이 그림을 보면 잘 알 수 있듯 시벽에 도시의 안팎에서 주택 등이 기생하여 결과적으로 시벽이 시가지의 척추처

1 — Georg Braun and Franz Hogenberg, *Cities of the World: 230 Colour Engravings Which Transformed Urban Cartography 1572-1617*, Taschen, p.7

2 — Pierre Pinon, Bertland *Le Boudec, Les Plans de Paris, Histoire d'une capitale*, éditions Le Passage, 2004, p.34

럼 되었다. 시문도 확실히 그려져 있는데, 새로운 시벽이 도시의 바깥 부분에 축조되어 이처럼 도시 내에 문은 필요 없어졌을 텐데도 100년이나(해자와 흙으로 된 성채가 세워진 무렵부터 계산하면 200년 가까이) 철거되지 않고 남아 있었던 것은 놀랄 만하다.

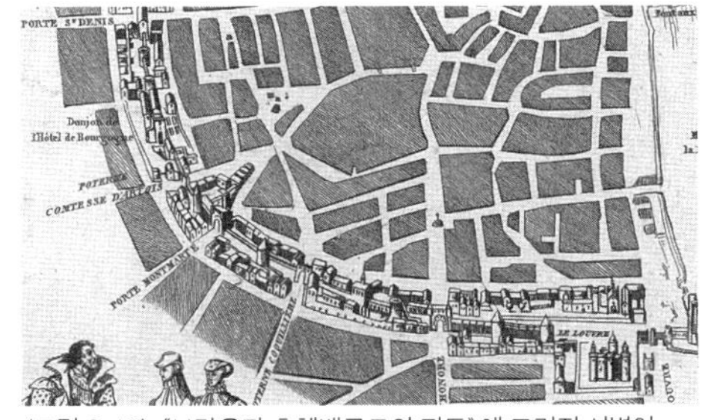

〈그림 3-10〉《브라운과 호헨베르크의 지도》에 그려진 시벽이 투영된 그림(1813)의 부분

## 거짓 시문을 파괴하라

그러다 1533년 4월 프랑수아 1세가 드디어 필요하지 않게 된 모든 시문을 파괴하라는 명령을 내린다.

> 파리 시장과 행정관에게 명한다. 도시를 미화하기 위해 아직 남아 있는 거짓 성문을 모두 철거하고 길을 건물 라인에 맞출 것.[3]

16세기의 재개발적 가치관이 등장할 때까지 문의 기능을 잃은 시문이 파리의 주요 도로에 계속 존재했다는 사실은 재이용적 가치관에서 보면 흥미롭다. 파리 시민들은 이 불필요해진 문을 빠져나갈 때마다 옛 파리의 경계선을 의식했을 테고, 옛날에는 병사가 망을 보기 위해 서 있던 시문 상부에 멋대로 거주한 사람이 있었을지도 모른다. 아쿠타가와 류노스케(芥川龍之介)의 《라쇼몬(羅生門)》• 같은 광경이 파리에서 펼쳐졌다고 하더라도 신기하지 않은 것이다.

---

**3** — Académie des Sciences Morales et Politiques, Collection des ordonnances des rois de France, *Catalogue des actes de François Ier*, tome deuxième, Ier Janvier 1531-31 Décembre 1534, Paris, Imprimerie Nationale, 1888, p.407

• — 소설에는 재난이 잇달아 일어나 쇠락한 교토의 남문인 라쇼몬의 2층 누각에 여우, 너구리와 함께 도둑들도 몰려와 살았다는 모습이 묘사된다.



3장. 재개발적 건축관: 가치의 층위와 건축의 형식화

기능을 잃은지 오래된 시문은 교통에 저해가 될 뿐 도움이 되는 일은 하나도 없다. 이러한 구조물은 헐어버리는 것이 당연하다고 여기는 것이야말로 근대적인 재개발 정신이며, 그것은 16세기에 등장한 것이다.

이 오래된 시문의 철거는 파리 시민의 요구를 왕이 수용한 것이었다. 1530년 5월 31일, 생마르탱 거리 부근의 도시 주민들이 생마르탱 시문을 철거하고 도로 확장과 직선화를 요구했다.[1] 여기서는 유복한 상인층(부르주아)의 경제활동이 도시 재개발의 직접적인 계기가 되었다고 할 수 있겠다.

## 부르주아 귀족층의 대두와 획지 분양된 봉건 귀족의 저택

유복한 도시 상인층은 16세기 중반부터 토지를 획득하여 귀족적인 부르주아로 변모해 간다. 중세 유럽에서 귀족이란 영주 혹은 기사로서 전투야말로 그들의 본질적인 역할이었다. 그러나 16세기 도시귀족의 출현은 귀족이라는 개념을 모호하게 만들어 버렸다.[2][•]

파리 시민의 재산은 토지와 연금과 관직으로 구축되었다. 전쟁이 수많은 귀족의 영지를 파괴해 버렸기 때문에, 남겨진 광대한 토지는 부유한 시민들의 구매 대상이 되었다. 그들은 귀족 작위를 획득하자 16세기 중반부터, 특히 17세기 전반에 영지를 기반으로 성과 저택을 마련하는데, 그것이 탐욕적인 축재의 도달점이 되었다.[3]

1 — *Histoire général de Paris, Registres des délibérations du Bureau de la Ville de Paris,* tome deuxème, 1527-1539, p.65; Jean-Pierre Babelon, *Nouvelle histoire de Paris: Paris au XVIᵉ siècle,* Hachette, 1986, pp.199~200

2 — イマニュエル・ウォーラーステイン,《近代世界システム I: 農業資本主義と〈ヨーロッパ世界経済〉の成立》, 川北稔訳, 名古屋大学出版会, 2013, p.154

• — 이 책은, 이매뉴얼 월러스틴,《근대세계체제 1》, 나종일·박상익·김명환·김대륜 옮김, 까치, 2013로 번역되어 있다.

3 — ペルーズ・ド・モンクロ,《パリ大図鑑》, 三宅理一監訳, 西村書店, 2012, p.146

이런 부르주아 층의 경제적 발전과 토지 획득은 필립 오귀스트 시벽의 환생과도 연관이 있다. 1543년 9월 20일자 칙서에서 프랑수아 1세는 "부르고뉴 공의 저택, 아르투아 백작의 저택, 에탕프 백작의 저택, 부르봉 가의 저택, 탱커빌 가의 저택, 생폴 가까이의 왕비 저택 및 그 외의 저택과 토지를 매각한다"[4]고 명한다.[5] 이 귀족 저택들은 대부분 13세기부터 15세기에 걸쳐 루브르 성에 가까운 필립 오귀스트의 시벽 주변에 차례차례 건설된 것으로,[6] 시벽과의 관계가 강한 저택군이었다. 그중에서도 아르투아 백작의 저택은 필립 오귀스트의 시벽에 걸치듯 건설된 것이었으며, 거기에서 500미터 정도 떨어진 오를레앙 공의 저택까지 시벽 위의 순회 통로를 통해 갈 수 있었다고 한다.[7] 아르투아 백작의 저택은 후에 저택을 상속한 여 백작과 부르고뉴 공 호담공(豪膽公, le Hardi) 필립의 결혼으로 부르고뉴 공 가문의 손으로 넘어가게 된다. 필립의 아들 용맹공(勇猛公, sans Peur) 장은 15세기 초 이 저택을 증축한다. 그의 이름을 따 '용맹공 장의 탑'이라고 명명된 위엄있는 탑과 그 아래의 시벽은 현존하며, 지금도 파리 중세 세속 건축의 좋은 예로 잘 알려져 있다.

중세 귀족들의 광대한 토지가 16세기 프랑수아 1세 치세에서 획지 분양되어 매각되었다는 사실은 봉건주의적인 사회에서 부르주아 경제활동 시대로 전환되는 조짐을 보여준다는 점에서 흥미롭다. 게다가 필립 오귀스트의 시벽이라는 중세의 완고한 구조물 또한 중세의 군사적인 방위 시설에서 16세기 이후의 도시개발의 구조적 골조로 변화된다.

따라서 16세기의 재개발에서 르네상스적 미의식만 중요한 것은 아니다. 도시

---

4 — Académie des Sciences Morales et Politiques, Collection des ordonnances de s rois de France, *Catalogue des actes de François Ier*, tome quatrième, 7 Mai 1539-30 Décembre 1545, Paris, Imprimerie Nationale, 1890, p.501

5 — Jean-Pierre Babelon, ibid., p.197, 228

6 — Philippe Lorentz et Dany Sandron, *Atlas de Paris au Moyen Âge, espace urbain, habitat, société, religion, lieux de pouvoir*, Parigramme, 2006, pp.108~109

7 — ペルーズ・ド・モンクロ, ibid., p.118

     3장. 재개발적 건축관: 가치의 층위와 건축의 형식화

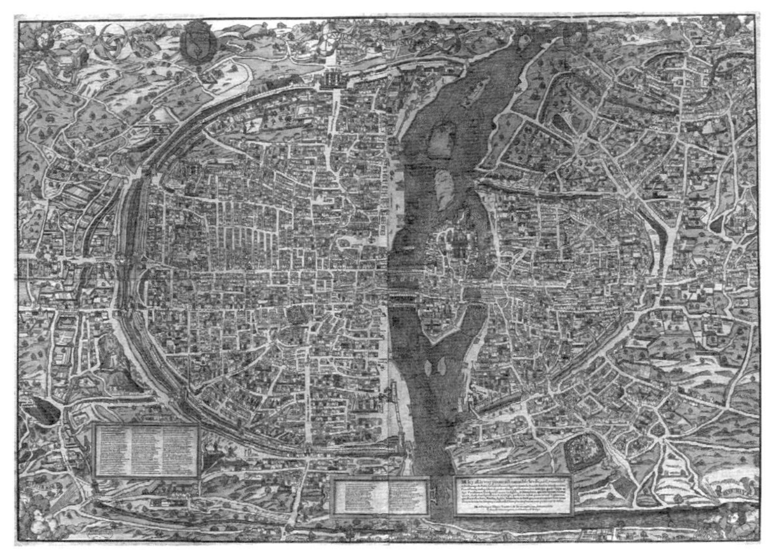

〈그림 3-11〉 〈바젤의 지도〉(1522)

의 경제발전이라는 측면도 무시할 수 없다. 근대 세계 시스템의 입구에 해당하는 16세기 유럽에서 경제발전과 중세를 야만으로 보는 가치관이 동시에 등장하면서 근대적 건축관을 만들어 낸 것이다.

그리고 1530년대에 오래된 '거짓 시문'이 철거됨으로써 시벽 그 자체도 사람들의 의식에서 지워져 갔을 것이다. 예를 들어 1550년경에 제작된 〈바젤의 지도〉라는 이름으로 알려진 유명한 파리 도시 지도(그림 3-11)에는 더 이상 필립 오귀스트의 시벽이 표현되어 있지 않다. 확실히 시벽은 사람들의 눈에 띄지 않게 되어 갔다. 그러면서도 시벽의 구조는 새롭게 건설되는 건물 벽의 한 면으로 활용되거나 부분적으로 철거되거나 하면서 시가지 구획 속의 경계벽으로 살아남았다.

현재도 필립 오귀스트의 시벽은 때로는 부지 경계라는 개념 속에서, 때로는 실체가 있는 벽체로써 파리의 도시 구조를 구성하고 있다. 유사한 사례를 몇 가지 더 소개하고자 한다.

## 현대의 파리로, 시벽의 흔적을 찾아서

우선 생토노레 거리와 시벽의 교차점을 이루는
옛 생토노레 시문 북쪽 지구를 살펴보자. 중세
에는 오를레앙 공의 저택이 있던 큰 지구였으나
19세기 중반에 루브르 거리라는 남북을 관통하
는 도시계획 도로가 생겨 분단되고 말았다.

오늘날 생토노레 거리에 서서 이 구역을
걸어보더라도 거리 경관은 완전히 근대적으로
정리되어 옛날에 여기가 파리의 경계였다고는
거의 눈치채지 못할 것이다. 그러나 필립 오귀
스트의 시벽이 있었을 것이라는 지식을 가지
고 잘 관찰하면 길에 면한 건물에 기묘한 점
이 있다는 것을 발견할 수 있다. 지붕 위로 내
민 경계벽이 크게 비스듬하게 기울어져 있는
것이다. 일반적으로 경계벽은 길과 직각으로
교차하기 마련이다. 그러나 여기에는 경계벽이
길과 60도 정도나 비스듬한 각도를 이루고 있
다. 애당초 이 지구가 필립 오귀스트의 시벽을
골격으로 형성되었기 때문이다(그림 3-12).

파리의 지붕 위에서 시벽의 흔적을 발견
했을 때는 나 자신이 날카로운 관찰력을 가졌
다고 남몰래 기뻐했다. 그러나 이 사실은 파리
시벽에 관한 선행 연구가 이미 지적하고 있다.[1]

〈그림 3-12〉 생토노레 거리에 면한 건물의 파사드.
지붕 위 경계벽이 오른쪽으로 비스듬하게 안쪽을
향해 있는 것을 볼 수 있다.

〈그림 3-13〉 루브르 거리에 면한 필립 오귀스트의
시벽 탑의 흔적

---

1 — Renaud Gagneux et Denis Prouvost, *Sur les traces des enceintes de Paris, promenades au long des murs disparus*, Parigramme, 2004, p.32



3장. 재개발적 건축관: 가치의 층위와 건축의 형식화

내가 최초의 발견자가 아니라는 것은 안타깝지만, 어쨌건 이러한 관찰에 의해 시벽의 흔적을 발견할 수 있는 것은 확실한 것 같다.

　길에 면한 문을 열고 이 집합주택의 공용 통로로 들어가 보면 통로 역시 길과 직각으로 교차하지 않고 비스듬하게 안쪽으로 이어지기 때문에 꽤 기묘한 공간 체험을 할 수 있다. 부지의 경계가 길에 대해 비스듬한 것은 확실하다. 공유벽 그 자체도 오래되고 훌륭한 돌로 쌓은 벽인데 그것이 필립 오귀스트의 시벽 자체인지는 확인하지 못했다. 어쩌면 필립 오귀스트 시대의 돌벽 자체는 개발되면서 사라지고 말았을지도 모른다. 그러나 부지 경계선이 현재도 이렇게 부자연스럽게 비스듬한 것은 이 지구가 시벽을 골격으로 삼아 성립되어 갔다는 것을 가리킨다.

　이 지구의 북쪽에서 시벽의 흔적을 찾아보면 이번에는 명백한 증거를 발견할 수 있다. 19세기에 루브르 거리가 개통하여 지구가 분단되면서 척추로서 안으로 들어가 있던 시벽이 그 단면을 노출한 것이다. 마침 여기에는 시벽의 탑이 있던 곳으로 그 탑의 흔적이 길에 면해 있다(그림 3-13).

## 쿠르 뒤 코메르스 생앙드레

이어서 앞의 연구도 참조하면서 센강 남쪽으로 건너가 보자. 루브르 성과 센강을 가로막는 남쪽에는 옛날 필립 오귀스트가 건설케 한 네슬탑(Tour de Nesle)이 서 있었으며 시벽은 거기에서 거의 똑바로 남쪽으로 내려와 있었다. 네슬탑은 1660년에 철거되었지만, 그 남쪽 지구에서 시벽의 흔적을 많이 찾아볼 수 있다. 1737년에 그려진 지도에는 남과 북, 두 지구에 시벽과 각각 두 기씩 탑의 흔적이 그려져 있다(그림 3-14).

〈그림 3-14〉 1737년의 개발계획도. 그림 중간의 짙고 두꺼운 선이 시벽이다. 작은 돌기가 탑을 가리킨다.

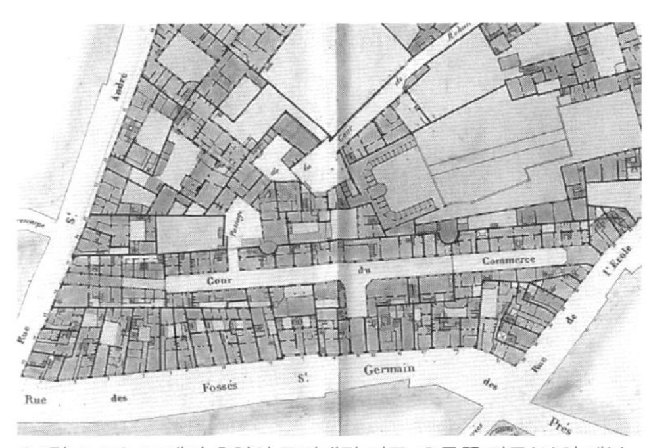

〈그림 3-15〉 19세기 초엽의 토지대장 지도. 오른쪽 지구(A)의 세부

두 지그 중 남쪽 지구(A)에는 현재 쿠르 뒤 코메르스 생앙드레(Cour du Commerce Saint-André)라고 불리는 지붕이 없는 파사주(passage)가 있다. 19세기의 파리에서 많이 건설된 유리 천장으로 덮인 파사주와는 또 다른 정취를 가진 파사주다. 생제르맹데프레의 화려한 큰길에

〈그림 3-16〉 쿠르 뒤 코메르스 생앙드레에 면한 레스토랑의 내부

면한 지구 안쪽에 포석이 깔린 뒷골목 공간이 숨겨져 있는 것이다. 큰길에 면해서는 대개 7층 정도의 중층 건물이 늘어서 있어서 파리다운 풍경을 만들어 내고 있지만, 이 뒷골목 공간은 별세계다. 골목에 면해 늘어서 있는 것은 2층이나 3층 정도의 저층 건물로 상점이나 음식점이 들어와 있는 곳이 많다. 파리에서 가장 오래된 카페로 알려진 르 프로코프(Le Procope)가 있는 곳도 여기다.

이 쿠르 뒤 코메르스 생앙드레에 면해 늘어선 저층 건물군 중 동쪽(그림 3-15에서는 위쪽) 건물 뒷벽은 필립 오귀스트의 시벽을 재이용한 것이다. 즉 시벽의 구조체에 기생한 작은 건물의 연속이 이 뒷골목의 상점가 공간을 만들어 냈다.

오늘날에도 이 골목에 늘어선 레스토랑 중 한 곳에서 필립 오귀스트의 시벽 일부였던 반원통형의 탑을 볼 수 있다(그림 3-16). 레스토랑의 1층에서도 2층에서도 돌로 쌓은 이 탑이 인테리어에 중후한 역사성과 이야기를 더하고 있다. 탑은 다락방 공간을 더욱 관통해서 지붕 위로 얼굴을 내밀어 다락방 주민의 베란다로 사용되고 있는 것 같다.

## 지하 주차장의 시벽

다른 한쪽인 북쪽 지구(B)의 지상 건물은 더 복잡한 과정을 거쳐 재건축이 이뤄진 듯 해서 부근을 돌아다녀도 시벽의 흔적을 발견하기는 좀처럼 어렵다. 그러나 시벽이 평행으로 달리는 마자린 거리에 면한 입구에서 지하의 공공 주차장 안으로 들어가 보면 시벽의 기초 부분이 넓은 범위로 남아 있는 것을 볼 수 있다(그

<그림 3-17〉 지하 주차장에서 볼 수 있는 시벽

<그림 3-18〉 어학교 강의실에서 볼 수 있는 시벽

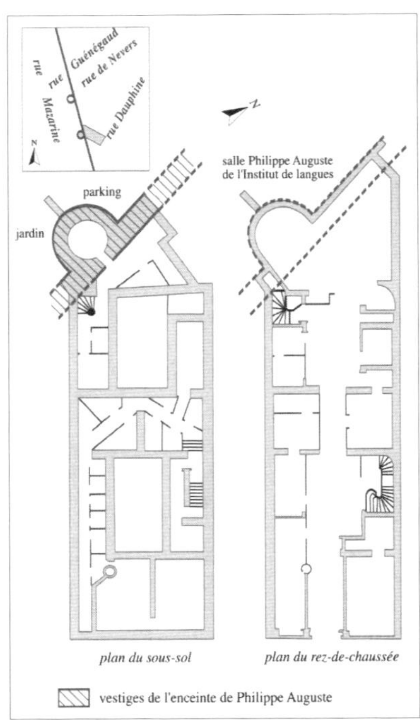


<그림 3-19〉 어학교 뒤편에 있는 주택의 지하
1층(왼쪽)과 지상 1층(오른쪽)의 평면도

림 3-17). 살풍경한 지하 주차장 안에서 중세의 중요한 유적을 바라보는 체험은 참으로 기묘하다. 반원통형의 탑 일부도 확인할 수 있고, 지하 1층과 2층에 걸쳐 서 있는 벽의 유적을 바라볼 수 있도록 일부를 뚫어 놓았다. 이 유적은 1996년에 이 지하 주차장을 건설할 때 발견된 것이라고 한다.

이 지하 주차장 바로 위에는 어학교가 있는데 필립 오귀스트의 이름을 딴 강의실 벽 한 면에 돌을 쌓은 시벽을 노출해 놓았다(그림 3-18). 강의실 뒤쪽 구석에는 주차장에서도 보였던 탑의 상부가 마찬가지로 반원통형의 일부를 슬쩍 보여준다.

더욱 흥미로운 것은 이 벽의 뒤쪽이다. 이 벽 뒤쪽은 개인 주택인데, 이 주택의 지하와 일부 부분에는 시벽과 탑의 벽 두께가 전혀 다르다(그림 3-19). 지하 주차장에서 보였던 탑과 벽은 당시의 2.5m 정도의 벽 두께를 유지하고 있는 반면

1층 부분의 어학교 강의실 뒤쪽에는 각각 50cm 이하로 얇다.[1]

이런 일이 일어난 원인은 지나치게 튼튼하고 두터운 시벽의 구조에 있다. 시벽은 마름돌로 된 블록을 쌓아 올린 두 장의 돌담 층 사이에 모르타르와 자갈을 부어 넣는 방법으로 건설된 것이었다. 2m가 넘는 그 벽 두께는 군사적인 용도를 위해서는 필요한 두께였지만 시가지 안에 포섭되어 주택의 경계벽이 되기에는 불필요한 두께였다. 그래서 어느 시기였는지는 명확하지 않지만, 이 주택의 옛 주민이 표면의 돌 블록과 안쪽의 모르타르로 된 코어를 긁어내고 뒷면의 돌 블록으로 쌓은 층만을 남기는 대공사를 해내고 만 것이다. 결과적으로 경계벽은 돌 블록 층 부분만큼의 두께가 되었다. 돌 블록의 두께가 대개 40cm 전후여서 결국 경계벽으로 딱 좋은 두께가 된 것이다. 이 주택에서 지하의 두꺼운 벽이 그대로 남겨진 것은 아마 기초구조로서 남겨둔 것일 것이다.

비슷하게 두터운 시벽을 표면의 돌 블록 층만 남겨 계속 사용한 예는 파리 여기저기에 남아 있는 시벽의 다른 부분에서도 확인할 수 있다.[2] 시벽에 사용된 돌 블록은 정성스럽고 거대한 크기로 자른 귀중한 것이었기에 건축자재로 재이용하기에도 적합했을 테고 한 겹만 남기고 경계벽으로서 재이용할 경우에도 주택의 구조체로서 충분히 튼튼했다.

## 생폴 스포츠 공원

이어서 필립 오귀스트의 시벽이 최대 규모로 남아 있는 생폴 스포츠 공원을 살펴보자. 여기에서는 두 기의 탑을 포함하여 길게 이어진 시벽 유적을 방해 없이 관찰할 수 있다. 그런데 시가지에 포섭됨으로써 살아남았을 터인 시벽이 어째서 여기에는 이처럼 노출되어 있는 것일까(그림 3-20).


1 — Renaud Gagneux et Denis Prouvost, *Sur les traces des enceintes de Paris, promenades au long des murs disparus*, Parigramme, 2004, pp.64~65

2 — Michel Fleury et Maurice Berry, *L'enceinte et le Louvre de Philippe Auguste*, Délégation à l'Action artistique de la Ville de Paris, 1988, p.37

실은 이 시벽도 20세기 중반까지는 시가지 안쪽에 포섭되어 밖에서는 볼 수 없는 시가지의 척추였다. 19세기에 작성된 토지대장 지도를 보면 시벽을 등진 정면 폭이 좁고 안쪽으로 깊은 주택이 밀집된 것을 알 수 있다 (그림 3-21). 시벽 뒤쪽에는 옛 아베 마리아 수도원이 있었는데, 토지대장 지도가 작성된 나폴레옹 통치 시기에는 수도원 건물이 병영으로 전용되어 '아베 마리아 병영'이라고 쓰여 있다. 19세기 후반이 되면 이 병영도 철거되고 그 부지에 고등학교 교사가 건설되어 현대에 이르기까지 사용되고 있다.

〈그림 3-20〉 생폴 스포츠 공원과 필립 오귀스트의 시벽

〈그림 3-21〉 옛날 생폴 스포츠 공원에 밀집해 있던 주택의 토지대장 지도

제2차 세계대전 직후인 1946년, 이 밀집된 주택의 위생 상태가 좋지 않아 지구의 반, 시벽에 기생하던 주택군이 모두 철거되었다. 그러자 아니나 다를까 거기에는 필립 오귀스트의 시벽이 숨겨져 있었다. 그리고 이 개발로 지구 안쪽을 가로지르는 시벽이 눈에 띄게 되었다. 그것은 마치 하나의 지구를 절단한 도시의 단면을 표면에 드러나게 하는 개발 행위였다.

위생 상태를 이유로 밀집된 주택군을 철거하는 불량주택지구 재개발(slum clearance) 사업은 20세기의 주특기였다. 이것도 또한 야만에 대한 간섭의 한 형태라고 할 수 있을지도 모른다. 물론 슬럼을 해소하여 주민에게 근대적이고 위생적인 생활환경을 제공하는 일은 훌륭하다. 단 불량주택이 밀집한 주택지를 대규모로 파괴하고 빈 땅으로 만드는 개발 행위가 예를 들어 '위생'이라는 관점으로 정당화된 구도는 16세기 이래의 야만에 대한 간섭이 20세기까지 계속된 좋은 예라고 생각된다. 불량주택지구 재개발을 전면 부정할 생각은 없다. 그저 그 배후에 있는 가치 판단의 층위를 자각하는 것이 나쁘지는 않을 것이다.

물론 이 시벽 앞 공원을 바라보고 있으면 농구에 푹 빠진 고등학생들은 행

복해 보이고, 이렇게 필립 오귀스트의 시벽을 자세하게 관찰할 수 있는 현재의
상태에 감사할 뿐이다. 이런 문제를 역사 문제로 다룰 때는 객관성을 담보할 수
있을 것 같지만, 현대의 문제로 자신에게 닥쳐오면 할 말을 찾기 어렵기도 하다.

## 피에르 르 뮈에와 거짓 벽

마지막으로 다시 역사를 거슬러 올
라가 르네상스적 가치관에 의한 건
축행위와 이 시벽의 교착을 살펴보
는 것으로 파리의 시벽 이야기의 막
을 내리고자 한다. 다룰 것은 피에르
르 뮈에(Pierre Le Muet, 1591~1669)라는 프랑
스 르네상스-바로크 시기의 건축가
가 시벽에 인접한 부지에 건설한 저
택이다. 아보(Avaux) 저택 혹은 생태냥
(Saint-Aignan) 저택이라고 알려진 이 저
택은 1644년에 설계된 것으로 현재는
유대교 박물관으로 사용되고 있다.

〈그림 3-22〉 유대교 박물관, 중정에 면한 정면

〈그림 3-23〉 유대교 박물관, 중정에 면한 왼쪽 벽

　　거리에 면한 건물의 중정으로 나
오면 르네상스 양식의 아름다운 좌우대칭의 저택 건축을 만나게 된다(그림 3-22).
그러나 실은 건너편의 왼쪽 벽면은 페이크다. 정성스럽게 오른쪽 평면과 같은 디
자인의 창이 1층과 2층에 늘어서 있는데, 이 창들의 안쪽에 실내공간은 없다. 이
벽면은 건물의 파사드가 아니라 옆 부지와의 경계벽에 지나지 않으며, 이 벽은
필립 오귀스트의 시벽을 전용한 것이다(그림 3-23). 그것을 이해하고 관찰하면 배후
건물의 벽이 간당간당할 때까지 덮쳐 와서 이 벽의 뒤쪽에는 뮈에가 디자인한 저
택의 내부 공간이 존재하지 않는 것을 바로 알 수 있을 것이다.

　　여기에서도 확인할 수 있는 것은 부동의 경계벽과 경계벽으로 바뀐 시벽의



3장. 재개발적 건축관: 가치의 층위와 건축의 형식화

구조체이다. 경계벽이 부동인 것은 건물 구조
의 문제일 뿐 아니라 토지 소유와도 관련되어
있다. 인접한 두 개의 토지 소유자가 다를 경
우, 경계벽(mur mitoyen)에 대해서는 벽의 양쪽 주
민이 공유권(mitoyenneté)을 소유하기 때문이다.

　　피에르 르 뮈에는 중세의 시벽이라는 강
한 구조체의 방해를 받는 제약 있는 부지에
서 르네상스 건축가답게 대칭이라는 건축미
를 위해 거짓 파사드를 디자인한 것이다(그림
3-24). 건축은 16세기 이후 가치관 변화와 함
께 일종의 형식주의의 길을 걸은 것으로 생각
된다. 다음에서는 형식주의 관점에 대해서 더
논하고자 한다.

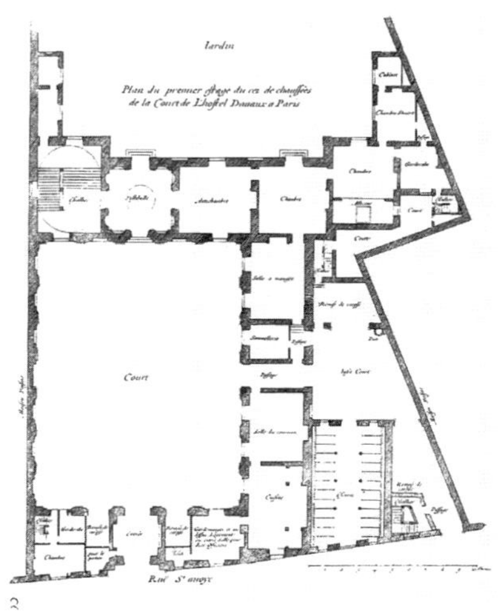

〈그림 3-24〉 피에르 르 뮈에 '아보 저택'의 평면도

# 의도적인 형식주의

## 안드레아 팔라디오

16세기 건축가 중에서 후세에 가장 강한 영향력을 끼친 건축가가 안드레아 팔라디오(1508~1530)다. 팔라디오는 불가사의한 건축가이다. 거대한 모뉴멘트보다는 주택 작가로서 활약했다는 인상이 강하다. 그것도 팔라초라고 불리는 도시형 저택 건축보다도 빌라라고 불리는 전원형, 농촌형 주택이 그의 특기다.

물론 더도시에서 거대한 공공 건축이나 귀족의 대저택을 많이 만드는 것이 위대한 건축가의 조건이라고는 할 수 없다. 그러나 대도시에서 사람들의 눈에 띄는 거대한 건축을 만드는 것이 건축가의 명성을 높이기 쉬운 것은 현대도 마찬가지다. 문제는 어떻게 그 건축 작품을 사람들의 눈에 띄게 할까인데, 팔라디오는 저서 《건축 4서(I quattro libri dell'architettura)》(1570)를 통해 그의 작품을 도면으로 유통하는 데 성공했다. 책이라는 미디어의 힘을 통해 국제적인 명성을 올리는 데 성공했던 것이다. 그러나 팔라디아니즘(Palladianism)이라고 불리는 그의 스타일이 국제적으로 전파된 것은 단순히 미디어 활용에 성공했기 때문만은 아니다. 《건축 4서》에서 도면을 통해 르네상스를 극도로 추상화하여 형식화한 것이 그의 스타일을 모방하기 쉽게 했으며, 그 결과 팔라디오 양식은 일종의 국제양식처럼 발전한다.

팔라디오의 《건축 4서》에 등장하는 그의 작품을 보면, 모두 극도로 대칭성이 강조되어 있다. 평면도에서도 입면도나 단면도에서도 대칭성이 나타나 추상적이고 기하학적인 구성이 강하게 제시되어 있다. 그것은 관념적이면서도 이상적인 건축의 표상이며, 어떤 의미에서는 현실과 동떨어진 것이기도 하다.

그의 건축 작품이 이렇게나 이상적일 수 있었던 것은 첫째, 그의 빌라 중 다수가 기존 건물이 들어서 있는 도시부가 아니라 전원지대에 설계되었다는 점, 둘째, 실제로는 그의 건물이 반드시 《건축 4서》의 도면대로 건설되지는 않았다는 점을 이유로 들 수 있다. 기존 건물이 존재하지 않고 설계에 제약이 있는 부지 경계도 없으면 건축가가 머릿속에서 그리는 대로 설계하기 쉽다는 것은 지금까지 봐온 세를리오의 《건축서》 제7권이나 필립 오귀스트 시벽의 예를 생각하면 이해하기 쉬울 것이다. 팔라디오의 《건축 4서》에서도 세를리오의 《건축서》 제7권의 주요 테마였던 똑바르지 않은 부지에의 설계 문제가 제2서 마지막 장에 거론된다(그림 3-25).

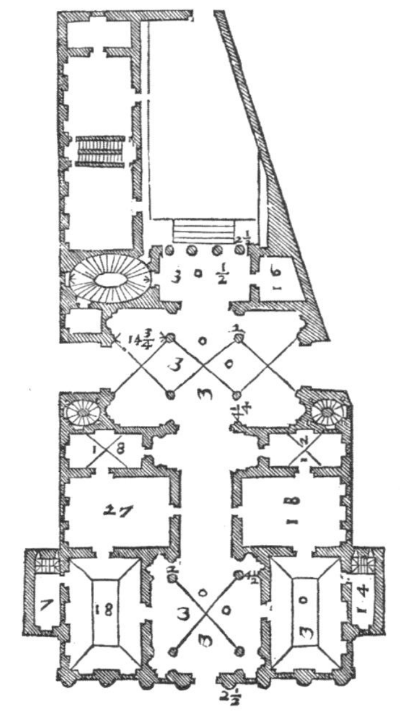

**제17장 다양한 부지에 적합한 몇 가지 안에 대해서**

내가 의도한 것은, 완성했거나 혹은 조만간 완성될 건물에 관해서만 서술하려는 것이었다. 그러나 건물이 언제나 넓은 장소에 세워지는 것도 아니고, 대개 부지와 타협할 수밖에 없다는 점을 알았기 때문에, 이미 제시한 도면에 여러 신사의 요구에 응하여 고안했으나, 그 후 자주 일어나는 사정 때문에 실시되지 않았던 약간의 안을 부가하더라도 우리의 목적에서 벗어나는 일은 없을 것으로 생각하게 되었다. 이것은 그 곤란한 부지 조건들 속에서 곁방이나 그 외의 공간에 상호 대응하거나 비례를 유지할 수 있도록 배치할 때 지킨 방법이 (내가 확신하듯) 적지 않게 도움 될 것이기 때문이다.[1]
_팔라디오, 《건축 4서》 제2서 제17장

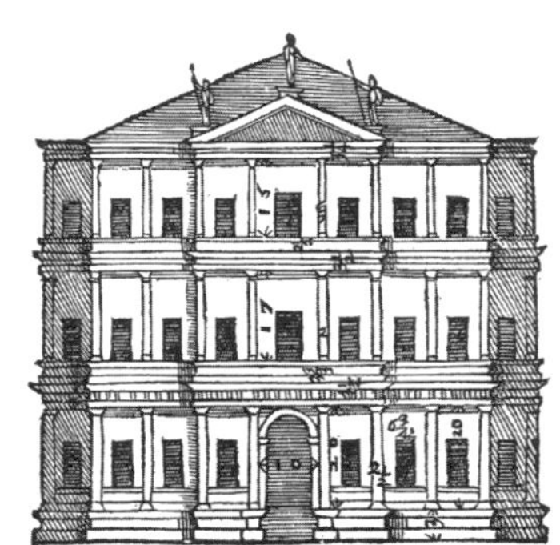

〈그림 3-25〉 팔라디오에 의한 다양한 부지에 적합한 계획 제1안

말꼬리를 붙잡고 늘어지는 것처럼 들리지만, 팔라디오는 건물이 언제나 넓은

---

1 — 桐敷真次郎編著, 《パラーディオ〈建築四書〉注解》, 中央公論美術出版, 1986, p.225

장소에 세워질 순 없다는 사실을 알지 못했다고 할 수 있다. 그의 건축가로서의 원점과 건축에 대한 접근은 지금까지 보았듯 기존 건물과 어떻게 마주할 것인가에 대해 전혀 신경 쓰지 않았다. 그의 건축관은 파괴와 신축으로 이루어진 재개발적인 것조차 아니었으며, 그저 신축이 있을 뿐인 '개발적' 건축관이라고도 부를 만한 것이었다. 17장에는 몇몇 구체적인 예가 제시되어 있지만, 세를리오처럼 기존의 벽과 경계벽을 두고 씨름한 흔적은 전혀 없는 것 같다. 제1안을 보더라도 직사각형의 부지 한쪽이 비스듬하게 잘려있을 뿐이며, 팔라디오의 논점은 그 비스듬한 틀 안에서 어떻게 비례와 대칭성을 유지할 것인가를 다루고 있을 뿐이다.

## 팔라디오에 의한 기존 재이용

그러나 팔라디오가 기존 건물의 재이용과 전혀 연이 없었던 것은 아니어서, 그의 경력에도 기존 건축을 재이용한 대규모 건축이 두 번 있었다. 첫째는 바실리카 팔라디아나(Basilica Palladiana)라는 이름으로 알려진 시민홀 건축과 테아트로 올림피코(Teatro Olimpico)라는 이름으로 알려진 (아마도 역사상 최초의 중요한) 옥내형 반원 극장이다. 둘 다 이탈리아의 비첸차에 건설되었다.

테아트로 올림피코는 팔라디오 만년의 작품이다. 건설 계획 결정이 1580년 2월, 팔라디오는 그해 8월에 사망해서 완성을 보지는 못했다. 《건축 4서》에 이 작품이 게재되어 있지 않고 그가 이 대규모 기존 구조물의 재이용에 대해서 논하지 않았던 것은 어떤 의도가 있어서가 아니라 시간상 어쩔 수 없는 일이었다.

후세의 건축사가나 미술사가들은 모두 이 극장의 고대 로마의 것과 같은 성격과 원근법의 효과를 사용한 무대 배경의 특징에 대해 주로 논해 왔다.[2] 그러나 이 건물이 기존 건물을 재이용한 사실에는 거의 주목하지 않았다. 이 극장은 원래는 중세의 성채, 그 후에는 감옥으로 전용되었던 것인데, 그 벽돌 구조체로 둘

---

2 —  "이 극장의 건축적 특색을 말한다면, 무엇이든 '고대 로마풍'이라는 점을 우선 들고 있어서, 모든 안내서는 물론 대부분의 연구서가 첫머리에 그 점을 언급한다." (福田晴虔, 《パッラーディオ》, 鹿島出版会, 1979, pp.9~10)

　　　　　　　3장. 재개발적 건축관: 가치의 층위와 건축의 형식화

러싸인 안쪽에 고대 로마풍의 극장을 끼워 넣어 지붕을 씌운 것이다. 모두가 이 점은 인정하면서도 팔라디오의 작가성과는 연결 짓지 않았다. 근대의 팔라디오 신봉자가 그의 '고전성'을 논할 때 이 건물이 중세 성채를 재이용한 것이며, 중세의 야만적인 구조체 안에 이처럼 아름다운 극장을 끼워 넣었다는 사실은 오히려 눈을 감고 싶은 것이었을지도 모른다.

## 바실리카 팔라디아나

팔라디오의 또 다른 대작, 바실리카 팔라디아나(1546년 설계)가 기존 건축을 재이용한 것이라는 사실은 잘 알려져 있다. 중세부터 비첸차의 시민홀이었으며, 2층으로 나뉜 중앙부 상층에 대형 홀이 있는 이 건물의 원형은 12, 13세기까지 거슬러 올라간다고 생각된다. 1층은 소규모 상점이 늘어서 있는 세 개의 구획과 통행을 위한 세 개의 통로로 이루어져 있다. 15세기 말에 이 지역의 석공 톰마소 포르멘톤(Tommaso Formenton)이 공사한 지 10년이 지났을 때 이 건물의 구조적 안정성에 문제가 생기기 시작했던 것 같다. 비첸차 당국은 16세기 초반에 여러 저명한 건축가를 초빙하여 수리·개축안을 제안받았다. 그러나 방침이 결정되지 않은 채 1546년 팔라디오가 개축안을 제출한다. 당국은 1549년이 되어서야 그 안을 승인하고 개축 공사가 시작되었다[1](그림 3-26, 그림 3-27).

팔라디오의 설계는 포르멘톤이 건설한 15세기의 고딕풍 로지아를 르네상스

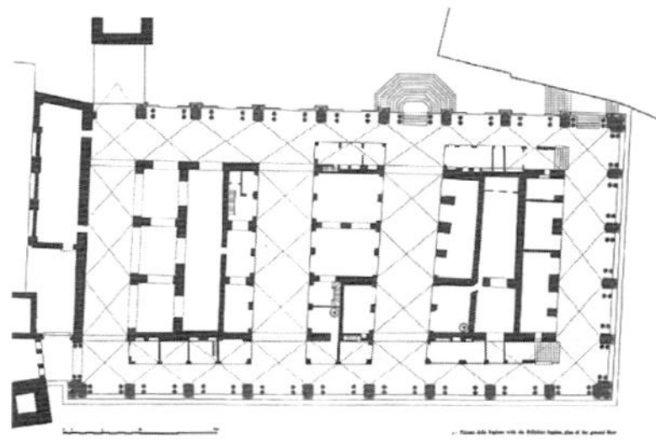

〈그림 3-26〉 바실리카 팔라디아나 1층 평면도

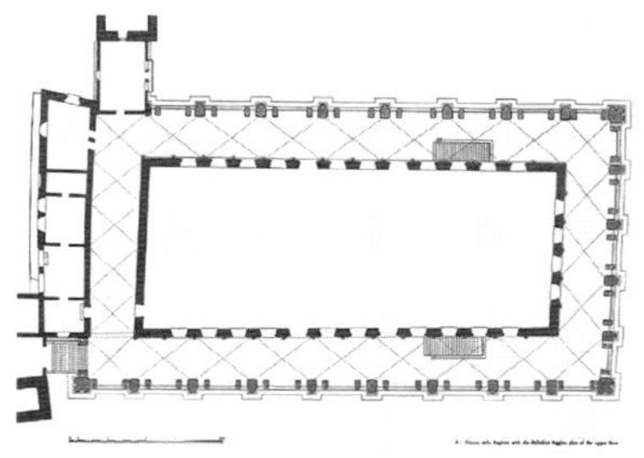

〈그림 3-27〉 바실리카 팔라디아나 2층 평면도

1 —  福田晴虔, 《パッラーディオ》, 鹿島出版会, 1979, pp.62~64

풍 로지아로 다시 세우는 것이었다. 팔라디오는 건물 본체를 둘러싼 로지아를 후에 세를리아나 혹은 팔라디아나로 불리게 되는, 아치와 원주를 조합한 모티프의 정확한 판복으로 디자인한다.

그의 출세작이라고도 부를 수 있는 바실리카 팔라디아나는 물론《건축 4서》에 실려있다. 그는 이 건물을 '고대의 바실리카(Basiliche antiche)'와 비교하여 '우리 시대의 바실리카' 혹은 '근대의 홀(Sale moderne)'이라고 불렀다. 팔라디오는 이 건물이 원래는 중세 건물이었다든지, 고딕풍의 모티프를 고대 모티프로 바꾼 구체적인 경위에 대해서 설명하지 않는다. 그저 "그 주위에 붙어있는 원주랑은 나의 고안에 의한 것이며, 나는 이 건물이 고대의 건물에 비견할 수 있으며, 단순히 그 크기나 장식뿐 아니라 재료에서도 고대 이후 이 땅에 세워진 가장 훌륭하고 아름다운 건물 중 하나로 꼽을 수 있음을 의심하지 않는다"[2]고 말했을 뿐이다. 그의 서술에는 고대와 팔라디오 작품의 대비만 있을 뿐이다. 비첸차 주민이라면 알았겠지만, 팔라디오의《건축 4서》만으로 이 건물을 접하게 된 당시 사람들에게는 그것이 중세 건축의 리노베이션이었다는 사실은 몰랐을 것이다.

## 팔라디오 이론 속 설계(design)와 시공(construction)의 분리

또 기존 건조물을 재이용해서 어떤 벽을 남기고 어떤 벽을 제거할 것인가, 어떻게 기존의 구조물과 새로운 구조물을 접속할 것인가 등, 이른바 구조적인 측면을 팔라디오는 일절 언급하지 않는다. 그는 틀림없이 현장에서 이러한 문제에 대처했을 것이며, 이들 구축 기술은 전문가로서 그의 역량이 필요했을 텐데도.《건축 4서》에서 논의되는 것은 그저 고대에 견줄 만한 장대함과 장식의 아름다운 비례와 치수 등 도면에 표현되는 문제뿐이다.《시간 속의 건물》에서 트랙턴버그는 알베르티에게서 설계와 시공의 분리 그리고 그것에 의해 실현된 '시간 죽이기(cronocide)'를 발견했으나, 그것은 팔라디오의《건축 4서》에서 궁극적인 순수함을 얻었

2 —　桐敷真次郎編著,《パラーディオ〈建築四書〉注解》, 中央公論美術出版, 1986, p.291

　3장. 재개발적 건축관: 가치의 층위와 건축의 형식화

다고 할 수 있다. 팔라디오는 그의 이론에서 시공과 구축의 문제를 배제했다.

영국에서는 건축가 이니고 존스(Inigo Jones)가《건축 4서》의 이론과 도면에 표현된 팔라디오의 건축 디자인을 바탕으로 팔라디아니즘으로 불리는 스타일을 확립하여 17, 18세기의 유행을 낳는다. 후세 건축가들은 팔라디오가 의도적으로 시공·구축의 문제를 배제한 것을 거의 눈치채지 못한 것은 아닐까. 팔라디오 풍의 건축을 만들 때도 파괴하고 신축하는 방법이라면 16세기의 세를리오가 (그리고 실은 팔라디오 자신도) 직면한 기존 건물과의 대치는 필요하지 않았기 때문이다. 팔라디오주의자들은 감쪽같이 팔라디오의 책략에 빠져든 것이다.

## 미화된 팔라디오 건축

바실리카 팔라디아나에 관한《건축 4서》의 기만은 또 하나 있다. 그것은 기존의 건물이 도면에서 삭제되었다는 것이다. 팔라디오가 그린 도면은 실제의 건축을 전혀 반영하지 않았다. 실제 이 건물은 북동쪽에 서 있는 높은 탑과 다른 건물과 인접한 연이은 구조물이

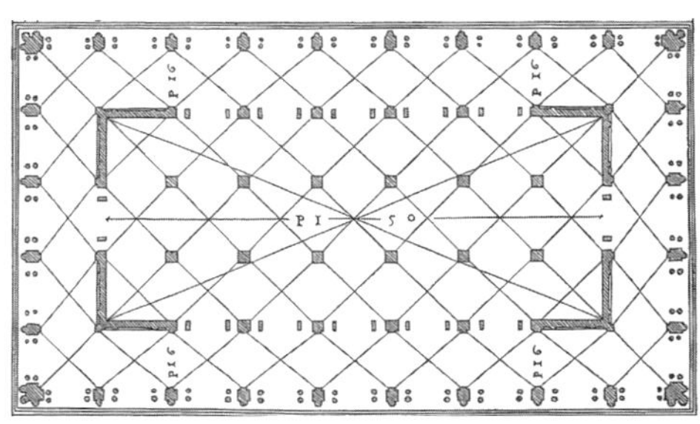

〈그림 3-28〉 팔라디오가 작성한 바실리카의 평면도

다. 그러나 도면은 주위에 아무것도 없이 독립된 건물로 그려져 있다. 그가 설계한 로지아는 (그리고 아마도 그 이전에 포르멘톤이 설계한 고딕의 로지아도) 실제로는 북동쪽 면에는 다른 건물이 연결되어 있었기 때문에 거의 세 면밖에 존재하지 않는다. '거의'라고 말한 것은 네 번째 면에도 아치 하나 분량이 만들어져 있기 때문이며 이념적으로는 이 아케이드가 네 변을 둘러쌀 설계 의도를 명쾌하게 제시하고 있기 때문이다. 그 의도가 도면에 표명되어 있는 것이다. 더욱이 실제의 건물 평면은 완전한 수평, 수직의 직사각형이 아닌데도 그의 도면에서는 왜곡이 깨끗하게 보정되어 있다(그림 3-28).

팔라디오의 도면에 표현된 바실리카는 건축의 실제(real)가 아니다. 건축의 이

념(idea)이 제시된 것이다.

이처럼 《건축 4서》에는 실제 건물의 좋지 않은 사정은 모두 삭제되어 이른바 '미화'된 형태로 제시되어 있는데, 팔라디오가 가장 고심한 문제에 대해서는 전부 언급되어 있지 않은 것이다. 이 같은 점은 바실리카 팔라디아나뿐 아니라 대부분의 작품이 《건축 4서》에서 미화되어 있으며, 그런 만큼 그가 제시한 비례와 치수 등에 대해서 그것을 어떻게 해석해야 할지의 문제가 발생한다.[1]

후쿠다 세이켄(福田晴虔)은 팔라디오 건축과 그의 도면 사이에 모순이 꽤 있다는 점, 《건축 4서》에서 팔라디오 작품은 미화된 형태로 제시된 경우가 많다는 점을 반복해서 지적한다. 예를 들어 팔라초 발마라나(Palazzo Valmarana)에 대해서는 "그림에서 평면은 제대로 된 직각의 모서리를 가진 좌우 대칭형으로 그려져 있으나, 실제 부지는 심하게 비뚤어지고 불규칙하며, (…) 무너져가는 옆집 벽과 접해"[2]있으며, 또 "현존하는 건물의 매우 불규칙한 벽 배치 등으로 미루어 이것은 신축된 것이 아니라 오래된 기존 건물을 그대로 이용해서 파사드를 바꿔 달고 내부를 정비했을 뿐인 것은 아닐까"[3]하고 후쿠다는 지적한다. 아마 팔라디오 건축의 실천에도 이러한 재이용 수법이 페루치, 세를리오 등과 마찬가지로 있었을 터다. 그러나 팔라디오는 그의 이론에서는 이념적이고 신축한 건축 디자인만을 의도적으로 제시했다.

## 형식주의와 고딕

팔라디오의 속임수는 이니고 존스 같은 팔라디오주의자뿐 아니라 근대 지식인

---

1 — 福田晴虔, 《パッラーディオ》, 鹿島出版会, 1979, p.78

2 — ibid., pp.123~124

3 — ibid., p.126



3장. 재개발적 건축관: 가치의 층위와 건축의 형식화

의 사고방식에도 영향을 미친다.

괴테는 1786년 9월에 비첸차를 방문하여 이 바실리카를 견학했다. 와타나베 마유미(渡辺真弓)는 괴테가 《이탈리아 기행》에서 "팔라디오의 바실리카 회당이 균형이 맞지 않는 창문을 가득 붙여놓은 성채풍의 낡은 건물 (…) 과 나란히 서서 어떠한 광경을 만들고 있는지 표현하기란 어려운 일이다. (…) 유감스럽게도 나는 여기서 또다시 보고 싶지 않은 것과 보고 싶은 것이 병존하는 상태를 발견한 셈이다"라고 감상을 서술하고 있다고 지적한다.[1]

괴테는 1772년의 〈독일의 건축에 대해서〉에서 스트라스부르 대성당(No-tre-Dame de Strasbourg)을 재발견하고 고딕 건축을 재평가한 것으로 잘 알려져 있다. 그런데 22년 후 그는 비첸차에서 팔라디오의 바실리카와 인접한 중세 성채풍의 오래된 건물을 '보고 싶지 않은 것'이라고 부른다. 그것은 괴테의 변절이었던 것일까?

아마도 그렇지는 않을 것이다. 괴테는 스트라스부르에서 '조화가 잡힌 무수한 부분'을 발견하고 '하나의 완전하고 거대한 인상'을 평가한다. 그리고 비첸차의 '들쭉날쭉한 창문을 많이 설치한 성채풍의 오래된 건물'은 역시 괴테에게는 혐오의 대상이었던 것이다.

18세기 말부터 19세기 초에 걸쳐서 고딕 건축은 재평가되었다. 독일에서는 괴테, 영국에서는 호레이스 월폴, 프랑스에서는 샤토브리앙 등이 연이어 등장하여 일제히 고딕 건축을 재평가하기 시작했다. 그럼에도 16세기 이후의 가치 층위가 만들어낸 '야만적인 중세'를 송두리째 뒤집는 자세는 아니었다. 그들은 고딕 건축이 야만이 아니라는 반론을 펼침으로써 고딕을 재평가한 것이다. 르네상스의 고전주의자가 고대 건축을 오더에 의해 정리해 갔던 것과 마찬가지로 고딕 건축도 또한 리바이벌리즘 속에서 형식적으로 정리되거나 혹은 합리적이라는 새로

---

1 — ゲーテ,《イタリア紀行》(渡辺真弓,《イタリア建築紀行: ゲーテと旅する七つの都市》, 平凡社, 2015, p.50에서)

운 근대적 가치관에 바탕하여 평가됨으로 고차원적인 예술의 반열에 들 수 있었던 것이다. 야만 그 자체가 복권된 것은 아닌 것이다.

호레이스 월폴만은 예외적인 존재로 야만적인 고딕에서 문학적 매력을 발견하고 그 가능성을 새로이 열었던 인물이라고 할 수 있다. 월폴이 막을 연 '고딕 소설'이라는 새로운 문학 장르는 19, 20세기 유행의 원조가 되었다. 그것이 테마파크의 '유령의 집'이라는 빌딩 타입에 반영되었다면 월폴의 악취미 편애가 건축에도 환원되었다고 할 수 있을지도 모르겠다. 그러나 굳이 야만을 만들어 내려는 건축은 테마파크에서는 성립했을지언정 현실 세계에서는 좀처럼 등장할 수 없었다.[2]

어떤 면에서 "시간이 만드는 건축"이라는 이 책의 주제에 기초한 건축 재이용 역사의 재평가는 현대의 야만 예찬일지도 모른다. 고딕적인 형태(form)가 야만을 만든 것이 아니다. 오히려 반복된 증개축이 만들어낸 일종의 무질서나 시간의 축적을 직접적으로 받아들이는 물질성 속에 16세기 건축가가 꺼려한 진짜 야만이 존재하는 것만 같다.

## 이상적(ideal) 빌라

위와 같이 팔라디오의 건축관은 고대 말기 이래의 재이용적 건축관과는 다른 노선을 지향했으며, 16세기에 시작된 새로운 건축관의 순수한 형태였다. 그런 의미에서 팔라디오는 전통적인 건축관과의 단절을 표명한 건축가라고 할 수 있을 것이다. 이 책에서는 팔라디오가 기존 건물이 밀집된 도시보다도 전원지대의 빌라를 주로 작업했던 것이 이 새로운 건축관의 탄생과 관계되어 있을지도 모른다고 시사했다. 실은 20세기에도 전통적인 건축의 지향점을 기피하고 신축적 건축관을 보다 진화시킨 건축가가 있다. 모더니즘의 기수 르코르뷔지에다.

그 역시 명작 빌라를 많이 작업한 건축가였다. 그리고 재미있게도 팔라디오

<hr>

2 —  加藤耕一,《〈幽霊屋敷〉の文化史》, 講談社現代新書, 2009

   3장. 재개발적 건축관: 가치의 층위와 건축의 형식화

와 르코르뷔지에의 건축을 대비시킨 20세기의 가장 중요한 건축론 중 하나를 쓴 콜린 로우는 그들의 건축을 '이상적인 빌라(ideal villa)'라고 불렀다.[1] 논문 〈이상적인 빌라의 수학(The mathematics of the Ideal Villa: Palladio and Le Corbusier compared)〉에서 콜린 로우(Collin Rowe)는 이 두 건축가의 빌라가 재이용이 아니라 신축이라는 점 등을 문제시하지는 않는다. 이 논문이 발표된 1947년 당시는 건축의 재이용 따위는 아무도 문제시하지 않았다. 이 논문의 주제는 그들의 '이상적/관념적인 빌라'에 숨어 있는 수학의 문제이며 비례의 문제이다. 그러나 건설이라는 흙투성이의 행위를 새하얀 노트 위에서 사고하는 수학처럼 논하는 것은 본래 불가능할 터이다. 팔라디오와 르코르뷔지에의 건축 이론이 축조나 시공의 문제를 배제한 이념적인 것이었기 때문에 이러한 논의가 가능했던 것이다. 16세기에 시작한 이 건축관은 20세기가 되어 결국 그 궁극적인 단계에 이른다.

---

1 —　コーリン·ロウ, 〈理想的ヴィラの数学〉, 《マニエリスムと近代建築》, 伊東豊雄·松永安光訳, 彰国社, 1981

# 무의식적 형식주의

### 페디먼트론

16세기 건측가들은 고대 건축의 원주에 건축의 본질적인 질서(order)를 낳는 비밀이 있다고 생각했다. 고대 로마의 건축가 비트루비우스가 설명한 도리아식, 이오니아식, 코린트식, 콤포지트식, 토스카나식 등 원주의 형식, 디자인의 변형(variation)은 '오더'라는 개념으로 이론화 되어 '다섯 개의 오더'로 정리된다.

팔라디오뿐 아니라 오더 이론의 추구라는 점에서 르네상스의 건축가들은 모두 건축을 관념적이고 이상적인 것으로 변모시켰다. 그들은 원주라는 건축 부자재를 모티프로 삼아 추상화·형식화한다. 그 원점은 분명히 고대의 건축과 비트루비우스에 있을지도 모른다. 그러나 오더 이론은 세를리오, 비뇰라, 팔라디오 등 르네상스 건축가의 저서를 통해 더욱 형식화되어 전파되면서 추상화된 건축 규율이 유럽의 기준이 되어 갔다. 오더 이론은 마리오 카르포도 지적했듯 최초의 인터내셔널 스타일을 창출했던 것이다.

그러나 여기에서는 감히 오더가 아니라 페디먼트를 논하고자 한다.

페디먼트는 그리스 신전의 파사드 등에서 보이는 삼각형의 박공 장식을 말한다. 오더와 마찬가지로 고대 건축의 중요한 모티프 중 하나이며 르네상스 건축의 특징적인 형태 중 하나다. 그것은 본래 맞배지붕의 박공 장식이며, 지붕의 경사 라인을 두 변으로 삼는 이등변 삼각형의 모티프였다. 그러나 르네상스의 건축가들은 페디먼트를 맞배지붕의 박공장식으로서뿐 아니라 창이나 문 등 개구부 위에 올리는 새로운 디자인 방법을 개발했다. 사각형의 창 상부에 이 삼각형 모티프를 올림으로써 '집 모양'이 탄생한다. 르네상스의 건축가들은 원래 지붕 장식이 아니라 지붕과 관계없는 개구부의 장식으로 페디먼트를 사용한 것이다.

이 방법은 16세기 폭발적으로 유행해서 르네상스 건축의 파사드를 장식하게 된다. 16세기 중반에는 다양해져서 삼각형뿐 아니라 궁형(segmental) 페디먼트나 꼭

대기가 없는 브로큰(broken) 페디먼트, 삼각형 밑변을 개방한 오픈 페디먼트 등 다양한 장식적 페디먼트가 등장한다. 페디먼트는 원래의 지붕과 동떨어져 르네상스 건축의 독립된 형식으로 홀로 걷기 시작한 것이다. 그러한 페디먼트의 형식화는 반대로 고대 건축의

〈그림 3-29〉 유네스코의 로고

파사드를 형식으로 이해할 수 있게 했다. 현대 유네스코의 로고는 그리스 신전의 파사드를 본뜬 것으로 열주 대신에 'UNESCO'라는 글자가 들어가 있으며, 그 위에 페디먼트가 올라 있다(그림 3-29). 아무리 페디먼트라는 단어를 모르는 사람이더라도 이 디자인을 보면 그리스 신전이 표현되어 있는 것을 쉽게 이해할 수 있는 것은 이 페디먼트의 형식성 때문이라고 할 수 있다.

페디먼트를 지붕에서 떨어뜨려 창이나 문에 올린 형태는 정말로 르네상스인들의 발명이었을까? 비슷한 것이 고대에는 없었던 것일까? 예를 들어 고대에도 종종 만들어졌던 에디쿨라(aedicula)는 딱 창 정도의 크기로 그 위에 페디먼트를 갖추고 있다. 그러나 에디쿨라는 미니어처 신전이며, 크기가 창에 가깝다고는 해도 역시 이것은 지붕 장식으로서의 페디먼트라고 생각해야 한다.[1]

어쩌면 고대에도 창 위에 페디먼트가 존재했을지도 모른다. 그러나 르네상스의 팔라초 건축의 파사드에서 볼 수 있는 것처럼 창이란 창은 모조리 페디먼트로 장식하는 상황은 아마 없었을 것이다. 르네상스의 건축가는 오더를 이론화함으로써 고대 건축을 현재로 되살릴 수 있다고 생각했다. 그러나 과잉이라고 할 만큼 건축

---

1 — 박공 장식을 갖춘 '에디쿨라'라는 건축 모티프를 고대뿐 아니라 중세 고딕 건축에서도 르네상스 건축에서도 발견할 수 있다는 것을 지적한 것은 존 서머슨(John Summerson)의 《천상의 저택과 건축에 관한 여러 에세이(Heavenly Mansions and Other Essays on Architecture)》(1949)다. 서머슨은 여기서 고전주의 디자인과 고딕 디자인의 공통점으로 에디쿨라를 주목하고 있기에 르네상스의 특징인 '페디먼트'는 언급하지 않는다. 그러나 그가 다음과 같이 에디쿨라의 유행을 지적하는 부분에서는 분명히 '페디먼트'를 의식하고 있다. "그러나 이 특별한 의미는 이윽고 너무도 많은 문이나 창문에 사용되며, 에디쿨라는 평범한 장식적 요소에 지나지 않게 되어버렸다. 이것은 초기 이탈리아 르네상스에 다시 나타나 16세기 후반이 되면 다른 나라에서 수없이 많이 채용된다."(コーリン・ロウ, 〈理想的ヴィラの数学〉, 《マニエリスムと近代建築》, 伊東豊雄・松永安光訳, 彰国社, 1981, p.13)

의 파사드를 뒤덮은 페디먼트
는 고대의 지붕 장식의 형태
를 무수히 반복함으로써 고
대 건축의 표상을 높이 표명
했다. 아무리 오더가 없더라
도 개구부에 페디먼트가 올
라 있으면 그것만으로 충분히
르네상스적일 수 있었다(그림
3-30).

〈그림 3-30〉 로마의 팔라초 파르네제의 파사드, 1549년의 판화

## 이론화되지 않았던 페디먼트

그런데 오더 이론의 유행과는 대조적으로 페디먼트가 이론화되는 일은 거의 없
었다. 오히려 페디먼트는 이론을 웃도는 속도로 실천의 영역으로 진화한 것 같다.

르네상스의 창 위 페디먼트의 초기 예를 브루넬레스키(Filippo Brunelleschi)의 오
스페달레 델리 인노첸티(Ospedale degli Innocenti)에서 찾아볼 수 있다. 그러나 브루넬레
스키의 전기 작가는 이 사실을 전혀 거론하지 않는다. 또 페디먼트에 대해서 최
초로 논한 르네상스 건축가는 알베르티인데, 15세기 중반의 그는 지붕 장식으로
서의 박공(페디먼트)을 논했을 뿐이다.

박공이 건축에 크게 위엄을 더해준다는 사실은 일반적으로 인정된다. 유피테르가 사는
곳은 천상임으로 거기에 비가 내리지 않는다고 할지라도 주거에 우아한 미를 유지하기
위해서는 적어도 박공이 있어야 한다.[2] _알베르티, 《건축론》 제7서 제11장에서

실은 이 박공에 관한 알베르티의 기술은 고대의 문필가 키케로로부터 직접

2 — アルベルティ, 《建築論》, 相川浩訳, 中央公論美術出版, 1982, p.217

          3장. 재개발적 건축관: 가치의 층위와 건축의 형식화

적인 영향을 받은 것이라고 생각된다.

신전을 비롯한 여타 건물에서 박공의 존재 이유는 미 때문보다는 실제적인 필요성
때문이다. 보다시피 지붕 양쪽에서 빗물을 흐르게 하기 위한 것이며, 이에 더해
신전에 위엄을 부여한다는 은혜가 있다. 신전이 존재하는 천상에는 비가 내리지
않는다고 할지라도 박공 없이는 위엄을 유지할 수 없다.[1] _키케로,《웅변가론》제3권
제46장에서

이처럼 알베르티는 신전의 박공(페디먼트)을 논하면서 키케로의 문장에서 '위
엄(dignitas)'이라는 말을 인용함으로써 중요성을 강조했다.

한편 키케로가 가장 중시한 '필요성(utilitatis)'에 주목해서 페디먼트를 논한 것
은 팔라디오였다. 팔라디오가 키케로의 기술을 의식했는지는 알 수 없지만, 그가
'필요성(necessita)'을 언급했다는 점은 흥미롭다. 단 여기서 팔라디오가 논하는 것
은 지붕 위 박공이 아니라 창 위의 페디먼트였다. 따라서 그는 키케로와 마찬가
지로 비를 언급하지만, 여기서의 기능은 지붕이라기보다는 차양이다.

그러나 내가 매우 중대하게 생각하는 것은 출입구, 창, 로지아의 페디먼트를
중앙부가 결손된 형태로 만드는 실수다. 왜냐면 페디먼트는 비가 들이치는 상황을
피하려고 만드는 것이니까, 옛날 건설자들은 필요 그 자체에서 터득해 이같이
페디먼트 중앙부를 높인 것이다.[2] _팔라디오,《건축 4서》제1서 제20장에서

여기서 팔라디오가 오용이라고 단죄하는 것은 브로큰 페디먼트라고 불리는
타입의 페디먼트다. 그리고 그가 페디먼트에 관해 쓴 이 구절은 또 한 가지 중요

---

1 — Cicero, *De Oratore*, III, cap. XLVI, §180

2 — 桐敷真次郎編著,《パラーディオ〈建築四書〉注解》, 中央公論美術出版, 1986, p.52

한 사실을 깨닫게 한다. 그것은 그가 페디먼트를 가리키면서 '박공(fastigio)' 대신에 '프론티스피초(frontispicio)'라는 이탈리아어를 선택했다는 사실이다.

앞서 살펴본 알베르티는 15세기 중반의 시점에서 지붕 장식으로서의 박공과 개구부 위에 올리는 페디먼트를 나눠 사용하는 어휘를 갖고 있지 않았다. '코린트식 창틀'에 대해서 설명한 부분에서도 알베르티는 창 위에 올리는 페디먼트를 라틴어로 '박공(fastigium)'이라고 불렀다.[3] 그러나 16세기 중반의 팔라디오의 시대가 되면 맞배지붕 장식으로서의 박공과 개구부 위에 올리는 페디먼트를 어휘로 구분할 필요가 생기게 되었다. 그러나 겨우 박공과는 다른 어휘가 등장한 16세기 중반에는 이미 백화난만(百花爛漫)한 페디먼트가 건축의 파사드를 뒤덮었다.

참고로 창 위의 페디먼트를 '프론티스피초'라고 부르며 '박공'과 구별한 것은 팔라디오보다 세를리오 쪽이 빨랐다. 세를리오는 그의 《건축서》 제4권 〈건물의 다섯 양식에 대해서〉에서 페디먼트를 "프론티스피초라고 불리는 박공(fastigii detti frontispici)"[4]이라고 표현한다.

### '페디먼트'라는 말에 대해서

세를리오나 팔라디오가 사용한 '프론티스피초'라는 말은 과연 무엇을 가리키는 것일까? 혼대 이탈리아어에서는 페디먼트를 프론티스피초라고 부르지 않고 '프론토네(frontóre)'라고 부른다. 프랑스어로는 프론톤(fronton)이다. 페디먼트는 영어이며, 독일어에서는 이를 가리키는 말은 존재하지 않고 '기벨(giebel)'이라는 말만 있다.

독일어로 페디먼트를 가리키는 단어가 생기지 않은 것도 흥미로운 점이지만, 살펴보고자 하는 것은 '프론티스피초'가 무엇을 의미하는지이다. 이 용어는 책의 표제지 등을 가리키는 일도 있지만 건축용어로서는 건물의 정면을 가리키는 듯하다. 건물 정면에 설치하는 일이 잦은 열주를 갖춘 주랑현관(portico)이 종종 맞배

---

3 — アルベルティ, 《建築論》, 相川浩訳, 中央公論美術出版, 1982, p.219

4 — *Sebastiano Serlio on Architecture*, Volume I, p.294

지붕 형의 페디먼트를 이고 있기 때문에 이처럼 불렸을지도 모른다. 그러나 '프론티스피초'라는 말로는 건물의 안팎에 있는 창이나 문 위에 올라 있는 페디먼트를 완전히 표현할 수 없기에 결국 페디먼트를 가리키는 용어로는 정착하지 않았다.

그렇다면 페디먼트라는 영어는 언제 태어난 것일까. 《옥스포드 영어 사전》에 의하면 건축 전문서에서 최초로 이 용어가 등장한 것은 17세기도 중반이 지나서이며, 1664년에 출판된 《고대 건축과 현대의 유사성(A Parallel of the Antient Architecture with the Modern)》에서였다. 이 책은 원래 1650년에 프랑스에서 출판된 롤랑 프레아 드 샹브레(Roland Fréart de Chambray)의 저작이며, 존 이블린(John Evelyn)에 의해 영어로 번역되었다. 페디먼트라는 용어는 영역판에만 나오는데, 권말 부록으로 수록된 용어집의 '지붕(roof)' 설명에 등장한다.

> 코니스(Cornice) 위에 자랑스럽게 올라 있는 이들 지붕은 통상적으로는 삼각형
> 면이나 박공의 형상을 가진 것으로(그 정점이 지나친 예각이거나 뾰족하지 않은 경우 우리
> 직인들은 그것을 페디먼트라고 부른다), 고대에는 팀파눔(Tympanum)이라고 불렸다.[1]

존 이블린의 설명에 의하면 페디먼트라는 영어는 직인들의 용어였음을 알 수 있다. 《옥스포드 영어 사전》에 의하면 페디먼트의 어원은 확실하지 않지만, 오랜 용례에는 "페리먼트(periment)" 등으로 쓰는 경우도 있어서 '피라미드'가 어원이었을 가능성이 있다고 한다. 피라미드가 어원이라고 하더라도 이집트의 신비로운 건조물과 연관이 있지는 않고, 단순히 삼각형이라는 의미다. 즉 잉글랜드의 직인들은 "저 삼각형처럼 생긴 것" 정도의 뉘앙스로 '페디먼트'라고 불렀을 것이다.

또 "고대에는 팀파눔이라고 불렸다"는 지적에 대해 확인해 두고 싶다. 고대 로마의 건축가 비트루비우스는 확실히 페디먼트의 삼각형 세 변으로 둘러싸인

---

1 —  Roland Fréart de Chambray, trans. by John Evelyn, *A Parallel of the Ancient Architecture with the Modern*, 1664, p.140

안쪽 부분을 팀파눔이라고 불렀다.

> 페디먼트로 둘러싸인 팀파눔의 높이는 다음과 같이 만들어져야 한다. 즉
> 코로나(corona)의 정면은 반곡(cymatium)의 끝에서 끝까지 전체를 아홉 부분으로
> 가늠해 나누고 그중 한 부분을 중앙으로 팀파눔의 정점으로 정하고 그것을
> 엔터블러 이처(entablature) 및 기둥의 목부분과 수직이 되도록 대응시킨다.[2]
> _비트루비우스, 《건축서》 제3서 5장

여기서 비트루비우스가 설명하는 것은 페디먼트의 밑변과 높이의 비율이 9대 1이 되어야 한다는 비례의 문제다. 이 팀파눔이라는 용어는 중세 건축에서는 문 상부를 장식하는 아치 내부를 메우는 조각된 부분을 가리키게 된다. 어원적으로는 팀파눔이란 큰 북을 가리킨다고 하는데,[3] 테두리로 둘러싸인 내부 부분이라는 점에서 페디먼트의 삼각형 안쪽이나 반원아치의 안쪽 등을 가리키게 된 것이다. 단 비트루비우스가 페디먼트 부분을 "박공으로 둘러싸인 팀파눔"이라고 불렀다고 해도 이미 중세 동안 고대의 삼각형과는 다른 아치 형태를 부르는 명칭으로 정착되었기 때문에 르네상스 건축가들은 이 삼각형 형태를 다른 명칭으로 부를 필요가 있었다.

## 페디먼트라는 무의식

이상으로 서양건축사에서는 익숙한 '페디먼트'라는 명칭의 변천에 대해서 개관했다. 페디먼트는 고전주의 건축에서는 빼놓을 수 없는 건축 모티프다. 그러나 르네상스 시기에 이 형태가 크게 유행한 반면 그 이론은 제대로 구축되지 않았다. 그 명칭마저 일정하지 않아서 '정면의 것(frontispicio)', '삼각형의 것(pediment)' 같이 현

----

2 — 《ウィトルーウィウス建築書》, 森田慶一訳註, 東海大学出版会, 1979, p.86

3 — ibid., p.323. 모리타 게이치(森田慶一)의 역주

   3장. 재개발적 건축관: 가치의 층위와 건축의 형식화

장의 호칭만이 선행하여 이론적 건축가들은 그것을 따르는데 지나지 않았다.

16세기의 재개발적 건축관은 좌우대칭이나 기하학을 강조하는 이념적 건축 형태를 다수 낳았다. 페디먼트는 그야말로 이 시대의 산물이다. 16세기 이전 기존 건물을 재이용할 때, 선행하는 강한 구조물에 의존하거나 혹은 제약을 받음으로써 건축 형태는 불규칙하고 무질서하기 마련이었다. 빈 땅에 제로(0)부터 건축을 만드는 신축적 건축관을 이상적이라 여기는 16세기에는 형식주의를 강화하게 되었다. 좌우대칭이 강조되고 오더나 페디먼트 같은 형식에 의해 건축은 정리되어 갔다.

페디먼트는 르네상스 건축가들이 의도적으로 높이 평가한 오더 이론만큼 이론화되지 않았다. 그러나 페디먼트가 가진 형식성은 거의 무의식중에 고전주의 건축의 외관과 인테리어를 뒤덮어 갔다. 무의식의 형식주의가 거기에 있었던 것이다.

# 산피에트로 재개발 계획

## 16세기의 산피에트로

3장에서는 16세기의 야만론이 기존 건물의 파괴를 부추기고 16세기의 형식주의가 신축 디자인을 이끌었다는 가설을 다루었다. 그 파괴는 현대 도시에서 볼 수 있는 도시적이고 면적(面的)인 재개발과는 달리 그렇게까지 철저하지는 않았다. 다 파괴해 버릴 수 없는 강한 구조물이 도시 조직으로서 역사적 도시의 골격을 형성해 갔다는 점 또한 사실이었다.

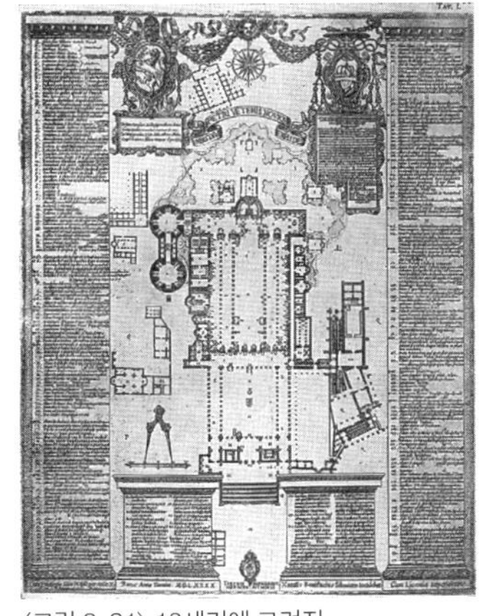

〈그림 3-31〉 16세기에 그려진 구 산피에트로의 평면도(1555~70년경)

마지막으로 16세기의 파괴와 신축의 상징적 존재인 산피에트로(Basilica di San Pietro in Vaticano)를 살펴보고 3장의 막을 닫고자 한다. 산피에트로는 4세기 초반 콘스탄티누스 1세 치하에 건설된 것으로 점차 기독교 세계의 정점에 군림하는 교회당으로서의 지위를 확립한다. 기독교 권력에서의 중요성뿐 아니라 건축으로서도 중요한 존재로, 중앙 축선이 되는 신랑 양쪽에 두 줄씩 측랑(側廊, aisle)을 갖춘 오랑식(五廊式) 바실

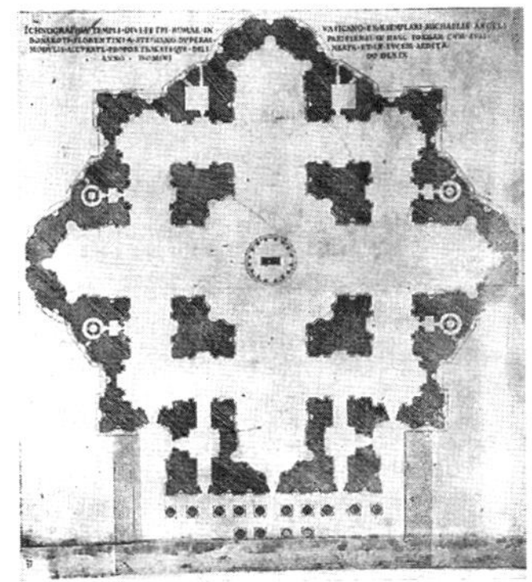

〈그림 3-32〉 미켈란젤로에 의한 산피에트로의 '집중식' 평면도(1569)

리카는 거대한 규모와 더불어 그 후 중세 서유럽에서 왕성하게 건설된 교회당 건축의 모범이 되었다. 고대 말기에 건설된 교회당이 그 후 1200년 가까이 계속 사용되었다(그림 3-31).

16세기가 되면 이 유서 깊은 교회당을 파괴하고 아주 새로운 교회당을 건설하려는 움직임이 등장한다. 르네상스의 거장 도나토 브라만테(Donato Bramante)부터

미켈란젤로에 이르는 돔을 중심으로 한 그리스식 십자가 모양의 '집중식 플랜'으로 알려진 계획은 구 산피에트로를 완전히 파괴하고 신축을 전제로 한 재개발 계획이었다[1](그림 3-32).

## 재이용을 목표로 한 알베르티

구 산피에트로 성당은 심하게 노후화되어 있던 모양이다. 15세기 중반 알베르티는 다음과 같이 서술한다.

> 로마 최대의 성 베드로 바실리카에서 원주가 지탱하는 측벽이 수직면에서 떨어져서 지붕의 붕괴를 초래할 것만 같다. 이에 대해 나는 이전에 다음과 같이 고안한 적이 있다. 기울어진 벽 중 원주 하나 분량이 지탱하고 있는 부분을 먼저 분리하여 운반해낸다. 철거한 벽 대신에 정규의 수직벽을 갱신하는데 그것은 남겨진 벽의 좌우에서 몇몇 석조 갈고리와 강력한 결합용 금속물로 결합된다.[2]

분명 구 산피에트로는 벽은 기울고 지붕은 붕괴 직전의 심각한 상태였던 것 같다. 그렇다고 알베르티는 재개발이 필요하다고 논하지는 않는다. 오히려 그의 주장은 어떻게 이 건물을 계속 사용할 것인가의 관점에서 출발한 구조적 궁리였다.

그는 원주로 지탱되던 상부의 벽 중 기울어져 중심에서 벗어난 부분의 석재를 제거하고 새로운 벽을 오래된 벽 양쪽에 끼워 넣고 그것을 금속 쇠장식으로 고정하는 방법을 제안한다. 《건축론》의 다른 부분에서도 마찬가지로 오래된 벽을 새로운 벽으로 끼워 넣고 구조를 보강하는 방법을 제안하며, 또 그가 리미니에 설계한 말라테스티아노 성당(Tempio Malatestiano)은 중세의 오래된 교회당의 벽체

---

1 — 최근의 연구성과에 따르면 브라만테의 계획은 '집중식(集中式)'이 아니라 '장축식(長軸式)'이었을 가능성이 높다고 한다. (稲川直樹·桑木野幸司·岡北一孝, 《ブラマンテ: 盛期ルネサンス建築の構築者》, NTT出版, 2014, p.296) 그러나 브라만테에 의한 당초 계획은 역시 옛 산피에트로의 철거를 전제로 한 것이었다.

2 — アルベルティ, 《建築論》, 相川浩訳, 中央公論美術出版, 1982, pp.342~343

에 자신이 디자인한 벽체를 끼워 넣은 듯한 구성으로 되어 있다. 그 공법이 《건축론》에서 서술한 방법과 완전히 동일하지는 않아도 알베르티는 이런 오래된 벽을 새로운 벽으로 샌드위치하는 독특한 방법을 제안하고 실천했다.

알베르티는 더욱이 기존 건물을 쉽게 파괴하는 것에도 반대했다.[3]

> 작열하는 태양, 어두운 밤의 동결, 눈, 바람이 얼마나 강력한지 우리는 알고 있다
> (…) 이에 더해 인간의 폭력이 있다. 정말이지! 어떤 사람의 무관심(이라기보다는 감히
> 탐욕이라고 말하고 싶지만)으로 이전에는 존엄하기에 야만인과 사나운 적이라고는
> 해도 손을 대길 삼가고 또 장래에 물체를 멸하는 시간의 흐름에 대해서도 강하고
> 오랫동안 견디기 쉬운 것이 소멸되는 것을 보면 때로는 분노를 느끼지 않을 수 없다.[4]

이렇게 보면 15세기 중반에 활약한 알베르티는 재이용적 건축관을 강하게 가진 건축가였던 것 같다. 그는 초기 르네상스의 훌륭한 건축가이며 양식사의 관점에서 보면 새로운 시대를 연 건축가이다. 동시에 '시간과 건축'의 역사에서 그는 오히려 16세기의 새로운 가치관이 등장하기 직전을 살았던 과도기의 건축가였다.

## 브라만테의 재개발 계획

16세기의 막이 열리면 산피에트로의 재개발 계획에 교황 율리우스 2세와 건축가 브라만테가 화려하게 등장한다. 바사리의 〈브라만테 전〉에도 명기되어 있듯, 이는 그야말로 파괴하고 신축하는 재개발 계획이었다.

> 브라만테의 정신이 이렇게도 훌륭하게 승화되고 교황의 소망이 자기 욕망과
> 일치되는 것을 안 그는 성 베드로 대성당을 헐고 재건하기로 했다. 그리하여 이에

---

3 — 알베르티와 기존 건물의 파괴 문제에 대해서는 이하도 참조 (岡北一孝, 〈De re aedificatoria における第十書の位置づけと〈修復〉"instaurare"の意味〉, 京都工芸維大学, 平成二五年度 学位請求論文、私家版)

4 — ibid., p.301

   3장. 재개발적 건축관: 가치의 층위와 건축의 형식화

대한 수많은 설계도를 작성했는데 그중 하나는 참으로 찬탄할 만하며 그의 놀랄 만한 천재성이 발휘되어 있다.[1][•]

실제로는 율리우스 2세 아래에서 브라만테의 계획만이 바로 채용되어 승인된 것은 아니었다. 프라 조반니 조콘도(Fra Giovanni Giocondo)나 줄리아노 다 상갈로(Giuliano da Sangallo) 등의 계획안도 검토되었고 브라만테의 안도 단계적으로 수정되어 갔다고 한다.[2] 당시에는 기존 건조물을 완전히 무시한 재개발 계획이었지만 건설 공사가 시작되자 기존 건물을 단계적으로 철거하고 기존 부분을 건설에 이용하면서 신축하는 방법이 선택되었던 듯하다. 긴 시간을 요하는 당시의 건설 공사에는 필요한 수순이었을 것이다.

따라서 재개발 공사는 현재의 건설 현장처럼 우선 파괴해서 부지를 완전히 빈 땅으로 만든 다음 신축하는 방법은 아니었다. 그럼에도 산피에트로 재개발 계획의 기본 콘셉트에서 파괴하고 신축하는 방법의 막이 열렸음을 알 수 있다. 역사적이고 유서 깊은 구 산피에트로를 철거한다는 결정의 배경에는 16세기의 가치 판단도 있었다고 생각해야 할 것이다. 구 산피에트로를 야만이라고는 말하지 않는다고 해도, 고대 전성기의 '올바른 형식'에 기초한 것이 아니라고 판단하고 르네상스의 '좋은 건축'으로 치환하려는 16세기의 가치관이 있었던 것이다.

## 바사리의 가치 판단

이미 살펴봤듯 조르조 바사리의 역사관에 따르면 고대(antica)는 '콘스탄티누스 황제 이전의 시대'이며, 구 산피에트로를 건설하게 한 콘스탄티누스 황제의 시대는 쇠퇴 시대의 시작이었다. 바사리는 4세기 동안의 기독교 융성과 고대 예술의 쇠

---

1 — ジョルジョ·ヴァザーリ,《美術家列伝》第三巻, 森田義之·越川倫明他監修, 中央公論美術出版, 2015, p.90

• — 조르조 바사리,《르네상스 미술가평전》제3권, 이근배 옮김, 고종희 해설, 한길사, 2018, 1525쪽

2 — 稲川直樹·桑木野幸司·岡北一孝,《ブラマンテ: 盛期ルネサンス建築の構築者》, NTT出版, 2014, pp.295~304

퇴를 다음과 같이 논한다.

> 그러나 앞에서 이야기한 여러 원인보다도 다양한 예술에 더욱 막심한 피해를
> 가져다준 것은 새로운 그리스도 신앙의 불타오르는 열정이었다. 그리스도교는 오랜
> 세월을 두고 피비린내 나는 투쟁 끝에 많은 기적과 성실한 행동으로 이교도들의
> 신앙을 쳐부숴 없앴고, 혹시나 그릇된 생각을 하는 사람들에게 어떤 기회도 주지
> 않으려고 이교도들의 훌륭한 조상, 조각, 회화, 모자이크, 장식물들을 닥치는 대로
> 파괴했다. 그들은 위대한 업적을 기념하는 기념비와 고대의 조상을 파괴해 과거
> 훌륭한 사람들의 추억과 명예까지 짓밟았다.
> 그뿐만 아니라 그리스도교도들이 사용할 성당을 건립하려고 이교도 신에게 바친
> 신전마저 파괴했으며, 처음부터 그곳에 있었던 장식품들은 고사하고 성 베드로
> 대성당을 고상하게 장식하려고 오늘날 카스텔로 디 산 안젤로(Castello di S.
> Angelo)라고 불리는 아드리아누스(Hadrianus)의 무덤에서 둥근 기둥들을 빼냈으며
> 다른 건축물들도 현재 우리가 보는 바와 같이 무참하게 만들어 놓았다.[3][••]

이렇게 스폴리아를 사용하여 건설된 1200년 전의 건축은 그에게는 가치 있는 건물이 아니었다. 역사적 건조물의 가치 판단이 유서 깊은 산피에트로의 파괴를 부추기게 된 것이다.

4장에서는 '시간과 건축'의 다음 단계, 수복과 보존을 살펴보고자 한다. 일반적으로 역사적 건축의 수복과 보존은 그 건물의 가치를 근거로 이뤄진다고 생각하기 마련인데, 구 산피에트로는 그 가치 판단에 의해 파괴되고 말았다. 파괴와 보존은 동일한 건축관의 표리일체 관계에 있었다.

3 — 《ヴァザーリの芸術論〈芸術家列伝〉における技法論と美学》, ヴァザーリ研究会編訳, 平凡社, 1980, p.187

•• — 조르조 바사리, 《르네상스 미술가평전》 제1권, 81~82쪽

   

# 문화재적 건축관:
# 문화재는 왜 시간을 되감았는가

## 19세기부터 현재까지

# 야만의 복권

## 나폴레옹의 대관식

한 장의 그림에서 시작하자.

이 그림을 그린 것은 혁명기에 활약한 화가이자 정치가였던 자크 루이 다비드(Jacques Louis David). 나폴레옹의 수석 화가였던 그가 1804년 12월 2일에 나폴레옹의 대관식을 그린 유명한 작품이다(그림 4-1). 오늘날 루브르 미술관에서 볼 수 있는 이 그림은 높이 6m 이상, 폭 10m에 달하는 대작으로, 명작이 즐비한 루브르 미술관에서도 한층 존재감을 자랑한다.

〈그림 4-1〉 자크 루이 다비드, 〈나폴레옹 1세의 대관식과 황비 조세핀의 대관〉

고딕 건축 연구를 위해 파리에서 유학했을 무렵, 나 역시 일본에서 친구가 올 때마다 루브르 미술관을 안내하며 이 그림 앞에 멈춰서서 해설했다.

프랑스 왕가와 카톨릭의 역사는 오래된 것이어서 5세기 말 프랑크 왕국, 메로빙거 왕조의 클로비스 1세까지 거슬러 올라간다. 고대 말기의 혼란이 한창이던 중 프랑크인 클로비스는 튀링겐인, 알레마니인, 마침내 서고트인과의 전투에서 승리하여 왕국의 기초를 세웠다. 이러한 일련의 전쟁 과정에서 클로비스는 부하 3,000명과 함께 랭스 대주교 레미기우스(성 레미)로부터 카톨릭 세례를 받았다고 전해진다.¹ 이렇게 해서 프랑스는 카톨릭 왕국이 되었다. 카페 왕조 시대가 되면 클로비스의 전통이 한층 더 의례화되어 몇몇 예외를 제외하면 대부분의 프랑스 왕이 랭스 대성당에서 랭스 대주교로부터 직접 축성받는 대관식을 통해 프랑스 왕으로 즉위하게 되었다.

영국과 프랑스 사이에 백년전쟁이 한창일 때 광인왕 샤를 6세의 왕태자 샤를은 프랑스 중부의 루아르 지방에 잠복해 있었다. 샤를 6세 사후 잔 다르크의 도움을 받은 샤를은 잉글랜드 군에 의한 오를레앙 포위망을 돌파하고 랭스까지 진군했는데 랭스 대성당에서 대관식을 거행하여 샤를 7세로 즉위하기 위함이었다.

그토록 프랑스 국왕의 즉위식에서 랭스 대주교로부터 왕관을 받드는 의식은 중요했다. 그러나 프랑스 혁명으로 프랑스 국왕의 대관식 전통은 일단 끊어지게 된다. 왕정 폐지 후 제1공화정을 거쳐 나폴레옹이 '황제'로 즉위한다. 그는 이때 프랑스 왕가의 전통을 받아들이면서도 그것을 대대적으로 변용시킨 대관식을 연출했다. 그것이 이 그림에 그려진 장면이다.

대관식의 무대가 된 것은 랭스의 노트르담 대성당이 아니었다. 파리의 노트르담 대성당이었다. 그림을 잘 보면 일어서서 왕관을 높이 내세운 나폴레옹의 뒤에는 파리 대주교뿐 아니라 카톨릭의 최고 권위자인 로마 교황 피우스 7세까지 그려져 있다. 그러나 나폴레옹은 교황으로부터 왕관을 내려받지 않고 스스로의 손으로 월계관을 얹고 이어 황비 조세핀에게 관을 내린다. 다비드는 이 마지막 하이라이트를 그린 것이다.

이 작품에 관련된 이야기로, 원래는 나폴레옹이 스스로 왕관을 쓰는 모습이 그려졌으나 후에 수정되었다든지, 참석하지 않았던 나폴레옹의 모친이 그려져 있다는 등 많은 에피소드가 있다.

---

1 —  柴田三千雄·樺山紘一·福井憲彦編, 《世界歷史大系 フランス史1》, 山川出版社, 1995, p.137

  4장. 문화재적 건축관: 문화재는 왜 시간을 되감았는가

그러나 나는 훨씬 중요한 점을 간과하고 있었다. 파리 대성당은 초기 고딕의 걸작으로, 학위 논문에서도 이 건축을 대대적으로 다뤘던 나는 논문 완성 후 초기 고딕 건축 연구를 더욱 심화하기 위해 파리에 유학하고 있었다. 그럼에도 친구들에게 "그래서 이건 랭스 대성당이 아니라 파리의 노트르담이 묘사되어 있어"라고 잘난 척 설명하면서 완전히 사고 정지에 빠지고 만 모양이다. 이 정도로 거대한 회화 작품이니까 눈에 들어오지 않았을 리 없다. 다만 그것이 무엇을 의미하는지를 생각하지 않은 것이다.

이 그림의 무대가 전혀 고딕 건축이 아니란 점을.


## 덮어 감춰진 노트르담

다비드의 그림에는 고딕 건축의 특징을 나타내는 것은 무엇 하나 그려져 있지 않다. 고딕 건축의 주요 특징인 첨두아치도 없거니와 가는 샤프트도 없다. 오늘날 노트르담에서 볼 수 있는 인테리어와는 조금도 닮지 않은 것이다. 대관식이 거행된 것은 노트르담이 아니었던 것일까. 물론 그렇지 않다. 1804년 당시 파리 대성당은 분명 이런 모습이었다.

대체 무슨 일이 일어난 것인지 알기 위해서는 100년을 거슬러 올라가야 한다.

이것은 18세기 초의 왕실 주임 건축가 로베르 드 코트의 작업으로, 그는 1719년 고딕 양식으로 된 파리 노트르담 대성당의 내진(內陣)을 대리석 패널을 사용해 완전히 덮어 감추어 르네상스적인 내진으로 변모시켰다. 그것은 지금까지 살펴본 '야만에 대한 간섭'의 전형적인 사례였다. 그러나 다른 한편으로 그 작업은 정성스러웠고 새로 태어난 '고전주의적인' 내진 또한 대단히 아름다운 것이었다.

로베르 드 코트는 적색과 백색 대리석 패널을 사용해서 고딕 원주

〈그림 4-2〉 로베르 드 코트, 〈노트르담 내진의 디자인〉(1715)

를 감싸 각기둥으로 만들고 고딕의 첨두아치를 내진에서 덮어서 반원 아치로 만들었다. 이처럼 무리한 개편이 이뤄졌음에도 불구하고 그 기둥과 아치의 비례는 실로 아름다워서 그 실력이 훌륭했다고 하지 않을 수 없다(그림 4-2).

칭송할 만한 것은 코트의 솜씨만이 아니다. 다비드의 구도도 마찬가지로 실로 훌륭하다. 코트가 대리석 판으로 덮은 것은 내진의 대 아케이드로 불리는 1층뿐이었다. 따라서 상부로 눈을 돌리면 고딕 디자인이 드러난다. 그중에서도 본래 고딕의 아케이드 주두에서 뻗어나온 모놀리스의 얇은 샤프트 다발이 이 대리석 패널 뒤에서 나오는 모습은 꽤나 기묘하다.

그러나 다비드는 교묘하게 공간을 잘라서 상부의 부자연스러운 부분을 화면에 일절 등장시키지 않았다. 그의 그림 속에 건축적 부자연스러움은 전혀 존재하지 않는다. 결과적으로 이렇게나 유명한 회화 작품에서 '야만에 대한 간섭' 즉 고딕을 향한 고전주의의 간섭을 지적하는 일은 지금까지 거의 없었다.

19세기에 등장한 '문화재적 가치관'이라고 부를 만한 기존 건물의 수복·보존이라는 새로운 태도를 생각할 때 파리의 노트르담 대성당은 가장 중요한 건축이다. 1804년 나폴레옹의 대관식으로부터 약 30년 지난 1831년에 빅토르 위고는 《파리의 노트르담》을 발표한다. 이 작품은 문학적 걸작으로서뿐 아니라 고딕 건축의 복권과 역사적 건축물의 수복·보존이라는 19세기 건축의 새로운 콘셉트에도 결정적인 영향력을 가진 저작이다. 약 10년 후인 1843년에는 노트르담의 수복 계획을 위한 설계 공모가 개최되고 이 공모전에서 당선된 비올레르뒤크와 장 밥티스트 라쉬(Jean-Baptiste Lassus) 설계팀이 1845년부터 대성당 수복 공사를 시작하게 된다.

4장의 목적은 고대부터 계속된 재이용, 16세기부터 시작된 재개발에 이어 19세기가 되어 등장한 문화재적 건축관이 어떠한 것이었는지를 밝히는 것이다. 우선은 이 새로운 건축관이 등장한 배경을 살펴보자.

     

## 문화재 제도의 시작

일반적으로 프랑스의 역사적 기념물(monument
historique)이라고 불리는 문화재 제도의 역사는
프랑스 혁명기의 파괴행위부터 이야기하게 되
어 있다. 프랑스 혁명에는 역사적 건축의 파
괴나 약탈이라는 '만행'의 이미지가 따라붙기
때문이다. 혁명의 폭도들은 1789년 7월 14일에
바스티유 감옥을 습격했다. 바스티유는 그 후

〈그림 4-3〉 프랑스 혁명으로 파괴되어 폐허가 된
구 클뤼니 대수도원의 성당 터

파괴, 해체된다. 유명한 클뤼니 대수도원도 혁명 후에 약탈당하고 방치되다가 급
기야 주민들이 재이용을 위해 석재를 차례로 운반해 나가서 이 유럽 최대의 수
도원 건축은 완전한 폐허가 되었다(그림 4-3). 북 프랑스에서는 캉브레 대성당과 아
라스 대성당이 해체되어 지상에서 소멸했다.

혁명기에 거세게 불어닥친 이 같은 만행에 대한 반동 혹은 반성으로 19세기
초가 되면 낭만주의, 기독교주의(christianisme), 나아가 내셔널리즘에 이르기까지 다
양한 관점에서 프랑스의 중세 건축을 보호해야만 한다는 운동이 일어난다. 파괴
되고 황폐해지고 폐허가 된 역사적 모뉴먼트는 수복되어 국가적 문화재(역사적 기
념물)로서 보존되어 간다.


혁명의 이데올로기에 의해 선동된 민중의 분노가 구 체제(ancien régime)의 증거인

문화재 파괴로 이어져 국토를 덮쳤다. 그 심각한 사태를 막기 위해서 만들어진 말이

'반달리즘(vandalisme)'이며, '반달족'에서 유래한 이 말로 인해 파괴행위는 문명에

대한 만행이라는 의미를 띠며 규탄의 대상이 되었다. 혁명 정부는 과격 행위를

막고 보호를 목적으로 위원회를 설치하고 (…) '역사적 기념물'이라는 개념과 제도가

성립하고 발전해 나가게 된다.[1]


<hr>

1 ─ 泉美知子,《文化遺産としての中世: 近代フランスの知·制度·完成に見る過去の保存》, 三元社, 2013, p.15

문화재의 역사를 이야기할 때 이러한 역사 서술은 지극히 정통적이다. 그러나 곰곰이 따져보자. 19세기 프랑스 문화재 역사에서 실질적으로도 상징적으로도 중심적인 모뉴먼트였던 노트르담은 과연 정말로 황폐화되었던 것일까. 나폴레옹은 황폐해지고 방치된 폐허 속에서 그렇게나 성대한 대관식을 거행했던 것일까. 그럴 리는 없을 것이다. 우리는 혁명기에 파괴자들과 싸운 보존주의자들이 꺼낸 '만행'이라는 말에 아직 현혹되고 있는 것은 아닐까. 만행 즉 19세기의 '야만'의 개념에.

## 반달리즘이란 무엇인가

반달족이라고 하면 고대 말기에 로마제국에 침입한 이민족 중에서도 고트족과 함께 로마인들을 괴롭힌 사나운 민족으로 알려져 있다. 16세기 사람들은 야만인의 대명사로 고트족의 이름을 내세움으로써 '고딕' 건축을 업신여겼다. 그에 대해 19세기 사람들은 고딕 건축의 파괴자들에게 반달족이라는 라벨을 붙였는데, 이는 파괴자를 비판하는 동시에 고딕 건축의 복권을 목표로 한 것이다.

이 야단으로 야만을 제압하는 전략은 대성공이었다고 할 수 있다. 분명 괴테의 에세이 《독일 건축에 대한 소고》에서 볼 수 있듯, 이 무렵까지 사람들은 '고딕'이라는 명칭에서 야만적이고 악취미라는 함의를 느꼈다. 그러나 현대인은 이 '고딕 건축'이라는 말을 들어도 거기에서 '야만'의 낌새를 느끼지 않는다. 고딕 건축은 19세기 동안 재평가되어 고급 예술의 반열에 올랐기 때문이다. 한편 '반달리즘'이라는 말을 들으면 현대인은 지금도 야만적인 약탈과 파괴를 떠올리며 거기에서 비참한 폐허의 이미지를 그려낸다.

이 새로운 야만의 개념을 만들어 낸 것은 앙리 그레구와(Henri Grégoire)라는 인물이었다. 그는 1794년 8월 31일의 〈만행에 의해 기만된 파괴에 대해서〉[2]라는 보

<hr>

2 — Henri Grégoire, "Rapport sur les destructions opérées par le Vandalisme, et sur les moyens de le réprimer", *Séance du 14 Fructidor, l'an second de la République une et indivisible suivi du décret de la Convention nationale.*

고에서 이 조어를 선보였다.

이 보고의 첫머리에 그레구와가 쓴 것에 따르면 만행이란 국유화된 동산에 대해 "우리가 국가다"라는 제멋대로의 논리를 내세우는 시민들이 그것들을 약탈해서 매각해 버리는 행위를 가리키는 듯하다. 그는 처음에 프랑스 각지의 장서가 약탈되어 매각되고 있는 상황에서 시작해서 후반에는 역사적 건축으로부터의 약탈 행위를 포함한 혁명 시민이 저지른 문화 파괴 전반을 비판해 갔다. 보고의 말미는 다음과 같다.

> 그러니까 다음의 문장을 모든 모뉴먼트에, 그리고 모두의 마음에 새기도록 합시다.
> "야만인(barbares)과 노예는 과학을 혐오하고 예술적 모뉴먼트를 파괴한다:
> 자유인은 그것을 보존하길 원한다."[1]

## 빅토르 위고의 〈파괴자들과의 싸움〉

문화와 전통의 전반적인 파괴라는 관점에서, 역사적 건축 파괴를 비판했다는 관점에서, 빅토르 위고는 특별하다. 그는 유명한 에세이 〈파괴자들과의 싸움〉(1825년과 1831년, 그는 같은 제목으로 두 개의 에세이를 발표했다), 그리고 《파리의 노트르담》(1831년, 건축에 관한 중요한 논고가 보강된 제2판은 1832년)에서 역사적 건축 파괴의 진행 과정을 독자적인 관점에서 정리해 나갔다.

약관 23세의 위고가 1825년에 쓴 〈파괴자들과의 싸움〉은 그가 설명한 대로 "프랑스 일부를 급하게 여행하며 우연히 만난 것 중 몇몇에 대해 그다지 준비도 하지 않고 서둘러 쓴"[2] 것이며, 현재진행형의 파괴를 속보처럼 엮은 르포르타주

---

1 — Henri Grégoire, "Rapport sur les destructions opérées par le Vandalisme, et sur les moyens de le réprimer", *Séance du 14 Fructidor, l'an second de la République une et indivisible suivi du décret de la Convention nationale.*, p.27

2 — Victor Hugo, "Guerre aux démolisseur!"(1825), *Oeuvres complètes de Victor Hugo*, Paris, 1934, p.154

다. 그 일부를 조항별로 쓰면 다음과 같다.

- 블루아 성은 병영이 되었다.
- 오를레앙에서는 잔 다르크 방어벽의 마지막 흔적이 최근 소실되었다.
- 파리에서는 뱅센 성의 주탑(dungeon)을 둘러싼 몇 개의 오래된 탑이 파괴되었다. 소르본 대수도원이 지금 그야말로 파괴되고 있다. 생제르맹데프레의 아름다운 로마네스크 성당의 첨탑 두 개가 폐허가 되고 입구에 루이 15세 양식의 부적절한 포르티코가 설치되었고, 내진의 오래된 샤펠 몇 개는 생 쉴피스 풍의 코린트식 주두(柱頭)를 가진 것으로 바뀌었고 그 외에는 카나리아색 석회 도료로 발라버렸다.
- 오튕 대성당(Cathédrale Saint-Lazare d'Autun)도 마찬가지로 모욕을 당했다.
- 2개월 전의 일, 1825년 8월에 리옹을 지나갔을 때는 몇 세기나 지난 대성당의 아름다운 색조가 핑크색 템페라 물감으로 칠해지고 있었다.
- 리옹 가까이의 유명한 라브레슬(L'Arbresle)의 성이 파괴되는 것도 목격했다. 정확히 달하면 성의 소유자는 탑 하나는 보존했지만, 그것을 코뮌에 빌려줬고 감옥으로 전용했다.
- 누벨에서는 11세기의 두 교회당이 마구간으로 전용되었다. 이 동네에는 같은 시기의 교회당이 또 하나 있을 터인데 이미 파괴된 후여서 볼 수 없었다.
- 모리아크(Mauriac)의 오래된 교회당도 철거되었다.
- 수아송(Soissons)에서는 생장 수도원의 훌륭한 회랑과 경쾌하면서도 대담한 첨탑이 무너져 내린 채 방치되어 있으며 그 폐허에서 석재가 건축자재로 반출되고 있다.
- 똑같은 일이 브렌(Braine)의 매력적인 교회당에서도 일어나고 있으며 볼트가 해체되어 거기에 매장되어 있던 왕가의 묘가 비에 노출된 채다.
- 부르주 근처의 라 샤리테쉬르루아르(La Charité-sur-Loire)에는 유럽에서 가장 유명한 대성당으로 비견되는 아름다운 로마네스크 교회당이 있었으나 그 절반

  

은 폐허가 되고 돌이 차례차례 붕괴되고 있다.[1]

## 전용(conversion)·간섭·파괴(재개발)

위고가 나열한 파괴를 이 책의 관점에서 다시 정리해 보자. 첫 번째 파괴는 실은 전용(conversion)이며 재이용이다. 앞에서 살펴보았듯 혁명 후 나폴레옹 시대는 큰 사회 변혁과 함께 오래되어 역할을 잃은 건물의 '대 전용 시대'였다. 건물의 역사적 가치를 존중하는 재이용이 아니라 역사적인 건물을 감옥, 병영, 마구간으로 전용하는, 부정적인 재이용이었다고 할 수 있다. 위고에게 그러한 전용은 파괴행위로서 비난받을 만한 것이었다.

예를 들어, 라 샤리테쉬르루아르에는 클뤼니 계열의 거대한 로마네스크 수도원이 있었다. 조직의 규모로는 대수도원(abbaye)이 아니라 소 수도원(prieuré)이었지만 그 성당은 중세 최대의 성당 건축이었던 클뤼니 제3성당에 이어 다음가는 거대한 규모를 자랑했다고 일컬어진다.[2] 그러나 이 교회당도 혁명기에는 국유재산(Bien national)이 되어 성당에 도자기 공장이 들어섰다.[3]

단 위고가 보고한 "그 절반은 폐허가 되고 돌이 차례차례 붕괴되고 있다"는 상태는 공장으로의 전용과는 관계가 없다고 생각된다. 분명 위고가 이 땅을 찾았을 때 라 샤리테쉬르루아르의 노트르담 성당은 반쯤 폐허가 되어 무참한 모습으로 보였을 것이다. 그러나 혁명에 의한 파괴 때문은 아니었다. 이 중세의 거대한 성당은 혁명보다 200여 년 전인 1559년에 발생한 대화재 때문에 신랑의 대부

1 — Victor Hugo, "Guerre aux démolisseur!"(1825), *Oeuvres complètes de Victor Hugo*, Paris, 1934, pp.153~154에서 발췌 번역

2 — 클뤼니 제3성당의 총 길이는 171m, 중요한 클뤼니계 대수도원이었던 베즐레의 마들렌 성당이 총 길이 120.85m, 마찬가지 클뤼니계 주요 성당 중 소실된 클뤼니 성당의 디자인과 닮아 있는 것으로 알려져 있는 파레르모니알의 사크레쾨르 성당(Basilique du Sacré-Cœur de Paray-le-Monial)은 63.5m다. 반면 라 샤리테쉬르루아르의 노트르담 성당의 총 길이는 123m에 달하며, 베즐레와 거의 같은 규모였다. (E. Roger, *La Charite-st-Loire*, Bernadat, 1967, p.55)

3 — Paul Barnoud, "La Charité-sur-Loire, un monastère dans la ville", *Bulletin du centre d'études médiévales d'Auxerre: BUCEMA*, Hors-série no.3, 2010, p.3

분이 타서 구너져 내렸다.

이 화재는 3일에 걸쳐 시가지를 태우고 수도원 건물과 200채의 주택에 피해를 초래했다고 한다.[4] 이 때의 화재로 성당의 서쪽 반은 폐허가 되었다. 성당 의 신랑은 원래는 9베이로 구성되어 있었을 것으로

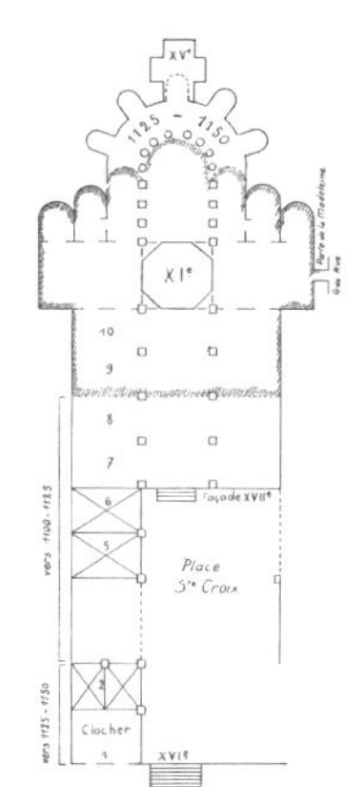

〈그림 4-4〉 주거화된 구 라 샤리테쉬르루아르 수도원 성당의 측랑
〈그림 4-5〉 라 샤리테쉬르루아르의 노트르담 성당의 평면도

생각되는데, 입구 쪽의 5베이와 남측랑의 5베이는 소실되고 말았다. 이 거대한 건축은 화재 피해로부터 바로 복구되지는 못했던 것 같다. 바로 그때 위그노 전쟁(1562~1598)이라고 불리는 종교 전쟁이 발발했다. 그 때문에 이 거대한 종교 건축은 17세기에 들어서 수리가 시작된 듯하다. 타고 남은 4베이의 신랑에 뚜껑을 씌우듯이 성당의 규모를 축소하고 새로운 파사드가 건설되었다. 이보다도 40m 정도 서쪽에 위치한 오래된 파사드의 경우 타고 남은 것은 파사드 북쪽의 종루와 중앙 입구의 아치만이었다. 타버린 신랑 부분은 거리 같은 작은 광장이 되었고, 중앙 입구의 아치는 이 광장의 입구 같은 존재가 되었다.

그러나 무엇보다도 놀라운 것은 성당에서 분리되어 간신히 살아남은 5베이 정도의 북측랑이다. 폐허가 된 이 구조체에 사람들이 살기 시작해서 주거화되었다. 현재도 여기는 옛 성당의 신랑이 거리 같은 광장이 되었고 측랑이 주택이 된 놀랄 만한 성당 건축의 환생(after life)을 볼 수 있다(그림 4-4, 그림 4-5). 그야말로 전용에 의한 재이용이었던 것이다.

두 번째 파괴는 중세 건축에 대한 고전주의의 간섭이다. 중세의 장식은 고전주의적인 장식으로 덮이고 감춰지거나 혹은 회반죽이나 물감으로 칠해졌다. 당

4 — E. Roger, ibid., p.23

사자들에게는 건물을 폐허로 만드는 파괴가
아니라 미화였을 터다. 그러나 위고는 이것을
파괴라고 단정한다. 위고에게 간섭이야말로 가
장 심각하게 단죄해야만 할 파괴로 간주되었
는데, 이에 대해서는 뒤에서 살펴보도록 하자.

　세 번째는 문자 그대로의 파괴다. 그러나
이것을 야만적이고 불법적인 약탈적 파괴행
위(혁명 직후의 만행)라고 일방적으로 파악해서는
안 된다. 오히려 이러한 파괴행위의 대부분은
폭도에 의한 무법적인 약탈로서가 아니라 경
제적이고 근대적인 재개발을 위해 이루어졌
다. 예를 들어 위고가 다룬 수아송의 상황을
살펴보자.

〈그림 4-6〉 수아송의 구 생장데비뉴 대수도원
성당의 폐허

　수아송의 구 생장데비뉴 대수도원을 찾으
면 지금도 하늘 높이 솟은 쌍둥이 탑 아래 공허하게 입을 벌린 장미창과 입구가
인상적인 파사드의 폐허를 볼 수 있다(그림 4-6). 이 무참한 폐허에 미친 듯이 날뛰
는 폭도들의 모습을 상상할지도 모르지만 실은 그렇지 않다. 이 수도원 건물은
혁명 후에 매각되었고, 그 석재는 수아송의 대성당 수리를 위해, 또 도시 주택의
건축 자재를 위해 차례로 벗겨져 재이용되어 갔다.' 교회당의 신랑 및 내진의 석
재는 기초석부터 천장까지 뿌리째 반출되어 남은 것은 파사드뿐이었다.

　이 사례는 클뤼니 대수도원에서 일어난 것과 마찬가지로 전형적인 혁명 후
성당 건축의 말로라고 할 수 있다. 혁명 후에 국유재산이 된 몇몇 교회당은 이렇
게 역할을 잃고 새로운 역할을 획득하지 못한 채 매각되어 다른 건설 공사를 위

---

1 ― 　Louis Réau, *Histoire du Vandalisme: Les monuments détruits de l'art français*, Paris,
　　　Hachette, 1959, tome 2, p.31

해 그 석재가 재이용되어 갔던 것이다.

클뤼니나 수아송에서 볼 수 있는 역사적 건축의 파괴는 문화재적 가치관에 익숙한 현대의 감각으로 보자면 분명 용서할 수 없는 파괴행위로 보일지도 모른다. 그러나 16세기에 등장한 재개발적 가치관에서 보자면 위고가 이야기한 일련의 파괴행위는 야만과는 반대되는 근대적 문명의 결과였다고 할 수 있다. 야만적인 중세 건물을 파괴하고 재개발하는 것은 16세기 이래의 주요한 건축행위였고, 필요하지 않게 된 건축에서 부자재를 전용하여 재이용하는 스폴리아는 고대 이래 계속해서 이어져 온 건축행위였다. 분명 프랑스 혁명을 계기로 토지나 건물의 소유가 크게 변동하여 새로운 시민 사회의 경제활동(투기)에 의해 역사적 건축의 안정성은 일거에 붕괴했다. 그러나 그것은 사회 변동에 의해 재이용과 재개발이 가속화되었음을 가리키는 것이며, 그것 자체가 기존 건물에 대한 태도의 변화를 가리키는 것은 아니었다.

이에 새로운 건축관을 제시한 것이 19세기의 문화재 개념이다. 이것은 재개발적 건축관의 근저에 있던 "야만적인 중세 건물을 파괴하고 훌륭한 취미의 건물을 신축한다"라는 콘셉트를 반전시켜 모든 파괴는 야만(=만행)이라는 이미지 전략을 세움으로써 기존의 가치관에 도전한 것이다.

## 《파리의 노트르담》과 시간·혁명·수복

이러한 가치관의 반전은 위고의 《파리의 노트르담》에서 한층 명확하다. 그는 고딕 건축의 황폐함을 다음과 같이 '세 종류의 황폐'로 정리한다.

> 그리하여 내가 위에서 지적한 점들을 요약하자면, 세 가지 상해가 오늘날 고딕
>
> 건축물의 모습을 보기 흉하게 만들어 놓고 있는 것이다. 표피의 주름살과 사마귀,
>
> 그것은 세월의 소행이요, 폭력, 만행, 타박상, 골절, 그것은 루터에서 미라보에
>
> 이르기 까지 혁명의 소행이다. 골조의 절단, 삭제, 해체, 복원, 그것은 비트루비우스와
>
> 비뇰라를 따르던 교수들의 그리스식, 로마식, 그리고 야만적 작업이다. 반달족이

　　　　　4장. 문화재적 건축관: 문화재는 왜 시간을 되감았는가

만들어 낸 이 장엄한 예술을 아카데미는 죽여놓았다. 적어도 공평하고 위대하게 훼손하는 긴 세월과 혁명에, 면허를 받고 선서하고 맹세한, 학교 출신의 숱한 건축가들이 합세하여, 졸렬한 감식안과 분별과 선택으로 타락시키고, 파르테논의 최고 영광을 위해 고딕식 레이스 장식 대신에 루이 15세의 치커리 장식으로 바꾸어 놓았다.[1•]

여기서 위고가 정리한 '시간', '혁명', '수복'이라는 세 종류의 황폐는 앞에서 정리한 '전용(conversion)', '간섭', '파괴(재개발)'와는 다소 차이가 있기에 설명이 필요하다. 우선 전용에 대해서 위고는 〈파괴자들과의 싸움〉에서는 이를 다뤘으나《파리의 노트르담》에서는 이 논점에 대해서 언급하지 않는다. 그것은 파리 대성당이 다른 용도로 전용되지 않았고, 나폴레옹과 교황 피우스 7세의 합의(Concordat)에 의해 바로 카톨릭 대성당으로서의 역할을 되찾았기 때문일지도 모른다. 대신에 위고가 예로 든 '시간에 의한 황폐'란 건물의 풍화를 말한다. 다음의 혁명은 물론 전략적인 만행도 포함하겠지만, 재개발적인 파괴도 혁명이라는 사회 구조의 전환이 가져다준 파괴 중 하나였다. 그러나 그는 시간과 혁명의 파괴는 "적어도 공평했다"[2]고 서술하며, 이에 대한 비판 의도는 그다지 강하지 않다.

대조적으로 그가 통렬하게 비판한 것은 그가 말하는 수복이었다. 원서에서 위고는 이것에 "restaurations"라는 용어를 사용하고 이탤릭체로 강조한다. 이 수복이라는 말은 무엇을 의미하는 것일까. 그는 이것을 비트루비우스(고대 로마)나 비뇰라(르네상스)의 흐름을 이어받는 '선생들'의 일이었다고 설명한다. 즉 위고가 말하는 수복이란 고딕 건축에 대한 고전주의의 간섭을 말한다. 그는 이러한 간섭

1 ─  ヴィクトル・ユゴー、《ノートル゠ダム・ド・パリ》、pp.113~114

•  ─  빅토르 위고,《파리의 노트르담》1권, 정기수 옮김, 민음사, 2005, 210~211쪽

2 ─  그가 여기에서 사용한 '공평'이라는 말에서는 다른 부분에 등장하는 이하의 문장을 떠올리게 한다. "르네상스는 공평하지 않았으며, 건축하는 것으로 만족하지 못하고 무너뜨리고자 하였다."(ibid., p.137) 르네상스의 파괴는 공평하지 않고 시간과 혁명의 파괴는 공평했다고 논하는 점에서도 그의 진짜 적은 불공평한 '야만에 대한 간섭'이었음을 알 수 있다.

이 "그리스식이나, 로마식이나, 야만식(barbare)"이라고 호통친다. 원래 고딕을 가리킬 터인 '야만식'을 '훌륭한 취미' 쪽에 있는 그리스식이나 로마식과 병치시킴으로써 위고가 가치 층위의 역전을 꾀하고 있음을 이해할 수 있다. 더욱 확인사살하듯이 그는 고딕 건축을 "반달족이 만들어 낸 이 장엄한 예술"이라고까지 부른다. 위고가 구사하는 레토릭은 대단하다고 할 수밖에 없어서 대관절 무엇이 애당초 야만이었는지, 독자는 완전히 현혹되고 만다. 그리고 파괴행위(vandalisme) 중에서도 가장 악질적이고 야만적인 행위는 고전주의에 의한 고딕을 향한 간섭이라는 위고의 주장에 어느샌가 말려들고 만다.

위고의 《파리의 노트르담》이 19세기의 고딕 건축 재평가에 큰 영향을 미쳤음은 지금까지도 이 분야를 다루는 대부분 연구가 지적해 온 잘 알려진 사실이다. 그의 저작이 16세기 이래 야만이고 악취미라고 업신여겨져 온 고딕 건축을 재평가하는 데 성공한 이유는 야만의 구도를 전복시켰기 때문이다. 물론 고전주의가 야만으로 전락한 것은 아니다. 상위의 고전주의가 하위의 고딕에 대해 간섭한다는 가치관의 층위에 기초한 행위를 야만이라고 질타하면서 결과적으로 고딕은 고전주의와 같은 지위의 고등 예술로 승격된 것이다. 고전주의 양식과 고딕 양식은 이로써 서양의 2대 건축양식이 되었다.

# 비올레르뒤크와 '수복'의 시작

## '수복'의 의미 변천

'수복'이라는 개념에 대해서 더 깊이 논할 필요가 있을 것 같다. 현대인에게는 '건축의 수복'이라고 하면 일반적으로 파손, 손상, 얼마간의 데미지로부터의 회복이라는 '수리'와 '수선'을 가리킨다. 그러나 빅토르 위고의 '수복'은 반드시 손상을 입은 건축의 수리를 의미하지는 않았다. 오히려 "아카데미의 교수들" 즉 고전주의의 건축가가 고딕 건축을 나쁜 상태로 파악하고 그것을 훌륭한 취미의 장식으로 변경하는 것이 그가 말하는 수복이었다. 즉 가치관의 문제로서 나쁜 상태를 좋은 상태로 회복시키는 행위인데, 물리적인 파괴와 손상을 수리하는 행위를 말하는 것이 아니었다.

3장에서 다룬 세를리오를 떠올려 보자. 세를리오의 《건축서》 제7권에는 고딕의 파사드가 영주의 명령으로 르네상스의 파사드로 개축되었다는 에피소드가 소개되어 있다. 이 주택의 물리적인 상태가 "그렇게 낡지도 않고", "살기도 좋은" 건전한 상태였음에도 불구하고, 건축의 가치를 개선하기 위해서 개축하게 된 사례다. 세를리오는 이 장의 제목을 〈오래된 것의 "ristorar"에 대해서〉라고 붙였다. 따라서 세를리오도 역시 이와 같은 개축을 수복이라고 부른 것이다. 위고가 수복이라는 말을 사용한 방법은 특별히 이상했던 것이 아니었던 것 같다. 수복이란 파손 부분의 수리를 포함하는 경우도 있었지만 본질적으로는 오래된 것을 손봐서 갱신하는 것이며, 시간을 앞으로 진행시키는 행위였던 것이다.

그러나 19세기 유럽에서는 그러한 건축에 흐르는 시간을 갱신하는 수복과는 전혀 다른 수법이 등장하게 된다. 건축의 시간을 되감는 수복, 그리고 건축의 시간을 멈추는 보존의 등장이다. 이것이야말로 문화재적 가치관의 탄생이었다.

## 역사적 건축과 문화재

서유럽 사람들이 과거의 유물에서 문화재적 가치관을 발견하게 된 최초의 주요 계기를 18세기 그리스의 재발견이었다고 할 수 있을지도 모르겠다. 오스만투르크와 여러 유럽 국가의 긴장 관계가 완화됨으로써 서유럽의 고고학자나 화가들이 실제로 그리스를 방문하여 고대 그리스 유적을 차례차례 유럽 여러 국가에 소개해 나가게 되었다. 18세기 중반에 그리스에서 조사했던 잉글랜드의 제임스 스튜어트(James Stuart)와 니콜라스 레벳(Nicholas Revett)은 《아테네 고대사(The Antiquities of Athens: Measured and Delineated)》(1762)를 출판했고, 프랑스에서 그리스로 건너간 줄리앙 다비드 르 로와(Julien-David Le Roy)는 《그리스의 가장 아름다운 유적(The Ruins of the Most Beautiful Monuments of Greece)》(1758)을 출판했다. 그리고 독일의 빙켈만은 《그리스 미술 모방론》(1755)과 《고대 미술사》(1764)를 출판하여 고대 그리스 예술 작품을 칭송했다.

이러한 일련의 고대 그리스 연구가 현대까지 이어진 고고학, 미술사, 건축사의 출발점 중 하나라는 것은 틀림없다. 그러나 한편으로 고대 그리스의 재발견은 르네상스의 고대 로마의 재발견과 본질적인 차이는 없었던 것으로 보인다. 지리적, 정치적 제약으로 고대 그리스의 재발견이 늦어졌을 뿐이다. 이 시간적 갭은 이들 현상을 가리키는 용어의 차이로 나타난다. 즉 르네상스가 '고전주의'라고 불리는데, 그리스가 재발견된 이 시기의 예술운동은 '신고전주의'로 불리는 것이다. 참고로 3장에서 살펴보았듯, '고전'이라는 용어를 고대 예술에 적용하게 된 것은 18세기 후반 이후의 일이며 《그리스 미술 모방론(Gedanken über die Nachahmung der griechischen Werke in der Malerei und Bildhauerkunst)》의 저자인 빙켈만(Johann Joachim Winckelmann)은 그 초기 인물 중 한 명이었다.


## 노트르담의 '수복'이란 무엇이었을까

그러나 이 책이 목표로 하는 건축의 시간론에서 더욱 중요한 사건이 조금 늦은 19세기 중반 프랑스에서 일어난다. 그것은 비올레르뒤크(1814~1879)에 의한 '수복'이었다.

역사적 건축의 수복과 보존이라는 행위를 역사적으로 파악하려고 할 때, 지금까지의 연구 중에서도 '수복 건축가' 비올레르뒤크의 존재감은 유달리 거대하다. 그는 중세 고딕 건축의 수복가였다. 수복 실무를 수행하면서 중세 고딕 건축을 해부·해체하듯이 이해한 그는 누구보다도 고딕 건축을 깊게 이해하고 총 10권으로 이루어진《중세 건축 사전》을 저술한 것으로도 알려져 있다.

그의 첫 수복 현장은 부르고뉴 지방의 로마네스크 전성기의 걸작 베즐레 마들렌 성당(Basilique Sainte-Marie-Madeleine)이었다. 1840년에 이 일을 맡은 그는 수복 현장을 작업하면서 3년 후인 1843년, 장 밥티스트 라쉬와 함께 파리의 노트르담 대성당의 수복 설계 공모에 응모한다. 이 제안이 채택되어 그는 1845년 이후 베즐레에 이어 노트르담의 수복이라는 대사업에 착수하게 된다.

여기에서 문제는 노트르담의 수복이 대체 무엇이었는가 하는 것이다. 지금까지는 혁명기의 만행으로 심하게 상처 입어 폐허가 되어버린 파리 대성당의 수리와 수선이 이 수복의 근본이었던 것처럼 막연하게 파악되었다. 비올레르뒤크에 의한 수복 수법의 옳고 그름은 제쳐두고 호들갑스럽게 말하자면 폐허로 변한 건물은 유지되지 못하고 붕괴될 위험이 있어 수리·수선이 필수불가결한 것 같은 인상을 가지기 쉽다. 문화재의 보존·수복에 관한 가장 중요한 선행 연구에서 당시의 노트르담 대성당의 묘사를 두 가지 살펴보자.

18세기에 들어가면 빅토르 위고가《파리의 노트르담》에서 한탄한 것처럼 유행에 휘둘리는 건축가의 개수와 혁명의 폭풍으로 파괴가 반복되어 폐허가 되어버린다. 조각상은 버려졌고, 가고일(gargouille)이나 첨탑은 차례차례 벗겨졌다. 노트르담의 역사를 말하는 장식은 모두 깎여 나갔다.[1]

노트르담 대성당은 12세기에 건립되었고 그 후 많은 변화를 경험했다. 당초의

---

1 —　羽生修二,《ヴィオレ・ル・デュク: 歴史再生のラショナリスト》, 鹿島出版会, 1992, p.59

내진은 거의 남아 있지 않으며, 그 내부 건축은
17세기에 만들어진 것이다. 신랑도 특히 창이
변경되었다. 중앙 현관은 18세기에 바람직하지
않은 방법으로 개조되었고, 혁명 동안은 교회당
전체가 파괴행위의 대상이 되었다. 많은 조각상이
서쪽 정면의 28왕 상을 포함해 떼어져 건축자재로
매각되었다. 후에 고드(Étienne-Hippolyte Godde)가
진행한 수리도 건물의 상태를 개선하는 것은
아니었다.[2]•

〈그림 4-7〉 수복 직전의 노트르담
대성당(뱅상 슈발리에의 다게레오 타입 사진,
1841). 중앙 문 입구에 도려내어진 첨두아치,
쌍둥이 탑 사이에 보이는 교차부의 첨탑 부재,
'왕의 갤러리' 외 많은 조각의 부재

혁명 직후의 만행 속에서 노트르담의 외관을
장식하는 많은 조각상이 제거되어 매각된 일은
사실이다. 위고가 말하는 '시간의 짓'으로 건물의
많은 부분이 훼손된 것도 틀림없을 것이다. 그러
나 시대의 변천과 함께 노트르담에서 이뤄진 많
은 변경이 "바람직하지 않은 방법"에 의해 건물의
상태를 악화시키기만 한 것처럼 기술하는 것은 어
떻게 생각해야 할까. 이미 살펴보았듯, 이 건물은
나폴레옹의 성대한 대관식의 무대가 된 장소다.
실은 이러한 묘사는 19세기의 문화재적 가치관에
기초하고 있으며, 반드시 객관적인 표현은 아니다.
반복하지만, 노트르담의 내진은 1715년에 왕실 건축가 로베르 드 코트에 의

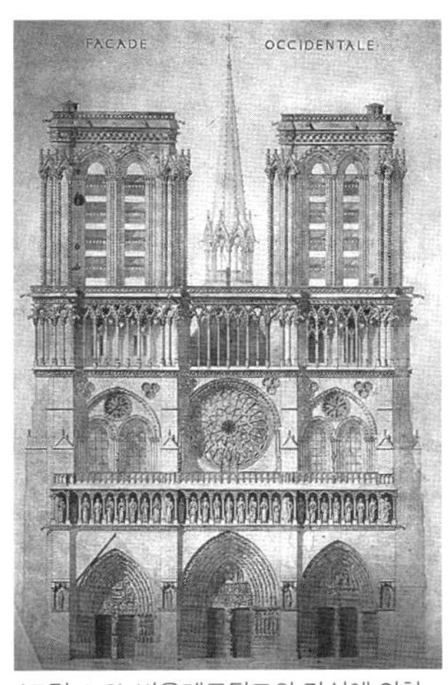


〈그림 4-8〉 비올레르뒤크와 라쉬에 의한
파사드 수복 안

---


2 ―　ユッカ·ヨキレット,《建築遺産の保存: その歴史と現在》, 増田兼房監修, 秋枝ユミ·イザベル訳, アルヒーフ,
　　　2005, p.210

•　―　이 책은, 유카 요킬레토,《건축문화유산의 보존과 역사: 과거와 현재》, 최병하 옮김, 기문당, 2009로 번
　　　역되어 있다.



4장. 문화재적 건축관: 문화재는 왜 시간을 되감았는가

해 개수되어 고전주의적인 아름다운 장식으로 완전히 덮이게 되었다. 1741년에는 신랑의 높은 창을 장식하는 스테인드글라스가 파괴되고 밝고 하얀 유리로 교환되었다. 1771년에는 파리의 판테온(생주느비에브 성당)의 건축가로 잘 알려진 자크 제르맹 수플로(Jacques-Germain Soufflot)가 정면 문을 확대하기 위해서 문 상부의 팀파눔 조각을 도려내고 새로운 첨두아치를 설치했다. 그리고 1792년에는 교차부의 첨탑이 "간단히 싹둑 잘려 나갔다." 이러한 개수 이력은 분명 역사적 사실이다(그림 4-7).

그러나 18세기를 중심으로 반복된 일련의 개수를 바람직하지 않다고 판단할 수 있게 된 계기는 지금까지 살펴보았듯이 19세기 초반의 빅토르 위고가 16세기 이래의 가치관, 가치의 층위를 전복시킨 덕분이다. 18세기까지 고딕을 향한 간섭은 완전히 올바른 것이었다. 그들은 파괴를 목적으로 한 것이 아니라 미화를 목적한 것이다. 그리고 야만적인 고딕은 미화되어야만 하는 대상이었던 것이다. 19세기 초반 빅토르 위고의 〈파괴자들과의 싸움〉은 그야말로 이 '가치의 층위'와의 싸움이었다.

위고에 의한 싸움을 거쳐 비올레르뒤크의 수복은 '시간 되감기'라는 콘셉트를 획득했다. 즉 르네상스의 가치관에 의해 고딕 건축에 덧입혀진 시간의 축적을 모두 걷어내고, 혹은 소실된 부분을 재현하여 옛날의 빛나던 중세의 모습을 되찾는 '시간 되감기'야말로 비올레르뒤크의 수복이었던 것이다(그림 4-8).

## 비올레르뒤크의 '수복'에 대한 정의

비올레르뒤크의 '수복'에 관한 정의를 살펴보자. 그가 《중세 건축 사전》에서 21페이지나 할애하며 공을 들인 '수복' 항목의 첫머리는 다음과 같다.

이 말, 그리고 그것이 제시하는 내용은 새로운 것이다. 건물을 수복한다는 것은 유지하는 것이 아니며, 수선하는 것도 아니며, 개수하는 것도 아니다. 그것은 과거의 어떤 순간에도 존재하지 않았을 완전한 상태로 건물을 되돌리는 것이다. 건물을 다른 시대의 상태로 수복하고 싶다고 생각하게 된 것은 겨우 이번 세기의 중반이 되어서다. 그리고 수복을 건축술로서 정의하는 것은 아직 시도되지 않았다. 또 그 행위에 결부되어야 하는 의미 중에는 많은 애매함이 섞여 있어서 수복이 어떠한 의미로 사용되고 있으며, 반면 본래 어떤 의미로 사용되어야만 하는가를 정확히 설명해 두기에 마침 좋은 기회일지도 모른다.[1]

비올레르뒤크는 이 첫머리의 단락에 이어서 그가 주장하는 '수복'이라는 수법의 새로움을 다음과 같이 강조한다.

우리는 이 말과 그것이 제시하는 사항이 새로운 것이라는 점을 서술했다. 실제로 과거 ㅅ 대의 어떤 문명도, 어떤 사람들도, 오늘날 우리가 이해하는 의미로 수복하려고는 생각하지 않았다.[2]

비올레르뒤크가 강조하는 '수복'이라는 말 그 자체는 이전부터 존재했더라도 그 의미는 지금 완전히 새로워졌다. 그의 '수복'은 빅토르 위고가 사용한 '수복'과도 다른 것이다. 비올레르뒤크의 수복은 '건물을 다른 시대의 상태'로 되돌리는 것이며, 그야말로 '시간 되감기'라는 새로운 콘셉트였다.

그런터 여기서 문제가 되는 것이 (그리고 지금까지의 비올레르뒤크 연구에서도 반드시 문제시된 것이지만) "과거의 어떤 순간에도 존재하지 않았을 완전한 상태로 건물을 되돌린다"라는 불가사의한 정의가 대체 무엇을 가리키는가 하는 점이다. 왜 단순하게 르네상스의 간섭을 걷어내고 중세의 '오리지널' 상태로 되돌린다고 말하지 않았을까. 이 기괴한 '수복'의 정의 때문에 비올레르뒤크의 수복 수법은 후에 지독하게 비판받게 된다.

---

1 —  E. E. Viollet-le-Duc, *Dictionnaire raisonné de l'architecture française au XI<sup>e</sup> au XVI<sup>e</sup> siècle*, t. VIII, p.14

2 —  ibid.

   

수복에서의 창조를 적극적으로 인정하고 비올레르뒤크가 이상으로 여기는 합리주의적인 모습으로 양식을 통일하는 것을 암시한다고 해석된다. 특히 '완전한 상태'라는 표현은 양식 통일을 저해하는 이후의 개조나 증축을 제거한 상태를 가리키며, 역사적 건조물의 역사적 가치를 중시하는 고고학자로부터 수복에서 양식의 통일을 정당화한다고 공격받았다.[1]

후세에 이뤄진 비올레르뒤크 비판의 포인트는 두 가지다.

(1) 창조적·상상적 수복
(2) 양식 통일적 수복

"과거의 어떤 순간에도 존재하지 않았을" 상태로 건축의 시간을 되감는다는 비올레르뒤크의 수복 수법은 고고학적, 건축사학적으로 올바르지 않다는 낙인이 찍히게 되었다. 실제로 그는 창조적(creative)이고 상상적(imaginative)인 수복을 여기 저기에서 실천했다. 그것은 20세기 동안 문화재에 관한 국제적 규칙이 엄밀하게 발전하는 과정에서 가장 심하게 비판받는 점이다. 수복은 실증적인 역사 연구에 바탕하여 올바르게 이뤄져야 한다. "추측에 의해 수복해서는 안 되는"[2] 것이다.

## 시간을 어디까지 되감을 것인가

그러나 여기서 조금 더 비올레르뒤크의 사고에 다가가보자.

1장에서 살펴보았듯 트랙턴버그는 전근대의 건축에는 "최종적인 완성 따위 존재하지 않고 아마 절대적인 시작도 존재하지 않는다"[3]고 간파했다. 중세의 고딕

---

1 — 羽生修二, 《ヴィオレ・ル・デュク: 歴史再生のラショナリスト》, 鹿島出版会, 1992, p.163

2 — 〈베니스 헌장: 기념 건조물과 유적지의 보전과 복원을 위한 국제 헌장〉(1964) 제9조에서

3 — Marvin Trachtenberg, *Building-in-Time: From Giotto to Alberti and Modern Oblivion*, Yale University Press, 2010, p.xix

건축에 누구보다도 정통했던 비올레르뒤크 역시 이 건축의 시간론을 눈치채고 있었다.


특히 중세에는 건물이 단숨에 건설되는 일은 거의 없었고, 만약 있었다고 하더라도 증축이나 개축, 부분의 변경 등 눈에 띄는 변화를 겪지 않은 건물은 거의 없었다.[4]

고딕 건축에 이뤄진 고전주의의 수많은 간섭을 걷어내고 시간을 되감는 '수복'이라는 콘셉트. 그러나 되감기의 목적지는 연속된 시간 속에서 계속 변화하는 건축상(建築像)이며, '오리지널'도 '완성형'도 골라잡을 수 없다. 아무것도 없는 부지에 건축가가 계획하여 단기간에 완성하는 20세기의 건축이었다면 오리지널을 상정하기 쉬웠을 것이다. 그러나 기존의 구조물을 재이용하여 계획된 건물의 경우, 건축가가 차례차례 교대하여 계획 변경을 반복하는 건물의 경우, 완성된 건물을 시간과 함께 크게 개축한 건물의 경우, 어느 시점으로 시간을 되감을 것인가 하는 판단은 지극히 어렵다.

실은 이 문제의 어려움은 현대 일본의 문화재 수복 현장에서도 종종 직면하게 된다. '당초(original)'의 상태를 상정할 수 있다고 해도 시간 변화 역시 그 건물에서 중요하다면 과연 어느 시점까지 시간을 되감아야 할 것인가. 일례로 큰 논의를 일으킨 도쿄역의 수복 공사가 지금도 생생하게 기억난다. 다쓰노 긴고(辰野金吾)가 설계한 오리지널 돔을 중시할 것인가. 아니면 제2차 세계대전의 재해를 입은 후 수리 공사로서 설계되어 그 후 오리지널보다도 오랜 역사를 가지게 된 제2돔을 중시할 것인가. 결국 시간 속에서 변화해 온 건축의 시간을 되감는 것은 선택의 문제다. 긴 시간을 살아온 건물에는 다양한 시대의 흔적이 새겨져 있는데, 시간을 되감을 때 타임머신에 입력하는 시간 좌표 한 점을 선택할 수밖에 없

4 ― E. E. Viollet-le-Duc, *Dictionnaire raisonné de l'architecture française au XI<sup>e</sup> au XVI<sup>e</sup> siècle*, tome VIII, p. 23

다. 그것은 결국 '그 건축이 가장 가치가 있던 시대'를 결정하는 것이다. 그리고 그 가치 판단은 다른 시대는 '상대적으로 가치가 없다'고 (소극적으로) 표명하는 것과 다름없다.

## 구상 단계의 이데아

따라서 비올레르뒤크의 '수복'은 해결 불가능한 문제를 안고 있다. 고전주의의 간섭 이력을 삭제하기 위해서는 시간을 되감을 필요가 있었다. 한편으로는 시간 속에서 계속 변화해 온 고딕 건축에서 되돌려야 하는 한 점을 선택하는 것도 불가능하다. 그래서 그는 '가상의 완성형'을 설정한 것은 아닐까.

〈그림 4-9〉 비올레르뒤크, 〈이상적 대성당〉

〈그림 4-9〉는 비올레르뒤크의 '이상적 대성당(cathédrale idéale)'으로 알려져 있는 유명한 스케치다. 이 그림은 그 이름과 함께 비올레르뒤크의 주관적이고 개인적인 고딕적 이상상을 제시한 것으로 다뤄져 왔다. 그러나 그의 《중세 건축 사전》의 '대성당' 항목에 이 그림은 "13세기에 완전히 구상되었던 대로 완성된 대성당의 이데아를 나타낸다"라고 설명되어 있다. 이 설명의 배후에는 중세 고딕 건축은 건축가가 처음 구상한 대로 완성되는 것이 아니라는 전제다. 그러나 만약 "완전히 구상한 대로 완성"되었다면 이런 느낌이 아니었을까 하는 건축상을 제시한 것이다. 바꿔 말하면 그것은 "과거의 어떤 순간에도 존재하지 않았을 완전한 상태"인 것이다.

즉 비올레르뒤크의 "이상적 대성당"은 그의 개인적 이상(ideal)을 제시한 것이

1 —   E. E. Viollet-le-Duc, *Dictionnaire raisonné de l'architecture françise au XI<sup>e</sup> au XVI<sup>e</sup> siècle*, tome II, p. 323

아니다. 그것은 '관념상(ideal)의 대성당'이며, 어떤 의미에서는 팔라디오의 빌라를 가리켜 콜린 로우가 명명한 "이상적·관념적인 빌라(Ideal Villa)"와 같은 것이다. 팔라디오의 시대에도 그가 구상한(도면상) 디자인과 실제 건설된 작품 사이에는 불일치가 있었다. 중세 고딕 건축은 르네상스 건축보다도 더욱 강력한 실제의 제약 때문에 구상에서 실현으로 옮기는 과정에서 많은 변경이 있었다. 비올레르뒤크는 반대로 르네상스 건축가적인 '구상 단계의 이데아'를 설정하고 그곳을 향해서 시간을 되감은 것은 아닐까.

물론 티올레르뒤크의 '이상적 대성당' 그림을 그의 수복 방법론과 연관시켜 이야기하는 것은 견강부회(牽強附會)일지도 모른다. 그의 《중세 건축 사전》의 '수복' 항목에는 "우선 대성당의 구상 단계를 생각하라"라고 쓰여있지는 않다. 실제의 수복 실무 속에서 중요한 것은 대상이 되는 역사적 건조물을 세세하게 관찰하여 특징을 파악하고 그것을 기록하는 것이다.

> 따라서 가장 중요한 것은 수리 공사를 시작하기 전에 각 부분의 연대와 특징을
> 정확하게 확인하고 문장과 도판에 의한 확실한 기록에 기초하여 조서를 작성하는
> 것이다.[2]

나아가 실제 건물을 세세하게 관찰해 가면 시간 변화의 흔적을 많이 발견할 수 있다.

> 당초의 부분과 변경된 부분이 포함된 건물을 수복할 경우, 변경을 고려하지 않고
> 무리하게 양식의 통일을 회복시켜야만 할 것인가. 혹은 후세의 변경을 포함해
> 전체를 재현해야만 할 것인가. 이런 케이스에서 두 가지 선택지 중 하나를 절대적인
> 것으로 선택하는 것은 위험하다. 바람직한 것은 두 방침 중 어떤 것도 절대적이라고

2 —  Viollet-le-Duc, ibid., tome VIII, p. 23

    4장. 문화재적 건축관: 문화재는 왜 시간을 되감았는가

시인하지 않고 개개의 상황에 따라 행동하는 것이다.[1]

이처럼 서술하는 비올레르뒤크는 구체적인 사례를 차례차례 예로 들면서 개별 케이스의 판단 사례를 제시해 간다. 따라서 그의 수복이란 이후 발전되어 가는 문화재의 수복·보존 수법의 바탕이 된 철저한 현장주의이며, '이상적 대성당' 같은 이념을 수복에 도입한 것처럼 보이지 않을지도 모른다. 그러나 현장주의에 바탕하여 중세 건축에 정통했을 터인 그가 왜 중세에는 존재하지 않았던 괴물들의 조각을 노트르담 대성당의 탑 위에 세워놓은 것일까. 남프랑스의 성채 도시 카르카손에서는 왜 북프랑스의 지붕 재료와 구조를 채용한 것일까. 어째서 중세 말기 이래로 방치되어 완전히 폐허가 된 피에르퐁 성에서는 꽤 많은 부분을 상상으로 보충하면서 거의 완전한 상태로까지 수복, 재건한 것일까. 언동 불일치라고 생각되는 수복의 실천은 지금까지도 반복적으로 비판받아 왔다. 다만 '이상적 대성당'을 기본으로 수복 작업을 진행했다는 점을 생각하면 그런 불일치가 다소 이해되는데 독자들의 판단은 어떨지 모르겠다.

지금까지의 논의를 짚어보면 비올레르뒤크가 정의한 '새로운 수복'은 건축의 '시간 되감기'를 노린 것이었다. 그리고 그 배경에는 고전주의와 고딕 사이에 가로놓인 가치의 층위 문제, 빅토르 위고를 중심으로 전개된 야만을 둘러싼 투쟁이 있었다. 그런 의미에서 19세기 프랑스의 시간 되감기는 필연적이었다고 할 수 있겠다.

그러나 건축에서 시간 되감기는 되돌릴 시대를 선택해야만 한다는 점에서 어렵다. 더욱이 그것은 역사 속에서 계속 변화해 온 건축의 시간을 일순간에 멈춰놓는 행위이기도 하다. 비올레르뒤크의 수복에서 흥미로운 점은 놀라울 정도로 면밀한 조사에 기초한 정밀한 역사 연구 끝에 과거에 실재한 상태를 선택하

1 — E. E. Viollet-le-Duc, *Dictionnaire raisonné de l'architecture françise au XI<sup>e</sup> au XVI<sup>e</sup> siècle*, tome III, pp.23~24

지 않았다는 점이다. 그러기는커녕 스스로 나서서 최신 기술을 받아들이자고 제창한다. 19세기의 철을 활용하여 구조를 강화하는 것, 한겨울에는 얼 정도로 기온이 내려가는 석조 교회당을 난방하는 것이다. 그것은 어떤 의미에서 역사적인 건축을 재이용하여 거기에 현대기술을 받아들이는 리노베이션이며 시간을 미래로 흐르게 하는 행위이기도 했다고 할 수 있을지도 모른다. 그의 수복은 철두철미하게 건축의 시간 조작이었다. 그 수복 이론은 보통의 방법으로는 다루기 힘들어서 그는 좀처럼 그 꼬리를 잡혀주지 않는다.

이 무렵 영국에서는 프랑스보다도 명쾌한 수복이 진행되고 있었다. 그것은 건축가 조지 길버트 스콧(George Gilbert Scott) 경이 주도한 양식을 조작하는 수복이었다.

# 수복에서 보존으로

## 영국에서의 논의 배경

영국에서 정력적으로 중세 교회당 건축을 수복했던 인물은 비올레르뒤크보다 세 살 나이가 많은 건축가 조지 길버트 스콧(1811~1878)이었다. 그는 런던의 세인트 판크라스 역에 병설된 미들랜드 그랜드 호텔(2011년에 세인트 판크라스 르네상스 호텔로 리뉴얼 오픈. 〈그림 4-10〉)을 비롯하여 빅토리아 시기 영국에서 수많은 고딕 리바이벌 건축을 설계한 위대한 건축가로 알려져 있다. 프랑스의 비올레르뒤크가 오로지 수복 전문 건축가로서 활약했던 것과는 대조적이다(비올레르뒤크도 신축 건축 작품이 몇몇 있지만 그 평가는 그다지 높지 않다). 스콧의 경우, 수복 작업을 통해 터득한 역사적 건축에 대한 지식은 최신 건축 작품 디자인으로 이어졌다.

〈그림 4-10〉 조지 길버트 스콧, 구 미들랜드 그랜드 호텔

그러나 거장 스콧의 수복은 19세기 내내 존 러스킨에 의해 통렬하게 비판받게 된다. 이 영국의 반(反) 수복론이 계기가 되어 20세기의 문화재적 가치관에서 시간을 되감는 수복보다 시간을 멈추는 보존이 우위를 차지했을지도 모른다. 스콧의 수복은 왜 비판받게 되었을까. 그리고 러스킨은 어떤 이유로 수복을 비판하고 보존을 제창한 것일까. 여기서는 이 점에 대해 생각하고자 한다.'

영국에서 문화재 수복과 보존을 둘러싼 논의가 프랑스와는 다른 길을 걷게

---

1 ― 여기에서 살펴보는 영국의 수복과 반 수복 논쟁의 역사에 대해서는 스즈키 히로유키(鈴木博之)의 《빅토리안 고딕의 붕괴(ヴィクトリアン·ゴシックの崩壊)》(1996)의 2장 〈과거의 의식(過去への意識)〉에서 자세히 설명하며, 이 책도 이 연구 성과에 크게 빚을 지고 있다.

된 배경에 대해 다음 두 측면을 중심으로 논의해 보자.

  (1) 고딕을 향한 간섭
  (2) 폐허의 미학

## 고딕을 향한 간섭

우선 고딕을 향한 고전주의의 간섭에 대해서는 영국의 상황이 프랑스만큼 심각하지 않았다고 할 수 있다. 이는 영국에서 르네상스의 도입이 늦어진 것과 관련이 있을 것이다. 프랑스에서는 16세기 초반에 프랑수아 1세의 주도로 이탈리아 예술가들을 프랑스에 초빙하여 적극적으로 르네상스를 도입했다. 그러나 영국의 르네상스는 꽤 늦어서, 이니고 존스(Inigo Jones)가 1600년을 전후로 이탈리아를 방문하여 팔라디오에게 감명받은 것이 르네상스의 시작이라고 알려져 있다. 이니고 존스 자신은 17세기 초반에 퀸즈 하우스(Queen's House, 1616~1635)나 뱅퀴팅 하우스(Banqueting House, Whitehall, 1619~1622) 등 팔라디오를 모방한 건축 작품을 여럿 작업하여 영국 르네상스의 막을 열기는 했지만, 진정한 팔라디오 유행은 18세기가 되어서의 일이었다. 1715년 팔라디오의 《건축 4서》의 영어 번역이 자코모 레오니(Giacomo Leoni)에 의해 출판되었다. 그리고 '건축가 백작'으로 알려진 제3대 벌링턴 백작 리처드 보일(Richard Boyle)과 건축가 윌리엄 켄트(William Kent) 등이 앞다투어 팔라디오 풍의 건축을 설계하며 18세기 초반의 영국에서는 팔라디오주의로 불리는 르네상스 대유행이 일어났다.

그러나 팔라디오주의의 광풍에도 불구하고 고딕이 배척되고 야만적인 건축으로 강하게 간섭받는 일은 그다지 없었던 듯하다. 반면 18세기 프랑스에서는 고딕을 향한 본격적인 간섭이 맹위를 떨치고 있었다. 파리의 노트르담 내진이 개축되고 스테인드글라스가 파괴되고 하얀 유리로 교체된 것은 18세기 초반의 일이었다. 1666년의 런던 대화재로 세인트 폴 대성당을 바로크적인 디자인으로 재건한 크리스토퍼 렌(Sir Cristopher Wren)은 확실히 고전주의적인 건축 디자인을 많

이 사용한 바로크 건축가로서 알려져 있지만, 상
황에 따라서 고딕적인 디자인도 차용했다. 예를
들어 옥스퍼드에는 크라이스트 처치의 톰 타워
(1681~1682)에 고딕적인 디자인을 채용했다. 또 렌
의 사무소에서 건축가로서의 경력을 시작한 니
콜라스 호크스무어(Nicholas Hawksmoor)도 일반적으
로는 바로크 건축가로 알려져 있지만 옥스퍼드의
올 소울스 컬리지(1718~1724)에서 고딕 디자인을 사
용했고, 런던 고딕 건축의 대표격인 웨스트민스터
사원의 서쪽 정면 상부에 두 기의 탑을 고딕 디
자인으로 증축(1722~1745, 그림 4-11)한 것도 그였다.[1]

〈그림 4-11〉 웨스트민스터 사원의 파사드

　　18세기 초반 영국에서는 분명 팔라디오주의
라는 르네상스적 디자인 유행이 일어났다. 동시에 교양의 수준에서는 "고딕은 야
만적이다"라는 의식이 있었을 것이다. 그러나 고딕도 르네상스도 건축가들에게는
선택지 중 하나였으며, 거기에는 절충적(eclectic)인 건축 디자인 상황이 있었다. 동
시대의 프랑스와 비교했을 때 영국의 고딕은 심각한 간섭을 받지는 않았다.

　　웨스트민스터 사원의 쌍둥이 탑이 완성된 직후인 1750년 무렵에는 고딕 리
바이벌의 효시로서 유명한 호레이스 월폴의 저택 스트로베리 힐의 건설이 시작된
다. 영국의 고딕 전통은 거의 끊기는 일 없이 계속되며, 빅토르 위고가 달성한 가
치관의 전복도, 비올레르뒤크가 실천한 고전의 간섭을 걷어내는 수복(시간 되감기)
도 그다지 필요하지 않았다. 그러면 조지 길버트 스콧 경의 '수복'이란 대체 무엇
이었을까는 뒤에서 살펴보도록 하고, 이어서 폐허의 미학에 대해서 생각해 보자.

1 ―　　크리스·브룩스, 《ゴシック·リヴァイヴァル》, 鈴木博之·豊口真衣子訳, 岩波書店, 2003, p.52; ハリー·フ
ランシス·マルグレイヴ, 《近代建築理論全史》, 加藤耕一監訳, 丸善出版, 2016, pp.104~105

## 폐허의 미학

영국의 폐허 취미의 역사적 배경은 르네상스 도입보다도 오래되어서 16세기 초반의 수도원 해산법까지 거슬러 올라간다. 이것은 영국의 종교개혁 중 잉글랜드 왕 헨리 8세가 1534년 '국왕지상법(国王至上法)'으로 잉글랜드 교회를 로마 카톨릭에서 독립시키고 왕권 아래 둔 것에서 시작된다. 1536년에는 '소 수도원 해산법'이, 뒤이은 1539년에는 '대수도원 해산법'이 제정되어 수도원 재산은 왕에게 몰수된다.[2] 이렇게 자산이 몰수되고 해산된 수도원 건물은 관리하는 사람도 없이 폐허가 되어간다. 즉 16세기 이후 영국의 수도원 관련 시설에서는 '시간'의 힘에 의한 폐허, 풍화가 촉진된다. 그로부터 200년 정도 경과한 18세기 영국에서는 폐허 취미가 픽처레스크(picturesque)나 숭고의 관념과 결부되어 하나의 미학적 움직임을 만들어 낸다.

이 같은 영국의 역사적 문맥은 프랑스와는 크게 다른 것이었다. 빅토르 위고는 프랑스의 고딕 건축을 황폐하게 만든 것으로 시간과 혁명과 수복(간섭)을 드는데, 영국에서는 혁명에 의한 심각한 파괴도 고전에 의한 강한 간섭도 없었다. 그리고 시간이 초래한 황폐는 오히려 '미'의 새로운 영역을 연다.

이러한 역사적 배경을 이해하면 러스킨이 《건축의 일곱 등불(The Seven Lamps of Architecture)》에서 다음과 같이 서술한 것은 영국이기에 가능한 관점이라는 것을 이해할 수 있다.

왜냐면 실제로 건물의 가장 위대한 영광은 돌이나 금과 같은 재료에 있는 것이 아니다: 그 영광은 '세월(age)'에[3] 달려있고, 말하고자 하는 바의 울림과 엄밀한 관찰의 깊이에 달려있으며, 또한 찬성이나 비난이 교차하더라도 인간애의 물결로

---

2 —　今井宏編, 《世界歴史大系 イギリス史2》, 山川出版社, 1990, p.39~44

3 —　일반적으로 러스킨의 "Age"는 '연대'로 번역되는 경우가 많다. 그러나 건축사에서 '연대'라는 말은 '건설 연대' 등을 가리킬 때 사용되며, 연대기적 시간 감각을 떠올리게 하기 때문에 여기서는 일부러 '세월'이라고 번역했다.

　　　4장. 문화재적 건축관: 문화재는 왜 시간을 되감았는가

오랫동안 씻긴 그 벽을 보며 우리가 느끼는 불가사의한 공감에 달려있다.[1][•]

그리고 러스킨은 픽처레스크 관념을 찬미하고 "폐허에서 픽처레스크함을 찾고, 쇠락하는 것에 그것이 있으리라 가정한다"[2]라고 서술한다.

그러나 픽처레스크하거나 이질적인 건축의 숭고를 그 내재적 성질과 일치시킬 수 있다면 다른 대상의 픽처레스크한 숭고보다 좀 더 고귀한 기능의 숭고를 갖게 된다. 바로 오래됨을 표현하는 것이다. 앞서 말했다시피 건축의 가장 위대한 영광이 거기에 있기 때문이다.[3]

이처럼 러스킨의 폐허 숭배, 건축에 새겨진 시간을 경배하고 시간 되감기인 수복을 비판하는 자세는 쉽게 이해할 수 있다. 그는 "복원이라고 부르는 것, 그것은 파괴의 가장 나쁜 수단이다"[4]라고까지 단언한다. 그러나 이 같은 러스킨의 태도가 영국의 역사적 문맥에 의한 것이라면 왜 다른 한편의 스콧은 수복을 선택한 것일까.

## 수복을 선택한 스콧의 동기

프랑스에서는 비올레르뒤크가 1840년에 베즐레의 마들렌 성당 수복에 착수하고, 1845년부터는 파리의 노트르담 대성당의 수복에 착수했는데, 대개 이 무렵 스콧의 활약도 시작된다. 스콧의 건축가로서의 경력은 1830년 중반에 시작되는데, 1840년대가 되면 거기에 수복 관련 일도 더해져 1847년에는 일리 대성당(Ely Cathe-

1 — John Ruskin, "Aphorism 30" *Seven Lampes of Architecture*, Dover, 1989, pp.186~187

• — 이 책은, 존 러스킨, 《건축의 일곱 등불》, 현미정 옮김, 마로니에북스, 2012로 번역되어 있다.

2 — ibid., p.193

3 — ibid.

4 — ibid., p.194

dral) 수복 공사 위탁을 받게 된다.

1848년 그는 수복에 관해 강연하고 2년 후인 1850년에는 그 내용을 정리해서 《우리의 오래된 교회들의 충실한 재건을 위한 요청》이라는 제목으로 간행한다. 이 사이 1849년에 출판된 것이 러스킨의 《건축의 일곱 등불》이며, 러스킨의 주장은 이미 살펴보았듯 수복을 완전히 부정하는 것이었다. 영국의 수복 이론과 반수복 이론은 같은 시기에 등장한 것이다.

'수복파'인 스콧에게 러스킨의 수복 비판은 놀라움이지 않았을까. 물론 스콧은 신축도 다수 작업했지만, 오래된 건물을 수복하는 입장에서 기존 건물을 파괴하지 않고 보호하길 선택했을 테니까 말이다.

> 오래된 교회당은 우리에게 지극히 익숙해서 우리는 종종 그 가치를 잊기 마련이다.
> 우리의 오래된 교회당의 진실한 가치를 올바르게 감상하는 힘을 길러야만 그 오래된
> 교회당을 보존했다는 성실함과 진지한 감정을 얻을 수 있다.[5]

스콧의 동기부여는 "오래된 교회당을 보존했다는 성실함과 진지한 감정"이며, 이를 위해 필요한 것은 오래된 교회당을 "올바르게 감상하는 힘"이다. 이 힘은 그가 중세의 교회당 디자인을 충실하게 모방하면서 고딕 리바이벌 작품을 신축할 때도 마찬가지로 필요했을 것이다. 그는 중세 건축 연구에 의거하여 신축·수복을 진행한 뛰어난 디자이너였다.

스콧의 이 같은 태도는 시류를 탄 것이기도 했다. 당시 영국에는 영국 국교회가 카톨릭에 접근하여 정치에서 종교를 떼어놓기 위한 교회 쇄신 운동이 일어나고 있었기 때문이다. 예를 들어 옥스퍼드에서는 잡지 《트랙츠(Tracts)》라는 이름으로 알려진 《시국 소책자(Tracts for the Times)》(1833~1841)가 간행되어 카톨릭 이래의 역

---

5 —   George Gilbert Scott, *A Plea for the Faithful Restoration of Our Ancient Churches*, London, 1850, p.13

   4장. 문화재적 건축관: 문화재는 왜 시간을 되감았는가

사적 전통을 강조함으로써 영국 국교회의 종교적 권위를 높이려는 이른바 옥스 퍼드 운동이 일어났다. 뒤이어 1839년 케임브리지에서는 케임브리지 캠든 소사 이어티(Camden Society)가 설립되어 교회 건축 연구가를 의미하는 잡지《에클레시올 로지스트(The Ecclesiologist)》(1841~1868)를 발행했다. 이 단체와 잡지의 목적은 교회 건 축의 연구와 교회당 건설과 수복을 촉진하는 것이었다. 원래 이 단체의 명칭은 16세기의 고물 애호가 윌리엄 캠든(William Camden)에서 따온 것이었으나, 1845년에 는 에클레시올로지스컬 소사이어티(Ecclesiological Society)로 개칭되어 협회의 목적이 보다 명확해졌다.

이러한 운동은 영국 특유의 현상이었다. 분명 영국에서는 16세기의 종교개 혁으로 로마 카톨릭에서 영국 국교회로 이행했다. 이미 살펴보았듯 그것을 계기 로 카톨릭 수도원은 몰수되는 괴로운 일을 당했다. 그러나 대성당 건물을 비롯한 많은 교회당 건축은 종교개혁으로 개종(conversion)되어 카톨릭 시대의 성당은 영 국 국교회 성당으로 계속해서 사용되었다. 따라서 19세기 초반의 교회 쇄신 운 동에서 그들이 영국 국교회의 역사적 루트에서 다시금 카톨릭을 발견한 것은 정 당한 것이었다. 19세기 종교계에서 일어났던 것은 당시 영국 국교회의 종교적 권 위를 높이기 위한 일종의 카톨릭 붐이었다. 그리고 이 상황은 고딕 리바이벌의 새로운 성당 건설에도 오랜 교회당의 수복에도 직접적인 영향을 미쳤다.

## 시간과 형태를 연결하는 양식

카톨릭 시대 건축에 대한 흥미를 종교계만 선도한 것은 아니었다. 그중에서도 중 요한 것은 건축가에 의한 건축사 연구다. 주철을 사용한 고딕 리바이벌 교회당을 설계한 것으로도 유명한 건축가 토마스 릭먼(Thomas Rickman)은 1817년에《영국 건 축의 스타일에 대한 시론: 노르만 정복에서 종교개혁까지》를 발표한다. 이 책에 서 그는 영국의 중세 건축을 단계별로 '양식'으로 명명하여 정리하였다.'

제1기 노르만(norman) 양식(1066~1189)

제2기 초기 영국(early english) 양식(1189~1307)

제3기 장식(decorated) 양식(1307~1377)

제4기 수직(perpendicular) 양식(1377~1630 혹은 1640)


이는 건축양식과 연대를 명확히 대응시켰다는 의미에서 영국뿐 아니라 유럽 전체에서 보더라도 지극히 이른 시도였다. 프랑스에서도 13, 14세기의 전성기 고딕을 레이요낭식, 15세기의 말기 고딕을 플람부아양식으로 구분하기는 했지만, 이런 개별적인 표현 그 자체는 19세기 중에 보이는데 릭먼이 한 것 같이 시간축 속에 명쾌하게 연대순으로 자리매김하려는 시도는 20세기가 되어야만 한다.[2] 게다가 프랑스에서 이 시도는 그다지 잘 이루어지지 않았다. 같은 연대라도 북쪽과 남쪽의 지역 차가 큰 프랑스에서는 지나치게 명료한 구분은 실정에 맞지 않았을 것이다. 결과적으로 레이요낭식과 플람부아양식이라는 용어는 형태의 특징을 가리키는 용어로 사용되는 일은 있어도 릭먼이 했던 것처럼 명확한 시간축을 제시하는 지표로서는 정착하지 않았다.

이 사실은 수복이라는 시간 되감기를 생각할 때 지극히 중요하다. 비올레르뒤크는 그의 수복 이론에서 종종 "13세기의 고딕"이나 "14세기의 고딕"이라는 표현을 사용한다. 그의 수복은 어디까지나 시간의 조작이다.[3] 조지 길버트 스콧은 수복에서 시간 지표 대신에 양식 지표를 사용할 수 있었다. 그의 수복은 시간의


**1** — Thomas Rickman, *An Attempt to Discriminate the Styles of English Architecture, from the Conquest to the Reformation*, London, 1817, p.44

**2** — Robert de Lasteyrie, *L'architecture religieuse en France à l'égoque gothique*, vol.2, Picard, 1927. 그는 '과도기적 양식', '랑세올레식(lancéolé)', '레이요낭식(13세기 후반부터 14세기)', '플람부아양식(15세기부터 16세기 초)'으로 고딕 양식의 단계적 발전을 정리하였다.

**3** — 스즈키 히로유키는 비올레르뒤크와 스콧의 수복 이론의 차이를 다음과 같이 설명한다. "여기에서 특히 주목할 점은 비올레르뒤크가 수복론을 전개할 때 각 양식에 대한 가치평가를 극도로 억제하고 있다는 점이다. 역사적 변화의 예를 증거로 들어 각 양식의 추이를 살펴보는 일은 있어도, 각 양식 사이의 완성도에 서열을 매기거나 가치에 차이를 부여하는 일은 하지 않았던 것이 비올레르뒤크의 수리 이론의 특징이다. 이 점이 동시대 영국의 수복론과 비교했을 때 눈에 띄는 차이가 된다."(鈴木博之, 《ヴィクトリアン·ゴシックの崩壊》, 1996, p.216)

조작이 아니라 형태의 조작이었던 것이다. '어느 시대로 되돌릴 것인가'가 아니라 '어느 형태가 아름다운가'를 건축가로서의 입장에서 논의하면 되었던 것이다. 그리고 그것은 중세 교회당의 수복에서도 고딕 리바이벌 신축에서도 응용가능한 판단기준이었다.

**부정된 '수복'**

그러나 결과적으로 스콧의 수복 이론이 영국 문화재적 건축관의 표준이 되는 일은 없었다. 러스킨의 이론을 계승하듯이 1877년에는 고건축보존협회(S.P.A.B., Society for the Protection of Ancient Buildings)가 설립된다. 윌리엄 모리스를 중심으로 협회가 설립되었을 때 발표된 〈협회의 원리〉는 다음과 같다.

> 처음에는 지식의 부족 때문에 위작을 만드는 것이 불가능했다. 수리를 하면 그 시대의 흔적이 새겨진다. 11세기의 교회에 12세기, 13세기, 그리고 18세기에 이르기까지 사람들은 흔적을 남겼다.
> 이에 대해 수복은 그 건물이 살아왔던 중 최고의 시대로 되돌린다고 말하지만, 건물에서 무언가를 잃게 하고 상상력으로 갭을 메우고 건물의 표면을 소멸시켰다. 우리는 다양한 양식의 건물을 수복이 아니라 보호라는 방식으로 다룰 것을 주장한다. 개조 따위는 하지 말아야 한다.[1][•]

이렇게 영국에서는 형태 조작으로서의 수복은 부정되고 시간 조작으로서의 보존이 우위에 선다. 보존이란 시간을 되감는 것을 부정하고 시간을 멈추는 것을 이상으로 여기는 것이었다. 이 수복 비판과 보존의 장려는 19세기 말 프랑스가 공유하면서, 20세기에 정비되는 국제 문화재 규정에 반영되어 간다.

---

1 — 鈴木博之, 《ヴィクトリアン·ゴシックの崩壊》, 1996, p.238

• — 이 부분의 원문은 다음에서 확인할 수 있다. https://www.spab.org.uk/about-us/spabmanifesto

　　19세기 말 프랑스가 이 이념을 수용한 것은 위고와 비올레르뒤크의 분투가 결국에는 고딕 건축의 복권으로 결실을 맺었기 때문이라고 볼 수 있다. 고딕과 고전 사이의 층위는 이제 무시할 수 있게 되었으며, 고딕이 야만이라는 분류는 19세기 말에는 완전히 사라졌다. 프랑스에서도 고딕 건축에 새겨진 고전의 간섭을 걷어내고 시간을 되감을 필요가 없어졌던 것이다.

**아나톨 프랑스**

마지막으로 1899년에 발표된 프랑스 작가 아나톨 프랑스(Anatole France)의 소설 《피에르 노지에르(Pierre Nozière)》를 인용하며 이 이야기를 마치도록 하자. 긴 인용이기는 하지만 여기에는 시간과 건축에 관한 이 책의 관점이 응축되어 있다.

　　옛날에는 새롭게 만들기 위해서 부쉈으나 지금은 오래되게 만들기 위해서 부수고 있다. 역사의 기념물을 당초의 모습으로 고쳐놓으려고 하는 것이다. 아니 그 이상의 일을 하고 있다. 그래야만 했던 상태로 고쳐놓으려고 하는 것이다.

　　왕후와 민중이 그들의 눈에는 야만으로 보이는 과거의 자취에 앞다퉈 혐오를 느끼고 수 세기에 걸친 증오 혹은 경멸 때문에 유적을 파괴했으나 비올레르뒤크와 그 문하·생이 기술의 힘으로 단시일에 그 이상의 파괴를 거듭한 것은 아닐까.

　　우리나라의 중세 교회가 그들을 조용히 나이 먹게 한 오랜 무관심과 그만큼 새로운 건축가들의 부주의한 열의 때문에 극심하게 타격을 받지 않았을까. 성이든지 본당이든지를 그 원래의 건축계획 —그것은 시간이 지나면서 수정된 것이며 많은 경우 결코 충실하게 실행되지 않았던 것인데— 그것을 되돌리겠다는 계획을 세웠을 때, 비올레르뒤크는 완전히 비인간적인 생각을 따랐다. 그 노력은 애처로운 것이었다. 존경해야만 할, 사랑해야만 할 작품을 희생하여 파리의 노트르담처럼 살아 있는 본당을 추상적인 본당으로 변형하기까지에 이르렀다. 이 계획은 자연과 인생을 사랑하는 많은 사람들에게는 모골이 송연한 것이다. 오래된 기념물은 그 모든 부분이 동일한 양식인 경우는 드물다. 그것은 살아있다. 그리고 살아있는 동안에는 계속해서 변화한다. 어쩌면 변화는 생명의 본질적 조건이다. 각 시대가 그 자취를 건축물에 기록한 것이다. 그것은 각 세대가 한 페이지씩 덧쓴 책이다. 페이지 중 어느 페이지도 변경해서는 안 된다. 같은 사람이 쓴 것이 아니니까 서체가 다르다. 그것을 모두 같은 형태로 환원하려는 것은 거짓 학문 탓이며 악취미다. 그들 페이지는 각각을, 그 모두를 동등하게 신용할 수 있는 산 증인이다.[1]

아나톨 프랑스가 거론한 시간 속에서 변화하는 건축과 생명의 아날로지는 20세기 후반에 등장한 건축의 시간론과 연결된다고 할 수 있다. 5장에서 살펴보 겠지만 시간의 경과와 함께 변화하는 건축상은 메타볼리즘같은 건축 운동과 함께 등장했고 20세기 말에는 기존 건물의 재이용, 리노베이션과 컨버전이 유행하게 된다. 그러나 1899년의 아나톨 프랑스는 거기까지 대담할 수는 없었다. 그는 과거의 건축이 생명처럼 계속해서 변화한다는 점을 지적하면서도 보존으로 그 생명의 시간을 멈추기를 호소했던 것이다.

그리고 20세기의 막이 열리게 된다.

<hr>

1 — アナトール・フランス, 《昔がたり(ピエール・ノジェール)》, 杉捷夫訳, 岩波文庫, 1935, pp.192~194(방점은 저자에 의한 것)

# 20세기의 문화재적 가치관의 국제적 정비

**유럽 기준에서 국제기준으로**

19세기 동안 유럽 각국은 나름대로 자국 문화재를 보호하기 위한 제도를 모색했다. 20세기가 되면 유럽 전체의 문제로서(나아가서 '국제적인' 문제로서) 이 테마를 논의하게 된다.

마드리드 선언(1904)

아테네 헌장(1931)

베니스 헌장(1964)

세계유산조약(1972), 세계유산위원회가 정한 작업 지침(1977)

문화재에 관한 국제적인 가이드라인의 역사를 대략적으로 더듬어 보면 이상의 네 단계를 꼽을 수 있다. 더욱이 일본의 문화재와 관련해 중요한 사건에도 주목한다면 〈마드리드 선언〉 직전에 일본 최초의 문화재 관련 법률인 "고사사보존법(古社寺保存法)"(1897)이 제정되었고, 20세기 말 국제적인 문화재 규정과 일본 같은 목조 문화권 문화재와 관련된 규정이 논의된 나라(奈良) 회의(1994)가 더해진다. 우선 여기서는 네 가지 국제 규정에 드러난 시간과 건축에 관한 이념을 살펴보도록 한다.

**마드리드 선언(1904)**

〈마드리드 선언〉은 역사상의 기념물을 '죽은 기념물(dead monument)'과 '살아있는 기

* ― 고사사보존법(古社寺保存法)은 오래된 신사와 불교사찰을 보존한다는 의미로 불교사찰이나 산사의 문화재들이 파괴되고 싸게 팔려 국외로 유출되는 상황을 막기 위한 보조금 지급을 골자로 한 법률이다. (김용철, 〈1962년 제정 문화재보호법과 일본의 문화재 보호 법령〉, 《미술사학연구》 제30호, 2020 참조)

넘물(living monument)'로 분류한 것으로 유명하다.

1. 기념 건조물은 두 종류로 나눌 수 있다. 그것은 죽은 기념물 즉 과거의 문명에 속하고, 과거의 것으로만 쓸모 있는 것과 살아있는 기념물, 당초의 용도가 그대로 유지되고 있는 기념물이다.[1][•]

이것은 놀라울 정도로 근대적인 건축관이라고 할 수 있다. 시대는 그야말로 기능주의와 모더니즘 등으로 불리는 새로운 건축 운동으로 돌입하고 있었다. 이 조항에는 건축의 환생(after life)은 염두에 없다. 건축은 당초의 목적에 쓸모가 있어야만 한다. 전용(conversion)은 건축의 죽음이다.

그러나 〈마드리드 선언〉이 의미 없이 이같이 분류한 것은 아니다. 죽은 기념 건조물은 방치하면 폐허가 돼버림으로 '보존'이 필요하며, 살아있는 기념 건조물은 계속 사용될 수 있도록 '수복'해야만 한다고 규정한 것이다. "건축에는 유용성이 미의 기초 중 하나이기 때문이다."[2] 〈마드리드 선언〉은 기능주의적이자 모더니즘적이어서 어딘가 19세기의 수복과 보존이라는 의식과는 단절된 것처럼 느껴지기도 한다. 예를 들면 살아있는 기념 건조물의 '수복'에 대해서 그들은 다음과 같이 선언한다.

4. 그 같은 수리는 건조물의 통일성을 보존할 수 있도록 당초의 양식을 염두에 두고 수행되어야 한다. 양식의 통일성 역시 건축미의 기초 중 하나이며 소박하고 기하학적 형태는 완벽하게 재현 가능하다. 전체와는 다른 양식으로 시공된 부분도 그 양식이 고유의 가치를 유지하고 미적 균형을 파괴하지 않으면 존중되어야만

1 — 〈マドリッド宣言〉第一項, 伊藤延男訳,《新建築学大系五〇 歴史的建造物の保存》, 彰国社, 1999, p.89

• — 고주환,《한국 근대건축 문화재의 보존유형과 수리기술에 관한 연구》, 박사학위논문, 단국대학교 대학원, 2017, 27쪽 참고

2 — 〈マドリッド宣言〉第三項, ibid.

한다.[3]

이 규정은 양식 통일을 위한 수복, 오리지널을 중시하는 수복이 19세기 말까지 부정되었다는 사실을 반증하고 있다. 논의가 19세기 중반으로 되돌아간 것처럼도 보이는데, 오히려 어떤 면에서 아무것도 없는 부지에 건축가가 1부터 설계하는 모더니즘적 건축관의 이데아적, 오브젝트적인 관점으로 역사적 건축을 파악하고 있다고 볼 수 있다.

## 아테네 헌장(1931)

〈마드리드 선언〉과 모더니즘의 밀접한 관계성에 대해서는 후에 확인하기로 하고, 1931년의 〈아테네 헌장〉으로 넘어가자. 〈아테네 헌장〉 제1조에는 〈마드리드 선언〉과는 태도를 바꿔 원칙적으로 수복을 금지하려는 일반 원칙이 규정되었다.

> 구체적인 사례가 제각기 다른 해결법이 있을 수 있을 정도로 다양하지만, 본 회의는 여러 대표국에서는 완전한 복원(원래의 재료를 전혀 사용하지 않는 재건)보다는 건축물의 보존을 확실히 하기 위한 정기적이고 영구적인 유지관리에 의해 그 위험을 회피하는 경향이 대체로 우세하다는 것을 확인하였다.
> 손상이나 파괴로 인하여 복원하는 것이 불가결하다고 생각되는 경우, 어떠한 시대의 양식도 배제하지 말고 과거의 역사적·예술적 작업을 존중해야 한다.[4]••

〈아테네 헌장〉이야말로 문화재 보존의 국제적 규정의 시작이며, 여기에 건축의 시간을 멈추는 보존이라는 20세기 문화재 행정의 기본 방침이 확인되었다고

---

3 —  〈マドリッド宣言〉第四項, ibid.

4 —  〈アテネ憲章〉第一条(ibid., p.89), 伊藤延男訳

•• —  주남희, 《〈아테네 헌장〉(1931) 제정의 정책 네트워크 분석》, 한국전통문화대학교 일반대학원 박사논문, 2021, 226쪽 인용

  4장. 문화재적 건축관: 문화재는 왜 시간을 되감았는가

볼 수 있다. 한편 이러한 신중한 태도와는 반대로 〈아테네 헌장〉에는 대담한 제안도 포함되어 있어서 흥미롭다.

> 전문가들은 낡은 건물의 보강을 위한 근대적 재료의 사용에 대해 다양한 보고를 받았다. 전문가들은 특히 철근콘크리트 등 근대적 기술의 모든 가능성이 적절히 이용된다는 데 동의한다.[1][•]

이처럼 새로운 기술을 적극적으로 받아들이려는 태도는 비올레르뒤크의 자세와 상통한다고 할 수 있다. 건축의 시간을 멈추고 그것을 미래에 영겁으로 보존하기 위해서는 현실적으로 최첨단 기술이 불가피하다. 일본에서도 문화재 보존을 위한 기술은 크게 진화했다. 건물 전체를 거대한 인공지반 위에 올리고 면진(免震) 장치로 지진의 흔들림을 막는 면진 레트로핏(免震 RETROFIT)[••] 같은 기술이 개발된 것은 지진이 많은 일본만의 창의적 고안이라고 할 수 있을 것이다.

## 베니스 헌장(1964)

이어서 1964년의 〈베니스 헌장〉을 살펴보자. 반세기가 경과했지만 여전히 국제적 문화재 보존의 기본 규정으로 알려져 있다. 〈아테네 헌장〉을 제정한 '제1회 역사적 기념 건조물의 건축가 및 기술자 국제회의'를 계승하면서 "아테네 헌장에 기술된 원칙을 전면적으로 재고하고 그 전망을 확대하여 새롭게 개정하기 위해 아테네 헌장을 재검토"[2]할 것을 목적으로 소집된 제2회 회의 결과가 〈베니스 헌장〉


1 — 〈アテネ憲章〉第四条(《新建築学大系五〇 歴史的建造物の保存》, 彰国社, 1999, p.90), 伊藤延男訳

• — 주남희, 《아테네 헌장〉(1931) 제정의 정책 네트워크 분석》, 한국전통문화대학교 일반대학원 박사논문, 2021, 230쪽 인용

•• — 면진 레트로핏(免震レトロフィットと). 기존 건물의 기초 등에 면진 장치를 새로 설치하여 건물의 디자인이나 기능을 해치지 않으면서 지진에 대한 안전성을 확보하는 보강 방법을 말한다. 1996년 르코르뷔지에의 국립서양미술관에 면진시설을 보강하면서 일본 건설성(현 국토교통성)에서 개발한 방법이다.

2 — 〈ヴェニス憲章〉前文(ibid., p.90), 日本イコモス国内委員会駅

이었다.

　〈베니스 헌장〉을 계기로 다음 해 1965년에는 유네스코의 자문기관으로서 국제기념물유적회의(ICOMOS, 이하 이코모스)가 설립되었다. 〈베니스 헌장〉이라는 국제기준과 이코모스라는 국제기관의 설립으로 그때까지는 유럽 기준에 지나지 않았던 문화재 규정이 이후 명실상부 세계 기준이 된다.

　〈베니스 헌장〉의 정식 명칭은 〈기념물 및 유적지의 보전과 복원을 위한 국제헌장(International Charter for the Conservation and Restoration of Monuments and Sites)〉이다. 헌장에는 '보전과 복원(Conservation and Restoration)'이라는 말이 한 쌍으로 몇 번이고 반복된다. '보존과 복원(Preservation and Restoration)'이라는 표현도 등장하는데, 보전(Conservation)과 보존(Preservation)의 차이에 대해서는 특별히 정의되어 있지 않아서 그 명확한 차이는 알 수 없다. 여기서는 인용 문헌에 맞춰 보전과 보존이라고 번역하지만 정해진 번역어가 있지는 않다. 일단은 모두 '보존'과 비슷한 말이라고 파악해 보자. 용어의 세밀한 차이를 떠나 중요한 것은 헌장에서 명시한 '보존과 복원(復原)'의 조합이 어떤 시간 개념을 내포하고 있는가이다.

　1931년의 〈아테네 헌장〉까지는 복원과 보존은 시간이라는 척도에서 명확하게 다른 행위이며, 서로 대립하는 개념이었다. 복원은 은연중에 시간 되감기와 그 후의 시간의 멈춤(보존)을 의도하고 있는데, 반 복원론자의 '보존'은 시간을 어떤 식으로든 변경하는 것을 일종의 파괴행위로 간주하면서 오직 '시간의 멈춤'이란 개념으로 고착화시켰다. 따라서 보존과 복원이 양립하는 것은 불가능했다.

　그런데 1964년의 〈베니스 헌장〉은 이른바 양자의 화해가 이뤄졌다고 할 수 있다. 두 개념은 이제 병렬적인 관계가 되어 상호 보완하면서 역할 분담하게 되었다. 비올레 르뒤크가 '새로운 개념'으로 정의한 시간 되감기로서의 '복원'의 급진성은 그 창을 거두고 '수리'와 그다지 다르지 않은 애매한 개념으로 돌아간 것처럼 보인다.

　더욱 중요한 것은 〈베니스 헌장〉이 보존과 복원의 목적을 명확하게 정의했다는 점이다. 이전의 논의에서는 주로 복원이나 보존의 실천 방법의 모색, 말하자면

'how'의 문제를 논해왔다. 이에 비해 〈베니스 헌장〉에서는 왜 역사적 건축의 시간을 멈추고 보존하는가, 'why'의 문제가 헌장의 첫머리에서 정의된다.

> 과거로부터의 전갈을 흠뻑 담은 채 인류 세세손손 내려온 역사적 기념물은 오랜 세월을 거친 전통의 살아있는 증인으로서 오늘날까지 남아 있는 것들이다. 사람들은 인간의 가치 기준이 일치함을 점점 더 알게 되었으며 고대의 기념물들을 인류 공동의 유산으로 간주하게 되었다. 후세들을 위해 이들을 보호할 공동의 책무가 있음을 인식하게 되었다. 완벽한 진품 그대로 그들에게 물려주는 것이 우리의 의무다.[1][•]

물론 〈베니스 헌장〉 이전에도 역사적 건축이 왜 중요한가 논의가 없었던 것은 아니다. 그러나 복원과 보존의 방법이 모색되는 단계, 복원이냐 반 복원이냐로 동요하던 단계에서는 역사적 건축의 중요성이 대전제였을 뿐, 왜 중요한가에 대한 진지한 논의는 뒷전으로 밀려났다. 그러나 〈베니스 헌장〉에서는 첫머리의 정의에 이어 제3조에서도 "기념물을 보전하고 복원하는 목적은 역사적 증거일 뿐만 아니라 예술 작품으로서도 이것들을 보호하려는 것이다"[2][••]라고 선언한다.

이렇게 보존된 역사적 건물에는 본래의 건물로서의 기능에 더해 (혹은 그것에 대신해?), 역사적인 증거로서 '완벽한 진품 그대로 후세에게 물려준다'는 사명이 요구되었다. 여기서 '완벽한 진품'이라고 번역된 것이 "진정성(authenticity)"이라는 개념이다. 이 진정성이야말로 20세기 후반의 문화재적 건축관의 가장 중요한 개념으로 자라나게 된다.

1 —　〈ヴェニス憲章〉前文（《新建築学大系五〇 歴史的建造物の保存》, 彰国社, 1999, p.91）

• —　이태녕·도춘호, 〈베니스 헌장의 해설과 번역 외〉, 《보존과학회지》 Vol 7, No.2, 1998, 87쪽에서 인용

2 —　〈ヴェニス憲章〉第三条（ibid., p.92）

•• —　이태녕·도춘호, ibid.

## '진정성(authenticity)'이란 무엇인가

1972년에 유네스코 총회에서 세계유산조약이 채택된다. 1977년에는 제1회 세계유산위원회가 개최되어 세계유산의 선정, 등록을 위한 '작업 지침'이 정해진다. 여기에서 진정성은 중요한 판단기준(criteria)으로 등장한다.

> 더불어 문화유산은 의장과 재료와 기술과 환경의 진정성 테스트에 합격해야만 한다. 진정성이란 오리지널의 형태와 구조에만 국한되지 않고 그것에 이은 시간의 경과도 포함한다. 또한 예술적 혹은 역사적 가치를 내포하는 수정과 부가도 포함한다.[3]

진정성이란 대체 무엇일까. 건축사·도시사의 대가 프랑스의 프랑수아즈 쇼에(Françoise Choay)는 진정성은 시간의 개념과 관계된 것은 아니라고 단언한다.

> 진정성은 자신의 증명과 원전의 결여된 부분 없는 일치를 증명하는 것이다. 이러한 의미에서 진정성은 시간의 작용도 의미도 고려하지 않는다.[4]

쇼에에 따르면 진정성이란 본래 "많은 위문서가 있던 중세에" 그것이 진정한 것임을 "증명하는 증거를 가진 원문으로서의 증서"를 가리키는 개념이었다고 한다.[5] 즉 〈버니스 헌장〉 이후 역사적 증거로서의 역할을 맡게 된 역사적 건축은 오리지널과 완전히 똑같다는 것을 증명하는 진정성을 요구받게 된 것이다.

그러나 잠깐 생각해 보자. 건축에도 문서와 마찬가지로 '원전'이 존재할까? (적어도 전근대까지의) 건축에는 오리지널이라는 순간 따위 존재하지 않는다는 사실을 지금까지 논의해 왔지 않은가. 비올레르뒤크는 '시간 되감기'라는 새로운 콘셉

---

3 — 〈세계유산위원회에 의한 작업 지침〉 제9항, (http://whc.unesco.org/archive/opguide77b.pdf)

4 — フランソワーズ・ショエ, 〈建築と都市の歴史的資産についての省察とその資産の管理において、オーセンティシティーの概念を今日どう扱うか〉, 《建築史学》第二四号, 1995. 3, p.73

5 — ibid.

     4장. 문화재적 건축관: 문화재는 왜 시간을 되감았는가

트를 건축에 도입했다. 그러나 중세의 건축에는 오리지널이 존재하지 않기 때문에 그는 가상의 오리지널을 상정해야만 했지 않은가. 오리지널을 중시할 것인지, 후세의 변경을 중시할 것인지를 판단하지 못해서 시간 되감기가 어려운 것이 아니다. 애당초 시간 속에서 변화하는 건축에는 오리지널도 완성형도 없으니까[1] 어려운 것이다. 시간 되감기를 실천하려는 '수복'은 그 점에서 해결 불능의 모순을 잉태하고 있기에 전면적인 수복이 부정되었던 것이 아니었던가.

'작업 지침'에서는 진정성이란 오리지널뿐 아니라 시간 변화 속에서 일어나는 (역사적 가치 있는) 변경이나 부가도 포함한다고 되어 있다. 그러나 오리지널과의 일치를 진정하다고 부른다면 모르겠지만 오리지널에서 변경된 것을 진정하다고 부르는 것은 애당초 모순되지 않는가. 결국 시간 되감기에서 되감아야 할 한 시점을 선택할 수 없다는 현실과 동일한 문제가 진정성이라는 개념에서도 그대로 계승되었다고 할 수 있다. 19세기의 복원 이론에서 역사상 어떤 시점으로 시간을 되감을 것인가의 문제가 진정성 개념에서는 역사상 어떤 시점을 후세에 계승할 것인가 하는 관점으로 이동한 것에 지나지 않는다.

단 '시간 되감기'라는 관점을 '진정성'이라는 관점으로 전환한 발상은 문화재를 생각하는 방법을 진행시키는 데 훌륭한 전략이었다고 할 수 있을 것이다. 건축의 시간을 어떤 연대까지 되감을 것인가를 생각하는 한, 어떤 고정된 한 점을 선택하지 않을 수 없다. 그러나 의장의 진정성, 기술의 진정성, 재료의 진정성 등으로 구분함으로써 건축의 어떤 부분을 이 시대로 되감고, 다른 부분은 다른 시대로 되감는 것도 시간의 관점이 아니라 진정성의 관점에서 설명함으로써 그다지 큰 모순 없이 설명 가능해진다.

약 200년이라는 역사 속에서 문화재 수리는 수리 기술 그 자체와 수리에 앞선 역사적 조사 방법을 정밀하게 발전시켰다. 그러나 건축의 시간론이라는 관점

1 — Marvin Trachtenberg, *Building-in-Time: From Giotto to Alberti and Modern Oblivion*, Yale University Press, 2010, p.xix

226

에서 생각하는 한, 시간 속에서 계속 변화하는 건축의 시간을 어떤 한 점으로 되돌리는 해결 불가능한 문제는 지금도 남아 있다고 할 수 있을 것이다. 실은 이 점은 시간을 멈추는 보존에서도 본질적으로는 마찬가지다. 지금 이 순간에 건축의 시간을 멈추고 미래의 시간 변화를 거부하는 보존도 건축에 흐르는 시간축 속에서 현재라는 순간을 선택한 것에 지나지 않기 때문이다.

변화하는 건축의 시간을 멈추려는 이유는 원래 그 역사적 건물이 가진 역할에 더해 (혹은 그것을 대신하여) 그 건물의 예술적 가치, 역사적 가치를 후세에 전하는 예술작품·역사자료로서의 역할을 강조함으로써 설명된다. 문화재로서 시간을 멈춘 건축은 박물관의 전시품같은 존재로 변모하였고 동시에 그 건물의 기능 자체도 박물관적인 것으로 변모하게 되었다.[2]


## 마드리드 선언과 모더니즘

마지막으로 다시 한번 20세기 초의 〈마드리드 선언〉의 배경을 살펴두고 싶다.

〈마드리드 선언〉의 통칭이며 〈아테네 헌장〉이나 〈베니스 헌장〉처럼 역사적 건조물의 복원과 보존의 전문가들이 모여서 그 약속을 정한 것은 아니었다. 수리 기술자라기보다는 오히려 건축가라고 부를 수 있는 사람들이 모여서 근대 건축과 건축가의 역할을 논의하며 나온 여러 의제 중 하나에 지나지 않는 것이다.

이것은 '건축가 국제회의'라는 이름을 내건 건축가들의 회합으로 당초에는 프랑스 건축가들의 주도로 진행되어 제1회(1867), 제2회(1878), 제3회(1888)는 모두 파리 만국박람회에 맞춰 개최되었다. 제4회(1897)는 회장을 벨기에로 옮겨 브뤼셀 만국박람회에 맞춰 개최되었으나 제5회(1900)는 다시 만국박람회가 개최 중인 파리로 회장을 옮겼다.

만국박람회와 관계없이 처음으로 개최된 것이 제6회 마드리드 회의(1904)로

---

2 — 프랑스어로는 '박물관적 기능(foncion muséale)'라고 불리며, 조롱의 대상이 되는 일도 있는 듯하다. Jacques Rigaud, "Patrimoine, évolution culturelle", *Monument historique*, no.5, 1978, pp.3~8

    4장. 문화재적 건축관: 문화재는 왜 시간을 되감았는가

여기에서 〈마드리드 선언〉이 논의되었다. '건축가 국제회의'는 그 후에도 제7회 런던 회의(1906)부터 15회의 워싱턴 회의(1939)까지 계속되었다.[1]

제1회의 파리 회의부터 제7회의 런던 회의 무렵까지의 의사록을 보면, 19세기부터 20세기로 이행하는 세기의 이행기라는 사회의 대변동 속에서 근대 건축가와 건축의 역할에 대해서 국경을 넘어 이야기를 나누는 장이었던 것을 알 수 있다. 회의에는 프랑스, 영국, 독일, 오스트리아, 네덜란드, 벨기에, 이탈리아, 스페인, 포르투갈 등 서유럽 각국과 미국의 건축가들을 비롯해 러시아와 북유럽, 멕시코와 터키 등의 건축가도 참가했다. 회의는 매회마다 여러 날에 걸쳐 개최되었으며, 총회 및 몇몇 주제에 관한 심포지엄(강연회), 나아가서는 전람회와 건축 견학회 등이 기획되어 마치 현대의 국제학회를 방불케 했다. 참가 건축가들의 목록, 운영위원의 명단, 프로그램, 강연의 전문부터 강연 후의 토론까지 정성스럽게 기록되어 각 회의 회의는 각각 한 권의 두꺼운 책(proceeding)으로 정리되었다.

회의의 주요한 내용은 매회 여러 주제가 준비되는 심포지엄(혹은 단독강연)과 토론이다. 주제에서 당시의 건축가들이 국경을 넘어 공유하려는 문제의식을 짙게 살펴볼 수 있다. 거기에는 예를 들어 건축 교육의 문제, 사회에서 건축가의 역할 등 현대까지 계속된 본질적인 문제가 있다. 20세기의 막을 여는 시대다운 문제의식도 있어서 예를 들면 〈건축 작품의 저작권에 대해서〉, 〈새로운 건설 방법(철골과 철근콘크리트)이 건축 형태에 끼치는 영향에 대해서〉, 〈건축 작품에서의 모던 아트에 대해서〉 같은 주제의 강연이 이루어졌다. 예를 들어 제6회 마드리드 회의에서 새로운 건설 방법에 대한 강연자로 네덜란드의 베를라헤(Hendrik Petrus Berlage)가 포함되어 있었고,[2] 모던아트에 대해 강연한 두 명 중 한 명은 독일의 헤르만

---

1 — 田村央貴, 〈マドリッド宣言(一九〇四年)の成立過程に関する研究〉, p.12 (横浜国立大学学術リポジトリ, 博士論文, 2015. 3., http://hdl.handle.net/10131/9)

2 — 〈第四主題: 新しい建設方法が芸術形態に及ぼす影響について〉 *VI<sup>e</sup> Congrès international des architectes, Madrid, Avril 1904*, Madrid, 1906, pp.174~198

무테지우스(Hermann Muthesius)였다.[3] 그 후 모더니즘이라는 이름으로 알려지게 되는 근대 건축 운동의 맹아적 논점이 국제적인 장에서 논의된 최초의 장이 이 '건축가 국제회의'였다고 할 수 있다.

이처럼 근대적이면서 국제적인 모더니즘 운동을 추진하게 된 건축가들의 논점 중 하나가 역사적 건조물의 복원과 보존이었던 사실에 약간의 놀라움을 느낄지도 모른다.[3] 그러나 이 시대에는 아직 복원과 보존을 전문으로 하는 수리 기술자는 실질적으로도, 제도상으로도 육성되지 않았고, 건축가와 수리 기술자의 명확한 구분은 없었다. 1931년에 아테네에서 개최된 '역사적 기념 건조물의 건축가 및 기술자 국제회의'에서 처음으로 명확하게 건축가와 수리 기술자가 구별될 때까지,[4] 수복과 보존의 문제는 건축가들이 대처해야만 하는 지극히 큰 문제였던 것이다.

건축가 국제회의에서는 제4회 브뤼셀 회의(1897), 제5회 파리 회의(1900)를 거쳐 제6회 마드리드 회의(1904)까지 3회에 걸쳐 역사적 건조물의 수복과 보존의 문제가 논의된다. 제4회 브뤼셀 회의에서는 〈기념건조물의 수복에서 무엇을 해야만 하는가〉,[6] 제5회 파리 회의에서는 〈기념건조물의 보존에 대해서〉,[7] 그리고 마드리

---

**3** — 〈第一主題: 建築作品における、所謂モダン・アートについて〉, ibid., pp.148~154

**4** — 모더니즘을 이끌었다고 일컬어지는 '근대건축국제회의(CIAM)'는 1928년에 제1회 회의를 개최한다. 이 회의와 '건축가 국제회의'의 관계에 대해서는 연구할 필요가 있다.

**5** — 역사적 건축의 수복과 보존에 관한 논의는 이후 건축가로부터 전문 기술자들의 영역으로 옮겨간다. 한편 이렇게 구별된 직후에 CIAM이 개최한 제4회 회의(1933)에서 채택되어 근대건축운동의 이념을 정리한 헌장도 〈아테네 헌장〉이라고 명명되었기 때문에 동시대에 전혀 내용이 다른 같은 이름의 헌장이 탄생하게 되었다.

**6** — *Congrès international des architectes: compte-rendu de la quatrième session tenue à Bruxelles du 28 août au 2 septembre 1897 à l'occasion du XXV<sup>e</sup> anniversaire de la fondation de la Société centrale d'architecture de Belgique*, Lyon-Claesen, 1897, pp.63~92. 여기서는 세 가지 논점을 든다. (1) 오랜 건조물의 오류나 결함을 존중해야만 하는가, 수정해야만 하는가? (2) 작품의 미완성 부분을 완성시켜야만 하는가? (3) 양식의 통일을 위해 건물이나 집기의 일부를 제거해야만 하는가?

**7** — *Congrès international des architectes, cinquième session tenue à Paris du 29 juillet au 4 août 1900*, Paris, 1906, pp.161~182

드 회의에서는 〈기념건조물의 수복과 복원에 대해서〉[1]가 논의되었고, 〈마드리드 선언〉에 이르게 된다. 제7회 런던 회의(1906)에서도 〈국가의 기념건조물 보존에서 정부의 책임에 대해서〉[2]라는 테마가 논의되었지만 여기에서는 역사적 건조물의 수복이나 보존에 대해서는 더 이상 논의되지 않는다. 이 문제는 건축가 국제회의로서는 〈마드리드 선언〉에서 일단 결론이 났던 것이다.

제7회 런던 회의에서는 일본에서 온 건축가가 출석했다. 의사록(proceeding)에는 "JAPAN: Chuju S., Tokio"라고 기록되어 있다.[3] 아마도 이는 주조 세이치로(中條精一郞)일 것이다. 후에 소네 다쓰조(曽禰達蔵)와 함께 소네·주조 설계사무소를 설립하여 20세기 초 일본에서 수많은 근대 건축의 명작을 낳은 건축가다. 그는 1898년에 도쿄제국대학 건축학과를 졸업한 후 문부성 기사로서 설계 실무에 종사하며 1903년부터 1907년에 걸쳐 케임브리지 대학에서 유학했다. 영국 유학에서 유럽의 건축을 배운 그가 이 회의에서 어떠한 자극을 받았을까.

그 10년 전인 1897년의 일본에서는 "고사사보존법"이 제정되었다. 일본에서의 근대적인 수복과 보존도 이 무렵 그 막을 열었던 것이다.

1 —　*VI<sup>e</sup> Congrès international des architectes, Madrid, Avril 1904*, pp.154~167

2 —　*International Congress of Architects, Seventh Session held in London 16~21 July 1906*, London, 1908, pp.454~494

3 —　ibid., p.44

# 일본의 문화재와 시간 되감기

### 복원(復原)과 복원(復元)

일본의 문화재 수복과 보존을 개관하고 4장을 마무리하고자 한다. 일본의 문화재 수리는 지극히 명료한 시간 되감기를 기본 방침으로 삼고 있는 것처럼 보여서 시간과 건축을 논하는 4장의 중요한 사례이기 때문이다.

일본의 문화재 수리의 특이성은 '복원(復原)'이라는 특별한 술어로 나타난다. 전문가 사이에서는 복원(復原)-복원(復元)이라는 비슷한 말이 각각 다른 행위를 나타내는 것으로 나뉘어 쓰이고 있다.

> 현존하는 건물을 창건 이후에 손을 봤을 경우, '원형(原形)'으로 되돌리는 것을
> '복원(復原)'이라고 칭하며, 소실되어 존재하지 않는 건물을 되돌리는 경우는
> '복원(復元)'이라고 칭한다.[4][•]

'복원(復原)'이란 그야말로 건축의 '시간 되감기'다. 문자 그대로는 '원형(原形)' 즉 오리지널로 돌리는 것을 의도하는 말인데, 유럽의 논의와 똑같이 오리지널을 중시할 것인지, 그렇지 않으면 사후 변경을 중시할 것인지 선택지 사이에서 오리지널로 돌리는 '당초복원(当初復原)'과 도중의 단계로 되돌리는 '중고복원(中古復原)' 등의 용어도 사용된다. 그러나 지금까지 살펴봤듯이 유럽에서는 19세기와 20세기를 거치며 비올레르뒤크의 시대에 새로운 건축행위로서 시작된 '수복(修復)'을 주장하지 않게 되었다. 일본의 '복원(復原)'은 비올레르뒤크의 '수복' 콘셉트를 완강히 계승하고 있는 것처럼도 보이는데, 이것은 일본의 목조 전통 건축 고유의

---

[4] — 山岸常人, 〈文化財《復原》無用論〉, 《建築史学》第二三号, 1994. 9., p.93

[•] — 한국에서는 두 가지 한자 모두를 한 가지 의미, '복원'으로 사용한다. 따라서 저자가 '修復'으로 쓴 부분은 번역할 때 그대로 '수복'으로 표기했다.

 

사고방식일까.

시미즈 시게아쓰(清水重敦)에 의하면 일본의 근대적 수리는 유럽의 수복에서 영향을 받은 것으로 근대 이전에 이 같은 시간 되돌리기는 없었다고 한다.[1] 일본의 전통적인 수리에서는 전근대의 유럽과 마찬가지로 기존 건물의 모습을 변경하는 수리 방법이 보통이었다고 한다.

> 근세까지의 수리에서는 건축의 모습이 크게 변하는 일이 종종 있었다. 거기에는 건조물의 옛 모습을 선명히 한다는 자세를 가지지 않은 채 무의식중에 그 시대의 형식, 기법이 적용되거나 또 건물의 의미를 쇄신하려는 의도로 의식적으로 개조하는 일도 종종 있었다.[2]

즉 시간을 되감는 '복원(復原)'이 반드시 일본의 전통적인 수리 방침이었다고는 할 수 없다. 일본에는 이세 신궁으로 대표되는 것처럼 식년천궁으로 신전을 수십 년마다 창건 당시의 모습으로 재건축하는 의식이 있기 때문에, 자칫하면 '복원(復原)'이 일본 목조건축의 전통적인 기법인 것처럼 생각될지도 모른다. 분명 식년천궁을 통한 신전 재건축은 일본의 역사적 건축의 특이성을 나타내는 예이기는 하지만 일본에서도 특별한 사례다. 더욱이 이세 신궁의 식년천궁은 수리 그 자체가 아니다. 새로이 건설된 신전은 오래된 건물 바로 옆에 세워진 '신축'이다. 오래된 신전은 해체되어 목재는 다른 건물에 재이용된다. 식년천궁은 건물 그 자체의 시간 되감기가 아니라 건물의 시스템을 영속시키는 사이클이다.

그렇다면 왜 현대 일본의 문화재 수리는 시간 되감기라는 관점에서 이토록 극단적으로 우등생이 된 것일까. 비올레르뒤크의 수복이 '시간 되감기'라는 새로운 콘셉트를 획득한 배경에는 4장 첫머리에서 살펴보았듯 야만적인 고딕을 향한

<hr>

1 —  清水重敦,《建築保存概念の生成史》, 中央公論美術出版, 2013. 특히 제9장을 참조

2 —  ibid., p.209

르네상스의 간섭이 있었다. 그러나 위대한 고대 로마도, 암흑의 중세도, 그리고 고대 재생의 르네상스도 없었던 일본의 문화재에서 왜, 무엇을, 어떻게 생각해서, 시간 되감기를 기본 방침으로 삼은 것일까.

## 일본의 문화재적 가치관의 시작

1897년(메이지 30)의 "고사사보존법"을 계기로 일본에서도 역사적 건조물의 근대적인 수리 공사가 시작된다. 일본의 초기 근대적 수리의 방침에 관해서는 쓰지 젠노스케(辻善之助)의 〈고사사 보존의 방법에 대한 세평(世評)을 논한다〉[3]에 명확하게 정리되어 있다.[4] 갑을병정 네 항목으로 된 수리 방침이 열거되어 있는데 첫 번째로 거론된 것이 시간의 되감기에 관한 방침이다.

(갑) 만약 후세에 터무니없이 손을 대서 그 건축의 형식이 손상되었을 때 원래의
형식이 명료한 경우에는 이를 복구(復旧)한다.

건축의 원래의 형식을 후세에 '터무니없이' 해한다는 생각은 서양에서 고대 로마의 건축형식을 중세의 야만이 해한다는 생각과 통하는 데가 있을지도 모르겠다. 그러나 일본에서는 고대 그리스나 로마 같은 절대적인 시대 즉 '고전 고대(古典古代)'는 존재하지 않았다.

뒤이은 (을)과 (병)은 안이한 시간 되감기를 경계하는 것이다.[5] 확실히 밝혀

---

**3 —** 《歷史地理》第三卷 第弍号, 1901년 2월에 수록

**4 —** 岡田英男, 〈建造物修理初期の批判と現在の施工上の問題点〉, 《文化財学報》第一三号, 1995, p.61(清水重敦, ibid., p.370)

**5 —** (을)과 (병)의 전문은 다음과 같다.

(을) 만약 후세의 가공인지, 만들어졌을 때의 수법인지 의심스러운 것은 잠시 의심을 남겨두고 함부로 취사하지 않고 그대로 두어 후일의 연구에 이바지한다.

(병) 만약 또 후세에 부가한 것이라고 알게 되면, 원형 여부를 자세히 밝힐 때는 함부로 상상하여 복구를 시도하지 않는다.

    4장. 문화재적 건축관: 문화재는 왜 시간을 되감았는가

지지 않은 점이 있으면 후일의 연구에 맡기고 그대로 둘 것(을), 상상에 의한 복구 (시간 되감기)를 하지 않을 것(병)의 두 방침이다. 여기서 중시하고 있는 것은 엄밀한 조사 연구를 바탕으로 정확히 복원할 것이다. 이 점에서는 반대로 비올레르뒤크 가 비판받는 '상상에 의한 수복'이 떠오를지도 모르겠다. 그리고 4장에서 논하고 있는 시간 되감기 그 자체의 어려움과 연결되는 것은 마지막 (정) 항목이다.

> (정) 만약 후세의 가공이라고 하더라도, 특히 역사상, 미술상 가치가 있는 것은
>
> 이것을 보존한다. 그러나 형식과 무관할 경우 견고함을 위해서 재래의 것을
>
> 답습한다. 그리고 고재(古材)는 가능한 한 응용하고 고색(古色)은 되도록 보존한다.

여기에는 19세기 유럽의 논점이 담겨 있는 것 같아서 흥미롭다. "만약 후세 의 가공이라고 하더라도 특히 역사상·미술상 가치 있는 것은 이것을 보존한다" 는 부분은 반 수복론자들이 주장해 온 논점이라고 할 수 있다. "후세의 터무니없 는 공사"는 제거하고 시간을 되감는 것이 (갑)에서는 전제로서 장려되었으나 후 세의 변경이 "역사상·미술상" 가치 있는 것이라면 그것을 남긴다는 반 수복의 관 점을 (정)에서 주장한다. 또 "고재는 가능한 한 응용하고 고색은 되도록 보존한 다"는 부분은 러스킨의 '세월(age)' 숭배를 떠올리게 한다.

역사적 건조물을 과거의 어떤 한 시대의 모습으로 수복하는 것은 유럽에서 는 '양식 통일'로서 비판되어왔다. 이것은 이미 살펴보았듯 19세기 영국의 수복에 서 시간의 지표가 양식(형태)의 지표로 대체된 것의 귀결이다. 비올레르뒤크가 시 작한 수복은 처음에는 건축의 시간 조작이었으나, 건축사 연구가 심화되어 '건축 양식'이 시간의 지표로서 정리되면서 형태 조작(양식의 조작)으로 전환된다. 수복이 역사적 건축에 초래한 변화는 답을 내기 어려운 '시간의 논의'를 명쾌한 '형태의 논의'로 이동시킴으로써 큰 방침이라는 면에서는 반대로 부정되어가게 된 것이다.

## 일본 문화재의 특이성

그러나 일본에서는 이 '시간'에서 '형태'로의 전환이 순조롭지는 않았던 것이 아닐까. 왜냐하면 일본의 전통적 목조건축의 양식은 시간의 지표가 아니었기 때문이다.[1] 유럽에서는 고대·중세·근대라는 역사의 세 구분이 대전제로 존재한다. 16세기에 태어난 이 역사관이야말로 고딕과 르네상스라는 큰 틀의 건축양식을 결정했다. 따라서 유럽에서 건축양식이란 처음부터 시간의 표상이었다. 그러나 일본 건축사에서는 예를 들어 가마쿠라(鎌倉) 시대에 중국에서 전래되었다고 여겨지는 다이부쓰요(大仏様)·젠슈요(禅宗様)와 같은 양식은 동시대에 병존하는 다른 형태와 수법을 구분하기 위한 지표였다. 그리고 이들 중세의 건축양식을 야만이라고 폄하하는 가치관의 전환도 없었기에, 예를 들어 에도 시대에 화재로 소실된 중세의 선종 사원이 다시 젠슈요로 건설되는 일이 매우 흔했다. 이때 그 재건된 선종 사원의 건축양식은 가마쿠라 시대(중세)의 양식이라고 할 수 있을까, 아니면 에도 시대(근세)의 양식이라고 불러야 할까.

결국 일본의 건축양식에는 서양의 건축양식과는 달리 시간과 형태의 호환성이 없다. 그 때문에 일본의 수복에서 시간 되감기(복원)는 서양의 수복과는 달리 '양식 통일적이다'라는 비판이 적합하지 않았을 것이다. 19세기 후반의 반 수복 이론을 계승한 〈베니스 헌장〉이 "양식의 통일은 수복의 목적이 아니다"(제11조)라고 강조해도 일본의 문화재는 서양의 이 테제에 본질적으로는 공감할 수 없었던 것이다.

그리고 일본의 전통 공법이 서양의 석조와는 다른 목조였다는 재료의 차이는 서양의 문화재적 가치관을 도입하는데 상상 이상으로 큰 장애물이었을 것이다. 썩기 쉽고 타기 쉬운 목재와 비교했을 때, 석재는 종종 만고불변의 재료로 생

---

1 — 이 논점에 대해서는 JSPS 과학연구비 20246093 기반연구(A), 〈일본건축양식사의 재구축(日本建築様式史の再構築)〉의 연속 심포지움에 참가하여 착안하였다. 특히 〈심포지움8 중세건축의 양식연구 재고〉(2011. 12.), 〈심포지움10 '건축양식사 연구'를 넘어서—서구·일본·아시아〉(2012. 11.)의 논의가 관계있다.

     4장. 문화재적 건축관: 문화재는 왜 시간을 되감았는가

각되곤 한다. 실제로는 석재도 비바람의 침식을 받고, 그 중량 때문에 갈라지거나 깨지거나 하는 일도 드물지 않아서 파손된 석재는 목재와 마찬가지로 수리할 때 교체된다. 그렇다고 하더라도 석조건축에서 교체된 부재는 매우 적어서 구조물 전체는 마치 지반과 일체화된 바위산처럼 불변이라는 인상이 강하다. 그에 비해 덧없고 섬세한 목조건축은 건물 전체의 건전한 상태를 유지하기 위해서 상태가 악화된 부재 교체를 시스템에 받아들였으며, 오래된 재료 자체는 그다지 남아 있지 않다고 생각되기 마련이다. 그 때문에 일본의 문화재 건조물 분야에서는 서양의 건조물만큼 재료 자체가 오래되었는지는 주장할 수 없었다. 대신 일본에서는 일본 건축의 형식성과 그 불변의 형식을 호소했다. 그리고 그야말로 이세신궁의 식년천궁처럼 재료는 새로워져도 형식은 오리지널에서 변화하지 않는 점을 체현하게 된 것이다. 그 점이 반대로 일본 문화재의 복원(復原, 시간의 되감기) 조장으로 이어진 것처럼 생각된다.

## 오리지널을 중시하는 태도

결과적으로 일본의 수복은 계속해서 시간 조작이었다. 수리 공사의 기본 방침은 어디까지나 오리지널로 시간을 되감는 당초복원이었다. 그리고 그와 같은 오리지널을 중시하는 자세는 일본의 전통적 건축관보다 오히려 20세기 모더니즘적 건축관과 결부된다.

> 메이지 30년(1897)에 고건축 보존이 시작되고 75년이 지났다. 그 사이, 일관된 수리 방침은 되도록 건립 당초의 모습으로 복원하는 것이다 (…) 예술작품은 가능할 경우 원래의 형태가 가장 중시된다. 거기에 작가의 개성이 가장 잘 드러나기 때문이다. 수리하면 수리한 만큼 가치가 감소된다고 생각하는 것이 상식이다.[1]

---

1 —　太田博太郎, 〈修理と復原〉, 《重要文化財 付録12》, 每日新聞社, 1973

복원이 개선(改善)인 이유는 건축은 설계자의 의도가 잘 나타난 당초의 모습이 가장 아름답고 역사적 의의가 있다고 인정되기 때문이다. 일본 건축의 경우, 후세의 수리는 (…) 대체로 임기응변의 개악(改惡)이었다고 할 수 있다.[2]

이 발언들은 건축의 준공 순간을 중시하고 그 후의 시간 변화를 부정하는 것이었다고 할 수 있다. 지금까지 살펴보았듯 이러한 건축관은 서양의 고대 이래의 재이용적 건축관과는 전혀 다른 것이다. 오히려 기존의 건물을 부수고 나대지가 된 부지에 신축하는 재개발적 건축관과 밀접하게 결부되는 것이라고 할 수 있다. 16세기의 유럽에서 시작된 재개발적 건축관은 20세기 모더니즘에서 궁극적인 단계르 승화했다. 건축은 반드시 아무것도 없는 부지에 건축가가 설계한 대로 만들어지게 되었다. 그 건설 기간은 매우 짧고 건설하는 동안 시간 변화는 한없이 제로에 가깝다. 건축가의 구상대로 완성된 건축은 일종의 예술작품으로서 사후 변경으로부터 지켜지거나 유지보수가 필요 없는(maintenance free) 방법으로 사후 변경은 불필요해졌다. 16세기 이래의 (트랙턴버그에 의하면 알베르티 이래의) '시간 죽이기'라는 사고방식은 20세기를 맞이해서 극단적인 완성형에 이른 것이다.

건축의 시간을 멈추는 것, 그것은 문화재의 보존에서도, 20세기 건축의 신축에서도, 공통된 건축의 시간 감각이 되었다. 건축가 국제회의를 마지막으로 문화재와 신축은 각각 다른 길을 걷게 된 것처럼 보이지만 양쪽에서 건축의 시간성은 실은 서로 협력하는 관계였다고 할 수 있을지도 모른다.

그러나 20세기 후반이 되면 멈춰진 건축의 시간을 조금씩 다시 흐르게 하려는 시도가 등장한다. 그것은 신축의 영역에서도 문화재의 영역에서도 공통된 새로운 가치관의 등장, 혹은 재이용적 건축관의 부활이었다.

2 — 伊藤延男, 〈建造物の保存〉, 《文化財保護の実務 上》, 児玉幸多·仲野浩編, 柏書房, 1979, pp.672~673

    4장. 문화재적 건축관: 문화재는 왜 시간을 되감았는가

# 20세기의 건축 시간론

# 모더니즘에서 리노베이션 시대로

## 기술 혁신과 공기 단축

건축의 역사에서 모더니즘의 등장은 종종 과거와 완전한 단절이라고 여겨져 왔다. 그러나 이 책의 재이용, 재개발, 문화재라는 틀 속에서 봤을 때 모더니즘은 16세기 이래의 재개발적 건축관이 가장 순수한 형태로 나타난 것이며, 20세기가 되어 등장한 완전히 새로운 건축관은 아니었다는 것을 알 수 있다. 그러나 16세기 이래의 재개발적 건축 이론은 종종 고대 이래의 재이용적 건축 실천과 공존했으며, 이론과 실천 양면에서 재개발적인 건축행위가 주류가 된 것은 모더니즘이 등장했을 무렵의 일이었다.

20세기 건축 혁신의 기술적 배경 중 하나로 '건설 시스템의 문제'가 있다. 19세기 말 시카고에서는 철골 프레임 공법이라는 새로운 건설 시스템으로 고층 빌딩의 건설 붐이 일어났다. 지면에서 하나하나 석재나 벽돌을 쌓아 올려 건물을 건설하는 조적조라는 서양의 전통적인 건설 방법을 대신해서 철골 뼈대로 정글짐 같은 골조를 짜 맞추고 그 프레임의 틈을 메우듯 벽과 바닥을 만드는 이 새로운 건설 시스템은 건설이라는 행위를 근본부터 혁신했다. 조적조로 10층짜리 빌딩을 건설한다면 1층 벽부터 순서대로 세워 나아가야만 한다. 10층 벽이 건설되는 것은 당연하게도 마지막이다. 그러나 철골 프레임 공법으로는 처음에 골조만 완성하면 1층과 10층의 벽을 동시에 건설할 수 있다.[1] 더욱이 20세기의 막이 오르자 철근 콘크리트조도 등장한다. 이렇게 새로운 공법의 등장으로 건설에 걸리는 시간은 비약적으로 단축된다.

건설 속도의 상승, 공기 단축은 인구 증가와 경제성장 등 당시의 사회 배경

---

1 — 시카고에서의 초기 철골 프레임 고층 빌딩이 사람들에게 준 놀라움에 대해서는 다음을 참조. 高山正実, 〈企業活動へのクリエイティヴな対応 シカゴ派の建築〉, 《PROCESS ARCHITECTURE プロセス No.35 シカゴ派の建築》, 1983, p.13

과 밀접하게 연결되어 있다. 또, 두 차례에 걸친 세계 대전 종결 후 전쟁 재해로부터의 부흥, 일본에서는 간토 대지진 후의 지진 재해로부터의 부흥에서 특히 초기의 주택공급이 필수적이었다. 이 인구 증가 시대의 주택공급은 규격화와 표준화에 의한 저비용 대량생산으로 실현되었다.

## 건축의 시간을 제로로 만든 모더니즘

이러한 시스템에 의한 건축 생산은 물론 재개발적 건축관의 연장선에 있었다. 재이용적 건축관처럼 각각의 기존 건물에 맞춰 개별적인 해답을 찾는 것이 아니라 아무것도 없는 부지에 규격화, 표준화된 요소를 통해 보편적인 해답을 구하는 것이 중요했다. 예를 들어 1925년, 르코르뷔지에는 파리 우안의 광대한 역사 지구를 대규모로 재개발해서 그리드에 맞춰 새로운 도로를 설정하고 고층 집합 주택군을 연속해서 세우는 '부아쟁 계획(Plan Voisin)'을 발표했다(그림 5-3). 파리라는 역사적 도시를 뿌리째 파괴하고 새로 만들려는 이 계획은 물론 실현되지 않았지만, 이러한 난폭한 제안이 제시된 배경에는 인구 증가에 대응하지 못하는 역사적 도시의 인구 밀도를 높이려는 의도가 있었을 것이며, 그 때문에 선택된 것이 재개발이라는 수법이었다.

　　모더니즘 시대에 가속화된 재개발적 건축관은 이러한 새로운 건설 기술에 의한 공기 단축이 뒷받침한다. 그리고 착공부터 준공까지의 시간이 단축되면서 건축은 더욱더 건축가의 '작품'으로서의 지위를 강하게 획득하게 된다. 마리오 카르포는 알베르티가 설계와 시공을 원리적으로 분리함에 따라 원작자로서의 건축가라는 현대적인 정의가 태어났다고 간파했다.[2] 그러나 설계와 시공의 분리가 어째서 '원작자로서의 건축가'로 연결되는가. 그것은 전근대의 건물이 건설에 긴 시간을 요했기 때문이었다. 건축가가 구상 단계의 이데아를 도면에 응축했다고

---

2 ─　マリオ・カルポ,《アルファベットそしてアルゴリズム: 表記法による建築: ルネサンスからデジタル革命へ》,
　　美濃部幸郎訳, 鹿島出版会, 2014, p.4

　　　　　　　　5장. 20세기의 건축 시간론

하더라도 실제 건축은 긴 건설 과정에서 생활 세계(life world)의 변화에 맞춰 변화해 간다. 그 때문에 카르포는 알베르티의 이론에서 도면(design)이 오리지널이며 건물은 그 카피에 지나지 않는다는, 어떤 의미에서는 극단적인 견해를 펼치게 되었다고 말한다.

그러나 공기가 압도적으로 단축된 20세기의 건축에서는 건물이 건축가의 디자인대로 건설되는 것이 당연해졌다. 디자인부터 건설까지의 과정이 일체화되고 건축가의 작품으로서 건물이 완성되는 것은 디자인이 완성되었을 때가 아니라 건물이 준공된 순간이라고 간주된다.

이렇게 건물 그 자체가 건축가의 작품으로 인식되면서 건축은 회화와 같은 예술작품에 근접하게 되었다. 아티스트의 사인이 들어간 회화 작품이 완성 후에 변화하지 않는 것과 마찬가지로 건축가의 사인이 들어간 건축 작품도 고급 예술(high art)의 반열에 올라 완성 후의 시간 변화를 용인할 수 없게 되었다. 건축가들은 건물에서는 불가피한 시간 변화였을 터인 풍화마저 기피하게 된다. 건축 작품은 박물관의 미술 작품처럼 그대로의 모습으로 계속 지켜져야만 했다.

즉 모더니즘 건축에서의 시간 감각은 전근대의 건축과 크게 바뀌었다. 건설에 걸렸던 긴 시간이 놀라울 정도로 단축되어 건설 후의 시간 변화도 거의 없어졌다. 트랙턴버그가 말하는 '시간 속의 건물(building-in-time)'은 한없이 제로에 가까워졌다.


## 형태는 기능을 따른다

또 건설된 후의 시간 변화로 기능이 전용되는 것은 역사적으로 대부분의 건축에서 일어난 일이다. 그러나 모더니즘을 지탱한 또 하나의 이념은 그것과 상반된 것이었다. 즉 '형태는 기능을 따른다'는 아포리즘으로 알려진 기능주의 이념이다. 기능이 형태에 앞장선다면 기존의 형태를 재이용하여 다른 기능으로 전용하는 것은 건축행위로서 올바르지 않게 되어버린다. 1904년의 〈마드리드 선언〉에서도 "애초부터 의도된 목적에 계속 도움이 될 것"만이 '살아 있는 모뉴먼트'라고 정의되었다. 애초 목적과 다른 기능으로 전용된 건물은 '죽은 건축'이 되어버리는 것이다.

그러나 20세기 후반의 건축가들은 다시 조금씩 건축의 시간 변화에 관한 관심을 심화시켰다. 그리고 결국에는 리노베이션 시대 혹은 컨버전 시대라고도 부를 만한 현대의 재이용적 건축관에 다시 불이 붙기에 이르렀다. 여기에서는 건축의 시간 변화에 대한 건축가들의 관심을 단계적으로 살펴보기로 한다. 그 전에 현대 건축의 재이용적 건축관과 건축의 시간을 멈추려는 모더니즘 건축관이 어떻게 다른지에 대해 한 권의 책을 참조하면서 확인하고자 한다.

## 건물은 어떻게 배우는가: 세워진 후에 무슨 일이 일어나는가

1994년, 건축의 재이용이라는 현상으로 사람들의 관심을 이끌어낸 중요한 책이 간행되었다. 스튜어트 브랜드(Stewart Brand)의 《건물은 어떻게 배우는가: 세워진 후에 무슨 일이 일어나는가(How Buildings Learn: What Happens After They're Built)》가 그것이다(그림 5-1). 1997년에 이 책은 영국 BBC에서 저자인 브랜드가 안내하는 총 6회짜리 TV 시리즈로 방영되었다.

〈그림 5-1〉 스튜어드 브랜드의 《건물은 어떻게 배우는가: 세워진 후에 무슨 일이 일어나는가》 표지. 사진은 1857년의 오리지널 디자인과 그 주택의 1993년의 모습이다.

브랜드는 집필의 배경이 된 미국 건축업계의 변화를 설명한다.[1] 우선 1980년대 10년간 주택 리노베이션은 배로 늘었다고 한다. 상업시설 분야에서도 1980년대 동안 개축을 위한 지출액이 신축의 4분의 3배에서 2분의 3배로 증가했다. 1989년 한 해 동안 리노베이션을 위해 사용된 미국 국내 총액(2,000억 달러)은 GNP의 5%에 달했다. 더욱이 거의 모든(96%) 건축가가 어떤 형태로든 리노베이션과 연관되어 있으며, 건축가들의 수입 중 4분의 1은 리노베이션으로 발생한 것이었다고 한다.

---

1 — Stewart Brand, *How Buildings Learn: What Happens After They're Built*, Penguin Books, 1995, p.5

일본에서 이 같은 리노베이션의 유행은 1990년대 후반 이후, 특히 21세기가 되어야 두드러진다. 20세기는 모더니즘이라는 건축의 시간 변화를 부정하는 건축관과 함께 시작되었으나 세기말에는 리노베이션이라는 건축의 시간 변화가 조금씩 침투한 것이다. 20세기의 시작과 끝의 두 건축관에서 보이는 시간 감각의 차이를 브랜드는 건축(architecture)과 건물(building)이라는 말의 차이로 설명한다.

널리 쓰이는 "건축(architecture)"이라는 학술어는 언제나 '변화하는 일 없는 심연의 구조'를 의미한다.

그러나 그것은 환상이다. 새로운 용도는 건물을 반복적으로 방기하거나 계속해서 변형시킨다. 오래된 교회당은 그것이 아무리 사랑스러운 것이라도 교구민들이 없어지고 새로운 용도를 발견하지 못하면 철거된다. 오래된 공장은 가장 간소한 건물인데 몇 번이고 부활을 반복한다. 애초에 경공업이 집적된 곳이었으나 그다음에는 아티스트들의 공방이 된다. 이어서 (최상층에 부티크나 레스토랑이 들어온) 오피스가 되고 나아가 다른 무언가가 그 뒤를 이으려 한다. 처음에 도면이 그려지고 나서 결국 철거될 때까지 문화재적 동향의 변화에 따라, 부동산 가치의 변화에 따라, 용도의 변화에 따라 건물은 몇 번이고 변형을 반복한다.

"건물(building)"이라는 단어는 두 가지 현실을 포함한다. 그것은 '세운다는 행위'인 동시에 '세워지는 것'이며, 동사이며 명사이며 행위이며 결과이다. '건축'이 영원하려고 하는 한편, '건물'은 세우는 것을 계속 반복하고 있다.[1]

브랜드의 "건물(building)"이라는 해석은 설득력이 있다. 이 책의 제목도 "시간이 만든 건축"이 아니라 "시간이 건물을 만든다"라고 지었어야 했을지도 모른다. 이 책에서 몇 번이고 다룬 트랙턴버그의 책도 《시간 속의 건축》이 아니라 《시간

<hr>

1 —  Stewart Brand, *How Buildings Learn: What Happens After They're Built*, Penguin Books, 1995, p.2

속의 건물》이다. 아마도 시간 속에서 변화해 가는 것은 실체로서의 건물이며, 건축가의 구상 단계 속의 이데아는 건축이라고 불러야만 할지도 모른다. 이 책에서는 그러한 모든 것을 포함한 '건축관'을 문제시함으로써 결과적으로 '건축'이라는 말을 제목으로 선택했다.

## 기능은 건물을 계속해서 변형시킨다

브랜드는 기능주의라는 모더니즘 이념과 건물의 시간 변화를 다음과 같이 정합시켜 설명한다.

건물과 그 이용의 상호관계를 이해하기 위한 상징으로서 가장 많이 참조된 두 인용문이 있다. 첫째는 20세기를 통틀어 울려퍼진 "형태는 기능을 따른다(Form follows function)"라는 말이다. 이것은 1896년에 시카고의 고층 빌딩 디자이너인 루이스 설리번(Louis H. Sullivan)이 제창한 것으로 모더니스트 건축이 창립되었을 때의 이데아였다. 이것과 완전히 정반대의 콘셉트가 윈스턴 처칠(Winston Churchill)이 말한 "사람은 건물을 만들고, 건물은 사람을 만든다(We shape our buildings and they shape us)"라는 말이다. 이들은 모두 천리안과 같은 통찰이며 바른 방향을 제시하고 있다. 하지만 모두 그 사정거리가 너무 짧았다.

설리번의 "형태는 기능을 따른다"는 말은 최근 한 세기 동안 건축가들을 잘못 인도하 왔다. 즉 건축가들에게 미리 기능을 상정하는 것이 가능하다고 믿게 만들고 만 것이다. 처칠의 "사람은 건물을 만들고 건물은 사람을 만든다"라는 단호한 말은 현실의 사이클 전체를 도중에서 절단하고 말았다. 처음에 우리는 건물의 형태를 만들고, 건물이 우리를 그 형태에 끼워 넣는다. 이어서 우리는 건물을 변형시킨다. 이것이 영구히 반복되는 것이다. 기능은 영구히 계속해서 형태를 변형시킨다.[2]

2 — ibid., pp.2~3

"모더니즘의 이념은 잘못되었다!"라고 고압적으로 비판하는 것이 아니라 설리번의 아포리즘을 받아들이고 "기능은 영구히 계속해서 형태를 변형시킨다"라고 건물의 시간 변화를 설명하는 부분은 과연 재치 넘친다고 할 수 있다. 그러나 20세기의 건축관은 모더니즘에서 갑자기 이 단계에 이른 것이 아니다. 브랜드의 유명한 《전지구 카탈로그(Whole Earth Catalog)》는 1970년 전후의 미국에서 DIY나 직접 집짓기(self-build)를 조명한 혁신적인 잡지였다. 아마 20세기 후반의 DIY 유행도 "변화하는 일 없는 심연의 구조"였던 건축에 시간 변화를 가져온 요인 중 하나였을 것이다.

20세기 후반에는 브랜드의 《전지구 카탈로그》 이외에도 건축 시간론과 관련한 몇몇 변화의 단계를 발견할 수 있을 것 같다. 지금부터 〈그림 5-2〉처럼 1956년, 1964년, 1978년에 건축 시간론 변화의 상징적인 사건을 발견하고 그 변화를 단계적으로 좇으려 한다.

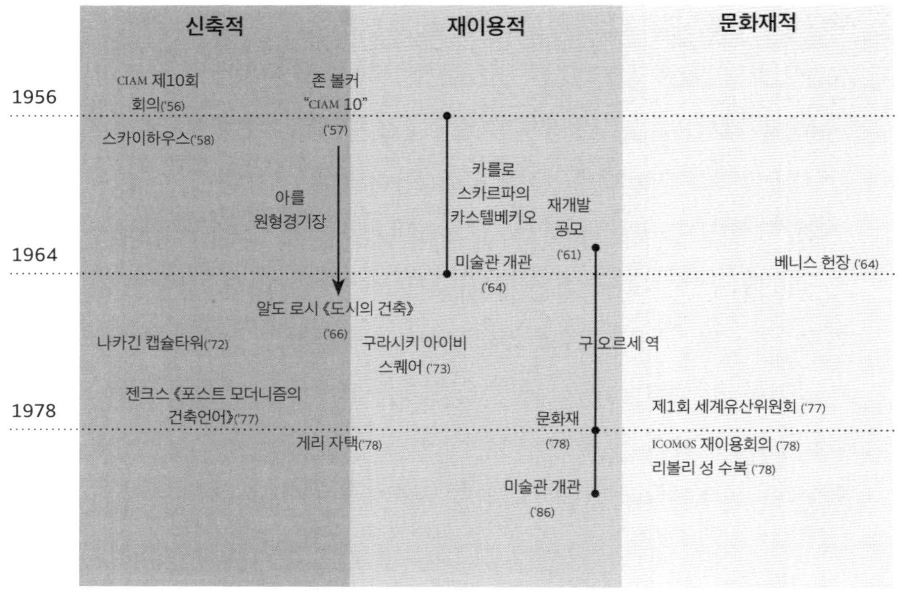


〈그림 5-2〉 20세기 후반의 건축 시간론과 관련된 사건

# 시간 변화하는 건축의 모색(1956)

## 팀텐

20세기 초반 모더니즘 이념을 국제적인 공통의식으로 높인 조직으로서 근대건축국제회의(CIAM)가 해낸 역할은 크다. 1928년의 제1회 회의 이래 수년에 한 번씩 세계의 건축가들이 집결하여 근대 건축이 나아가야 할 방향을 논의해 왔다. 그러나 제10회 회의, 1956년에 유고의 두브로브니크에서 개최된 회의에서는 젊은 세대의 건축가들이 20세기 초반의 모더니즘을 견인해 온 거장들을 비판하고 모더니즘을 대신한 새로운 건축을 모색하기 시작한다. 실제로는 1959년의 제11회 회의가 마지막 회의가 되는데, 1956년 회의가 CIAM의 실질적인 붕괴였다고 일컬어지는 것은 그 때문이다.

제10회 회의를 이끈 젊은 건축가 그룹인 팀텐(Team X)이 이 회의에서 논점으로 제시한 것은 클러스터, 모빌리티, 성장과 변화, 도시계획과 거주였다. 그 중에서도 건축 시간론의 관점에서 중요한 것이 '성장과 변화'일 것이다. 팀텐의 건축가들은 성장하여 변화하는 건축과 도시를 모색했다.

<그림 5-3> 르코르뷔지에, '부아쟁 계획'(모형), 파리, 1925

팀텐의 창설 멤버 중 스미슨 부부[피터 스미슨(Peter Smithson, 1923~2003), 앨리슨 스미슨(Alison Smithson, 1928~1993)]는 이미 1952년부터 시작한 '골든 레인 프로젝트'(그림 5-4)에서 이 문제들에 대한 해결책을 구체화하기 시작했다. '골든 레

<그림 5-4> 스미슨 부부, '골든 레인 프로젝트'(포토몽타주), 런던, 1952

인 프로젝트' 혹은 그 개념 모델이라고도 할 수 있는 '클러스터 시티'의 제안은 기존 도시 조직의 틈을 꿰매듯 집합주택을 세우고 그것들을 공중 복도로 연결해 가는 것이었다. 그것은 도시적 규모를 가진 제안이었으나 20세기 초반 르코르뷔지에가 제안한 도시계획 '300만 명의 현대도시'나 그것을 파리에 적용하려고 했던 '부아쟁 계획'(그림 5-3) 같은 대규모 면적 재개발을 동반한 것은 아니었다. 오히려 기존의 도시 구조를 남기면서 그 상공을 새로운 네트워크로 연결해 간다는 점에서 도시의 리노베이션이라고도 할 수 있는 것이었다. 르코르뷔지에의 도시계획이 파괴와 신축에 바탕한 엄격한 그리드 구조에 계획되었던 데 비해 클러스터 시티에서 도시의 틈에 상정된 새로운 건물은 제각각 다른 방향을 향해 세워지게 되는 것이다.

클러스터 시티가 기존의 도시 조직을 파괴하는 것이 아니라 그 위에 새로운 레이어를 겹치는 제안이었던 것은 확실하다. 그러나 한편으로 각각의 건물에 주목한다면 그것은 신축 프로젝트였다. 그 제안은 아직 기존 재이용은 아니었다.


## 변화의 미학

스미슨 부부는 CIAM 제10회 회의 다음 해 〈변화의 미학〉이라는 제목의 논고를 발표한다. 팀텐의 멤버들이 '변화와 성장'이라는 새로운 콘셉트로 무엇을 의도하고 있었는지 이 논문에서 읽어낼 수 있다.

> 새로운 건물은 '변화의 척도'에 의해 그 건물군 전체의 '변화의 규모'를 제시해야만
> 한다. 그리고 그 미학은 아직 존재하지 않고 상상마저 할 수 없는 무언가와의 연결을
> 가정한 '변화의 미학'이어야만 한다. 그 형상도 변화'할' 수 있을 뿐 아니라 변화를
> '시사하는' 것이어야만 한다.[1]

1 — A. and P. Smithson, "The Aesthetic of Change", *Architect's Year Book*, vol.8, 1957, p.17

　　스미슨 부부는 건축의 시간 변화라는 콘셉트로 20세기의 건축 시간론에 새로운 국면을 가져왔다. 그러나 그것은 '아직 존재하지 않고 상상마저 할 수 없는' 미래의 시간 변화였다는 점이 중요하다. 그들은 과거를 계승한 기존 건물을 변화시킴으로써 건축에 흐르는 시간을 미래로 지속하려 한 것이 아니라 그들이 새로이 설계한 신축 건물의 미래에 변화의 가능성을 꿈꾼 것이다.

　　이 무렵 일본에서도 미래의 시간 변화를 설계에 받아들인 건축가들이 등장한다. 기쿠타케 기요노리(菊竹淸訓, 1928~2011)의 자택 '스카이하우스'는 1957년부터 1958년에 걸쳐 건설된 것으로 바다 건너 스미슨 부부가 '변화의 미학'을 모색하던 시기에 실현된다. 변화하는 건축이었다. 시간 변화하는 건축이라는 기쿠타케의 콘셉트는 1960년의 유명한 〈메타볼리즘 선언〉으로 결실을 맺는다. 가와조에 노보루(川添登), 오타카 마사토(大高正人), 마키 후미히코(槇文彦), 구로카와 기쇼(黑川紀章) 등과 함께 발표한 《METABOLISM/1960: 도시를 향한 제안》의 첫머리를 장식한 기쿠타케는 "우리가 제안하는 것이 아니다. 도시의 혼란과 마비가, 그리고 건축의 정체와 모순이 제안하게 한 것이다"[2]라고 드높여 선언한다. 여기에는 팀텐과 마찬가지로 제2차 세계대전 후에 시작된 압도적인 성장 시대의 인구와 자동차 교통의 급증이라는 도시와 건축의 문제에 대립하려는 건축가들의 자세가 나타나 있다.

　　기쿠타케 기요노리의 자택 '스카이하우스'는 도시문제라는 거시적인 관점에 직접적으로 대처하려 한 것은 아니다. 오히려 가족과 주택이라는 미시적인 건축의 문제에 대해 '시간 변화하는 주택'이라는 콘셉트에 응하려고 한 것이었다. 아이의 탄생부터 둥지를 떠날 때까지 변화하는 가족의 상황에 맞춰 변화하는 건축을 그는 '신진대사'라는 생명의 메타포로 실현했다. 네 개의 거대한 벽 모양의 기둥이 정사각형의 주택을 공중에 띄우고 무브넷이라고 명명된 박스 모양의 유닛을 필요에 따라 이 주택에서 매달아 불필요해지면 제거한다. 그것은 그야말로 건축의 시간 변화를 체현한 주택이었다.

---

2 ─　《METABOLISM/1960: 都市への提案》, 美術出版社, 1960

마찬가지로 분해할 수 있는 유닛으로 구성된 궁극적인 건축 디자인은 메타볼리즘 그룹의 일원인 구로카와 기쇼(1934~2007)에 의해 조금 늦은 1972년에 등장한다. 캡슐 모양의 최소한 주택 유닛의 집합으로 디자인된 '나카긴 캡슐타워(中銀 カプセルタワー)'다. 여기에는 주택 유닛 그 자체가 분해할 수 있도록 설계되어 타워에서 이 캡슐을 분해하면 집째로 이사할 수 있는 SF적인 건축이었다.

## 실현되지 않았던 미래의 시간 변화

한편 팀텐이나 메타볼리즘 등 젊은 건축가들이 도전한 CIAM의 중심인물 르코르뷔지에 또한 이 시기 미래의 시간 변화를 받아들인 건축을 실현한다. 일본의 유일한 르코르뷔지에 작품으로 알려진 국립서양미술관(1959년 개관)을 비롯한 무한 성장 미술관이라는 콘셉트를 바탕으로 설계된 일련의 미술관에서 미술관의 수장품 증가에 맞춰 나선형의 평면을 가진 건물이 확대되어 가는 것이었다.

원래 이 아이디어는 그가 1931년 '파리 현대 미술관'의 설계안부터 1939년의 '무한성장 미술관'에 걸쳐 생각했던 것으로, 20세기 초반이라는 이른 단계에서 시간 변화하는 건축 시스템을 검토한 것은 감탄하지 않을 수 없다. 그러나 그런 그가 1950년대 중반이 되어 즉 20년이라는 시간이 지나 이 무한성장 미술관 콘셉트를 실현으로 옮길 때 동시대 건축 시간론으로부터의 영향은 없었을까. 1887년에 태어난 르코르뷔지에가 40세나 어린 젊은 건축가들을 보며 자신은 이미 그런 것은 검토했었다고 과시하듯 1952년부터 58년에 걸쳐 인도의 아마다바드(Ahmedabad)의 산스카르 켄드라(Sanskar Kendra) 미술관을, 1958년부터 59년에는 도쿄의 국립서양미술관을, 그리고 1950년대부터 1960년대에 걸쳐 인도의 찬디가르(Chandigarh) 시립미술관을 건설했다. 분명 이들 미술관은 팀텐이나 메타볼리즘이 문제시한 초성장 시대의 도시와 건축 문제에 직접적으로 답한 것은 아니다. 그러나 1950년대의 건축 시간론이라는 점에서 양쪽 모두 같은 문제의식을 공유하고 있었다고 할 수 있다.

그러나 건축 시간론이라는 관점에서 진짜 흥미로운 점은 르코르뷔지에의 국

립서양미술관도 구로카와 기쇼의 나카긴 캡슐타워도, 결국은 상정한 대로의 시간 변화를 이루지 못했다는 사실이다. 건축가의 손을 떠난 건물은 건축가가 상정한 대로 변화해주지 않았다. 기쿠타케 기요노리의 스카이하우스는 그의 자택이었기 때문인지 분명 시간 변화하는 건축이 되었다. 그러나 반세기에 걸친 변화 속에서 설계단계에서 상정하지 않았던 변화를 이루게 되었다. 공중에 떠 있던 '하늘의 집(空の家)'은 완전히 지면에 뿌리를 내린 '육지의 집(陸の家)'이 되었다.

스카이하우스로부터 배울 점은 두 가지 있다. 첫째는 건축가의 자택이라는 조건이 건물의 시간 변화를 용이하게 했다는 점이다. 둘째는 아무리 건축가의 자택이라고 하더라도 구상 단계에 상정했던 대로 건물이 시간 변화하지 않았다는 점이다.

## 아를의 원형경기장

1930년을 전후하여 태어난 건축가들은 이러한 건축의 시간 변화에 큰 관심을 안고 있으면서도 자신이 설계한 건축 작품의 미래 시간 변화를 몽상했고, 그럼에도 상정한 대로는 좀처럼 이뤄지지 않았다. 그 이유에 대해서는 앞에서 살펴봤듯 건축 재이용의 역사를 생각하면 쉽게 이해할 수 있을 것이다. 건축의 재이용은 건축가의 구상 단계의 이데아에 미리 포함되는 종류의 것이 아니라 큰 사회 변동 속에서 전혀 예상하지 않았던 변화를 가져다주는 것이기 때문이다. 그러나 이 세대의 건축가들도 마찬가지로 역사상 건물의 시간 변화 조사에 착수했었다.

예를 들면 영국의 건축가 존 볼커(John Voelcker, 1927~1972)는 CIAM 제10회 회의 다음 해에 이 회의의 보고 논문을 썼는데, 당돌하게 주택군이 기생하여 도시화된 아를의 원형경기장을 그린 17세기의 그림(그림 2-2)을 실었다. 볼커는 분명히 여기에서 건축 시간 변화의 가능성을 발견하고 있다. 논문에는 아를의 원형경기장에 대한 직접적인 설명은 없다. 그러나 그가 설명하는 '선행하는 건물군으로부터 생긴 공간과 시간의 연속체'라는 표현은 원형경기장의 환생(after life)을 건축가다운 말로 훌륭하게 나타낸 것이라고 할 수 있다.

건물 요소(building element)는 훌륭할 정도로 명확한 어떤 최종 형태를 향해 형태 위에서 융합되어 간다. (…) 기둥이 나타났다고 생각하면 그것은 조금씩 벽에서 분리되어가고, 그리고 또 다시 벽으로 돌아온다. 판상 담장은 상황에 따라 프레임 구조 안으로 사라져간다. 거기에 있는 것은 어느새 건물 그 자체가 아니라 선행하는 건물군에서 발생한 공간과 시간의 연속체이며, 그것의 전개다.[1]

아를의 원형경기장을 그린 도판은 알도 로시(Aldo Rossi, 1931~1997)의《도시의 건축》(1966)에도 등장해서 더욱 유명해졌다. 그는 이 유명한 책에서 수많은 역사적 건물을 다루고 그것들의 기능이 변화무쌍했음을 강조한다. 모더니즘의 소박한 기능주의는 잘못되었으며, 건축의 기능과 형태의 관계는 그렇게 단순하게 정해지는 것이 아니라는 것이 그의 주요한 논점 중 하나였다.

로마 원형극장은 정확하고 명백한 형태와 기능이 있다. 그러므로 그것은 단순한 용기(容器)로 생각할 수 없는 요소며, 오히려 그 구조와 건축과 형태를 통해 대단히 정확하게 정의되는 요소다. 그러나 그것과는 관계없이 인류 역사상 극적인 순간 중 하나인, 외부에서 발생한 역사적 사건으로 인해 로마 원형극장은 기능이 바뀌었고, 도시가 되었다. 그리고 극장이자 도시이기도 한 이러한 로마 원형극장은 도시 전체를 내부로 가두고 보호하는 요새 역할도 떠맡았다.[2•]

이 점에서 로시는 아를의 원형경기장의 예에서 건축의 기능 전용 가능성을 발견했다고 할 수 있을 것이다. 로시를 포함한 1950년대 중반 이후의 건축가들은 분명 건축의 시간 변화와 기능 전용의 가능성을 눈치채고 있었다. 그러나 무시무

1 ─ John Voelcker, "CIAM 10, Dubrovnik, 1956", *Architect's Year Book*, vol.8, 1957, p.50
2 ─ アルド・ロッシ,《都市の建築》, 大島哲蔵·福田晴虔訳, 大龍堂善店, 1991, p.128
• ─ 알도 로시,《도시의 건축》, 오경근 옮김, 동녘, 2003, 165, 167쪽에서 인용

시한 속도로 사회가 성장하는 시대에 그들이 기존 건물의 재이용에 눈을 돌리는
일은 거의 없었다. 미래의 시간 변화를 도입한 신축 건물. 이것이 1950년대의 건
축 시간론의 중심이며, 초성장 시대에 직면한 건축가들이 내린 해답이었다.

# 역사적 건축에 대한 태도(1964)

## 카스텔베키오 미술관

1956년이 특별한 해가 아니었던 것처럼 1964년도 반드시 과거와의 단절을 나타내지는 않는다. 그러나 이 해는 문화재적 건축관의 리바이벌이라고도 부를 만한 중요한 건축이 등장한 해다. 이탈리아의 건축가 카를로 스카르파(Carlo Scarpa, 1906~1978)가 작업한 베로나의 카스텔베키오 미술관(Museo di Castelvecchio)이 개관한 것이 1964년의 일이었다.

지금까지 살펴보았듯 건축에 시작의 순간도 완성의 순간도 없다면 이 미술관이 개관한 1964년을 새삼스레 중요시하여 다뤄서는 안 될지도 모른다. 이 미술관의 개관 역시 이 건축의 오랜 시간 변화의 역사 중 한 과정에 지나지 않기 때문이다. 그러나 스카르파가 디자인하여 1964년에 오픈한 카스텔베키오 미술관은 기존 건물의 재이용, 역사적 건물의 재이용이라는 점에서 지극히 중요한 사건으로 널리 알려져 있다.

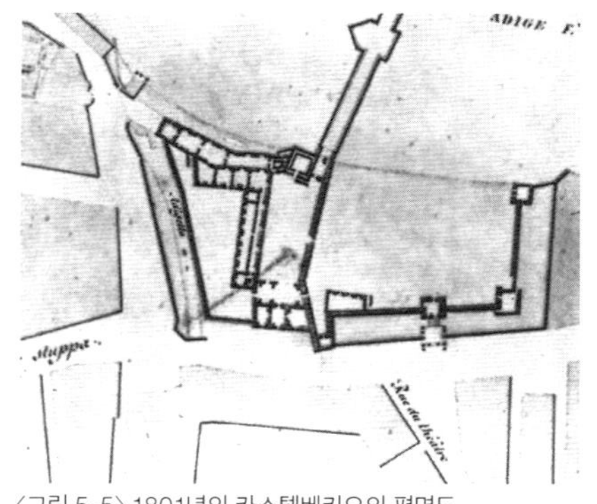

〈그림 5-5〉 1801년의 카스텔베키오의 평면도

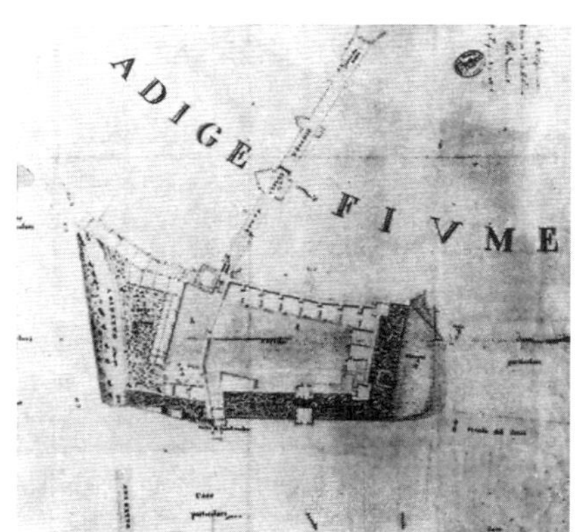

〈그림 5-6〉 1806년의 카스텔베키오의 평면도. 중정 북쪽의 강변과 동쪽 병사 증축 부분이 그려져 있다.

이 고성(Castel vecchio)의 역사는 중세까지 거슬러 올라간다. 그리고 근대가 되면 아디제 강변에 건설된 이 성곽은 나폴레옹 시대 재이용 건축의 실제 사례가 된다. 프랑스에서 많은 중세 성곽 건축이 근대 군대의 병영으로 전용된 것과 마찬가지로 베로나의 카스텔베키오 또한 나폴레옹 점령기에 병영으로 전용되었다. 성

벽으로 둘러싸인 이 성의 중정은 원래
는 강을 향해 열려 있었다. 그러나 이때
중정에 면해 병영이 증축되어 중정은
강을 향해 열린 것이 아니라 닫히게 되
었다[1](그림 5-5, 그림 5-6).

　　이때 건설된 병영의 파사드는 당연
하게도 미적으로 디자인되었다기보다

〈그림 5-7〉 중정에 증축된 병영. 왼쪽이 강변에 증축된
부분

는 합리적이고 즉물적으로 디자인되었으며, 당시의 사진을 보면 기하학적 패턴
창이 반복된 무뚝뚝한 것이었다(그림 5-7).

　　다음으로 이 건물이 크게 변모하는 것은 1920년대의 일이다. 사실 카스텔베
키오는 카를로 스카르파에 의해 1960년대에 처음으로 미술관으로 전용된 것이
아니다. 그보다 40년이나 전에 안토니오 아베나(Antonio Avena)가 감수하여 이 중세
의 성곽, 근대의 병영은 미술관으로 전용되어 1926년에 개관했었다.[2]

　　따라서 단순히 기존 건물의 재이용이라는 점 혹은 군사시설에서 문화시설로
의 기능 전용이라는 점에서 스카르파의 작업은 새로울 것이 없었다. 그의 작업이
20세기의 건축에 새로운 지평을 열게 된 것은 건축 시간론의 관점에서 보면 건축
가로서의 창조성과 문화재적 건축관을 융합시켰다는 점에 있었다고 할 수 있다.

## 안토니오 아베나에 의한 역사적 환상

스카르파가 이 작업을 의뢰받은 1956년 당시, 1920년대 아베나의 작업은 실로 큰
비판의 대상이었다. 아베나의 작업은 대체 무엇이 문제였을까.

　　아베나는 19세기 초 이래의 나폴레옹군, 그리고 빈 체제기의 오스트리아군
병영으로 사용되어 온 카스텔베키오를 미술관으로 전용할 때, 하찮은 병영 디자

---

1 —　Richard Murphy, *Carlo Scarpa & Castelvecchio*, Butterworth Architecture, 1990, p.6

2 —　ibid., p.7



5장. 20세기의 건축 시간론

인을 걷어내고 중세의 화려한 디자인을 되돌리고 싶다고 생각했다. 아베나의 작업은 나폴레옹 시대의 난폭한 재이용과 기능 전용을 부정하고 그 시절 중세의 모습을 되찾고 싶어 했다는 점에서 19세기 초반의 프랑스에서 '시간 되감기'를 행한 수복 건축가의 작업과 완전히 같은 배경을 가진다. 그러나 그는 19세기에 증축된 병영 건물 모두를 철거하지 않고 파사드만 재건축했다. 따라서 그것은 엄밀한 의미에서 시간 되감기는 아니었다. 그러기는 커녕 그가 행한 것은 수복이라기보다는 오히려 재이용이라고 불러야 하는 것이었다.

〈그림 5-8〉 안토니오 아베나에 의해 중세풍으로 개축된 파사드. 오른쪽이 강변 부분

아베나의 작업은 글자 그대로 기존 건물의 재이용이었다. 나폴레옹 시대 병영의 파사드는 이미 살펴본 대로 중세다움이라고는 눈곱만큼도 없는 사각형 창이 배열된 것이었다. 그래서 그는 이 파사드를 중세풍으로 바꾸기 위해서 스폴리아를 행했다. 마침 1882년에 일

〈그림 5-9〉 1882년의 홍수로 철거된 베로나의 팔라초 데이 카멜렝기(Palazzo Dei Camerlenghi)

어난 아디제강의 범람으로 베로나 시내는 홍수 피해를 입어 한 채의 중세 저택이 철거되었다. 이 건물의 파사드에는 고딕풍의 화려한 창이 늘어서 있었고(그림 5-9), 철거될 때 이 고딕풍의 창틀은 그 아름다운 장식도 모두 보관되어 있었는데, 아베나는 그것을 카스텔베키오의 옛 병영 파사드에 재이용했다[1](그림 5-8). 결과적으로 중정에 면한 이 큰 벽면에는 고딕풍의 창이 몇 개나 나란히 위치하여 매우 아름다운 중세풍의 디자인으로 변했다. 그러나 이것은 수복도 복원도 아니

1 — Richard Murphy, *Carlo Scarpa & Castelvecchio*, Butterworth Architecture, 1990, p.7

다. 이 건물의 역사에서 이 같은 모습이었던 적은 한 번도 없었기 때문이다. 오히려 기존 건물의 구조와 공간의 재이용, 그리고 역사상의 정교한 장식과 건축 부자재를 다른 곳에서 이설한 스폴리아라는 점에서 아베나의 작업은 전근대의 재이용과 유사한 것이었다.

그러나 한편으로 그의 작업은 근대의 간섭(나폴레옹 시대의 병영)을 걷어내고 중세의 디자인으로 통일한다는 양식적인 시간의 되감기 행위이기도 했기에 그 작업은 문화재의 관점에서 평가되었다. 그리고 문화재의 관점에서 바라보는 한, 그의 작업은 역사의 날조이며, 전혀 올바르지 않은 것으로 평가되었다.

참고로 아베나는 베로나의 역사적 건물을 수복하여(그림 5-10), 아름다운 발

〈그림 5-10〉 아베나에 의해 '수복'되기 전의 '줄리엣의 집'

〈그림 5-11〉 아베나에 의해 '수복'된 '줄리엣의 집'

코니를 증축하고 '줄리엣의 집'으로 알려진 관광 명소를 만들어 낸 것으로도 알려져 있다(그림 5-11). 셰익스피어 작품《로미오와 줄리엣》의 무대가 된 이 도시를 방문한 관광객이 그 유명한 발코니를 사진에 담고 만족하며 집으로 돌아갈 수 있게 된 것은 아베나 덕분이다. 물론 로미오도 줄리엣도 가공의 인물이며, '줄리엣의 집'은 역사적 사실이 아니다. 아베나는 실체로서의 역사적 건조물에 새겨진 시간성을 능숙하게 이용함으로써 일종의 역사적 환상을 만들어 낸 인물이라고 할 수 있을 것이다. 그것은 카스텔베키오에서 그가 만들어 낸 중세풍의 파사드와도 어딘가 통하는 수법이었던 것처럼 생각된다.

## 스카르파의 카스텔베키오

1964년에 개관한 스카르파의 카스텔베키오도 이 건물을 문화재로 지정하기 위한 작업이었던 것은 아니고 미술관으로서의 질을 높일 목적의 작업이었다. 그러나 스카르파의 작업에는 오히려 20세기의 문화재적 건축관과의 친화성을 발견할 수가 있다. 20세기의 문화재적 건축관은 자칫하면 오리지널을 과대하게 평가하기 마련인 가치관과 대항하면서 "과거의 역사적 예술작품은 어떤 시대의 양식도 제외하지 않고 존중되어야만 한다"(1931년, 〈아테네 헌장〉)고 부르짖어왔다. 스카르파는 이러한 문화재의 태도를 받아들여 중세의 성곽 부분도 근대의 병영 부분도 나아가서는 1920년대의 아베나 시대에 디자인된 유사 중세풍의 파사드마저도 모두 기존 부분을 살리면서 이 미술관을 정비했다.

〈베니스 헌장〉으로 문화재적 건축관이 그 완성형에 달하려고 했던 시대에 건축가 쪽에서 이러한 사고방식에 다가가면서 역사적 건물을 재생하는 데 성공한 이 건축은 건축 시간론을 새로운 국면으로 전환한 중요한 사례가 되었다. 이 무렵부터 아무리 그 건물이 문화재로 지정되지 않았다고 하더라도 역사적인 기존 건물을 재이용하는 경우에는 문화재 규정을 참조해야만 한다고 생각하게 된다.

# 역사적 건물의 재이용이라는 가능성(1978)

### 세계유산의 탄생

1964년의 〈베니스 헌장〉 그리고 1965년 이코모스의 설립은 국제적인 약속으로서의 문화재 규정을 정했을 뿐 아니라 기존의 (역사적인) 건물로 대치할 때 '올바른' 태도를 정했다고 할 수 있다. 이 문화재적 건축관은 일종의 윤리적 태도로서 건축에 종사하는 모든 사람에게 적용되게 되었다. 이것이 적용되지 않는 것은 오로지 재개발로 모든 것을 파괴하는 경우뿐으로 이 경우에는 윤리성보다도 경제성이 우위에 서게 된다. 건물을 남기려고 하면 문화재의 모럴리티가 모습을 드러내기 때문에 그것을 피하기 위해서 조급하게 부숴버리고 말자는 태도마저도 여기저기서 보이는 것 같다.

19세기에 등장한 문화재적 건축관은 이렇게 20세기 후반에는 매우 강한 이념으로 승화되며, 그 궁극의 모습이 '세계유산'이다. 1972년에 비준된 세계유산 조약을 바탕으로 제1회 세계유산위원회가 개최되어 그 실제 작업 지침이 정해진 것은 1977년의 일이다. 그리고 마침내 1978년의 제2회 세계유산위원회에서 최초의 세계유산(문화유산 8건, 자연유산 4건)이 등록되었다. 이렇게 문화재는 각 국가의 유산이라는 자리에서 전세계 인류의 유산이라는 존재로 격이 올라가게 되었다.

### 재이용의 가능성

'문화재'라는 이념이 이렇게 더욱더 순화된 한편, 문화재 측면에서 역사적 건물 재이용의 가능성에 대한 관심이 제기된 것도 1978년의 일이었다. 같은 해 1월 31일부터 2월 4일에 걸쳐 아비뇽의 교황청에서 이코모스 프랑스 지부가 주최한 대규모 심포지엄이 개최된다. 그것은 '역사적 기념물 사용'에 관한 토론회이며, 거기서 "창조와 전통을 화해시켜 역사적 기념물에 생명을 다시 불어넣을" 가능성을 토론했다.

이에 앞서 실시된 것이 《건축유산의 재이용》이라는 조사였다. 출판된 책의 표지에는 다시금 아를의 원형경기장이 등장한다(그림 5-12). 이것은 프랑스의 환경성 건축국(당시)과 역사적 기념물국의 공동 개최 사업으로 실시된 조사연구인데 실제로 조사를 담당한 것은 도시·건축연구회의(A.R.U.A.)라는 조직이다.

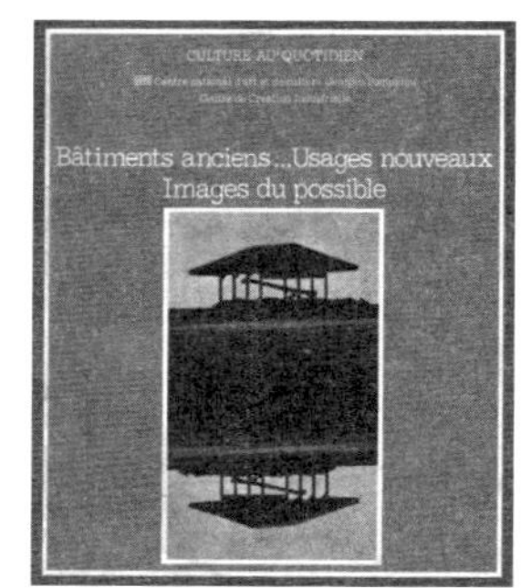

〈그림 5-12〉 도시·건축연구협회(A.R.U.A.), 《건축유산의 재이용》(왼쪽)
〈그림 5-13〉 ICOMOS, 《역사적 기념물을 사용한다》(가운데)
〈그림 5-14〉 퐁피두 센터, CCI, 《오래된 건물: 새로운 용도》(오른쪽)

A.R.U.A.에 주어진 사명은 주로 프랑스 국내의 최근 기존 건물 재이용 사례에 대해서 최초로 통괄하여 정리하는 것이었다. 이 책의 연구 대상은 지정과 등록으로 보호되고 있다는 의미에서의 '역사적' 건조물에만 한정되지 않는다. (…) 재이용 과정, 오리지널 용도와 새로운 용도의 성격, 아직 손을 대지 않고 남겨진 건물의 부분, 어떠한 공사가 이뤄졌는지, 거기에서 발생한 문제(그것은 해결되었는지 아닌지), (…) 미학적, 기술적, 재무적, 그리고 기능적으로 그 건물에 이뤄진 계획에 대해 기록이 이뤄졌다.[1]


이 연구 성과는 아비뇽의 이코모스 심포지엄에서 발표되었으며, 처음부터 이 이코모스의 기획에 맞춰 입안된 조사였던 듯하다. 그리고 이 사실을 생각하

1—　A. R. U. A., *Réutiliser les patrimoine architectural*, tome 1, 1978, p.4

면 1978년에 이코모스가 '역사적 모뉴먼트를 사용한다'는 테마로 검토하려고 했던 것은 〈베니스 헌장〉에서 부르짖은 것처럼 단순히 "모뉴먼트를 사회적으로 유용한 기능에 적용한다"[2]는 의미에서의 '활용'은 아니었다. 오히려 '건물의 설계와 장식을 변경'할 가능성을 적극적으로 검토 즉 건축가에 의한 창조적인 행위와 문화재의 이념에 의한 역사와 전통의 보호를 융합시킴으로써 적극적으로 '이러한 제약의 범위를 일탈'할 가능성을 모색하려는 것이었다고 생각된다.

1978년 이코모스의 심포지엄은 같은 해 프랑스 역사 기념물국이 발행한 잡지 《역사적 건축(Monuments historiques)》의 특집호 《역사적 기념물을 사용한다》에 세세하게 보고되었다(그림 5-13). 심포지엄의 보고는 다시 논문으로 이 잡지에 게재되어 있다. 특히 2장 〈재이용적 건축관〉에서 다룬 사례의 몇몇은 이 논문에서 소개된 것이었다. 1978년 시점에서 이코모스는 문화재적 건축관과는 다른 재이용적 건축관의 사례연구를 시작했던 것이다.

1978년에는 또 하나 주목할 만한 출판물이 간행되었다. 파리의 퐁피두 센터와 산업창조센터(CCI: Centre de Création Industrielle)가 함께 편집 출간한 《오래된 건물: 새로운 용도》다(그림 5-14). 이 책의 목적은 "어떤 경우에는 상호 보완적으로, 어떤 경우에는 상반되게 각각 다른 과정을 거치면서 리노베이션, 수복, 재활성화, 컨버전 등의 조작으로 방치된 건물의 재이용을 실현한"[3] 다양한 사례를 소개하는 것이었다. 1977년에 막 설립된 퐁피두 센터 산하에 있던 CCI는 퐁피두에서의 전시회 기획과 출판물 간행 등 이 조직의 기획 입안에 중요한 역할을 맡고 있었다. 이 책은 퐁피두의 전시회로 발전하지 못했던 모양이지만 이 시기 건물의 재이용이라

---

**2 —** 베니스 헌장 프랑스어 원문 제5조에서 필자 번역. 원문은 "l'affectation de ceux-ci à la société" 일본의 이코모스 국내위원회의 번역에 의한 베니스 헌장 제5조는 다음과 같다. "기념건조물의 보전은 건조물을 사회적으로 유용한 목적을 위해 이용하면 언제나 쉽다. 때문에 그러한 사회적 활용은 바람직한데, 건물의 설계와 장식을 변경해서는 안된다. 기능의 변경으로 필요해지는 개조를 검토하여 인가할 경우에도 이러한 제약의 범위를 벗어나서는 안된다." 《新建築学大系五〇 歴史的建造物の保存》 p.92)

**3 —** Centre national d'art et de culture Georges Pompidou, Centre de Création Industrielle, *Bâtiments anciens... Usages nouveaux: Images du possible*, 1978, p.2

     5장. 20세기의 건축 시간론

는 행위에 대해 예술과 건축의 관점에서도 강한 관심을 쏟았던 것을 보여준다고 할 수 있겠다. 이 책에 게재된 것은 공장, 시장, 창고와 수도원부터 문화센터나 전시회장, 도서관과 주택으로의 컨버전, 주택 리노베이션 등으로 최근 컨버전이나 리노베이션 사례연구의 창시선구적인 서적이라고 볼 수 있는 것이 되었다.[1]

## 구 오르세역

이코모스가 문화재의 측면에서 역사적 건축의 재이용에 관심을 갖고, 퐁피두센터가 예술과 건축의 측면에서 기존 건물의 재이용에 관심을 가진 것이 역시 1978년이었던 사실에는 모종의 이유가 있진 않을까. 그 직접적인 이유를 어떤 하나의 사건에서 찾기는 어려울 것이다. 어쩌면 6년 전인 1972년에 '스톡홀름 인간환경선언'이 채택되었고, 또 같은 해 로마 클럽에 의해 《성장의 한계》가 발표된 것 등이 급거 환경문제에 대한 사람들의 관심을 높이고, 그 결과로서 건축 리사이클의 모색이 시작된 것일지도 모른다. 혹은 여기서 언급한 예가 모두 프랑스에서 일어난 일이라는 것을 미뤄봤을 때, 어떤 중요한 역사적 건물의 재이용이 이 시기의 파리에서 진행된 것이 직접적인 계기가 되었을지도 모른다.

그 건물이란 구 오르세역이다. 오르세역은 1900년 파리 만국박람회에 맞춰 호텔이 병설된 새로운 역으로 오픈했다. 이 역에서 센 강변 쪽으로 10분 정도 걸으면 같은 해에 건조된 알렉상드르 3세 다리가 있으며, 이 다리를 건너면 이 해의 파리 만국박람회의 주 회장이었던 그랑 팔레와 쁘띠 팔레가 나온다. 19세기 후반 동안 몇 번이고 개최된 파리 만국박람회에서는 철과 유리로 된 거대한 공간이 선호되었다. 지금도 남아 있는 그랑 팔레도 이러한 철과 유리로 된 거대한

---

1 — 1978년 프랑스에서 출판된 세 권의 간행물(그림 5-12, 13, 14)에 필자가 주목하게 된 것은 프랑스 건축가이자 건축사가인 도미닉 루이얄의 논문 덕분이었다. (Dominigue Rouillard, "Le monument à l'ère de l'événement", *Mommental*, semestriel 1, 2013, pp.6~11) 그녀는 이 논문에서 1978년에 일어난 네 개의 사건에 주목한다. 첫째는 아비뇽에서 개최된 이코모스의 심포지움. 둘째는 퐁피두센터와 CCI의 출판기획. 셋째는 미국 건축가 프랑크 게리가 1920년대의 토속적인(vernacular) 주택을 개축하여 자택으로 만든 일. 넷째는 (카를로 스카르파가 사망한 해) 이탈리아 토리노 근교의 리볼리성을 수복 건축가 안드레아 브루노(Andrea Bruno)가 현대적인 수법으로 수복한 것이다.

공간의 좋은 예다. 오르세역도 철과 유리로 된 거대한 공간이었다. 오르세역의 유리 볼트 천장은 높이 32m, 폭 40m, 길이 138m의 거대한 공간을 덮고 있으며, 그 철골조를 아름답게 조각된 석회암 패널이 덮었다. 오르세역은 근대의 철이라는 기술에 의한 혁신적인 거대 공간과 전통적인 석재에 의한 우아함을 모두 갖춘 아름다운 건축으로 사람들을 매혹시켰다.[2]

그러나 축제처럼 화려함을 갖춘 이 역은 바로 시대에 뒤처지게 된다. 주요한 원인 중 하나는 보다 많은 승객에 대응하기 위해 철도차량이 연장되면서 역사가 대응하지 못하게 된 것이다. 19세기 중반의 철도 여명기에 건설된 파리의 주요 역은 모두 터미널 역이어서 역사란 선로 그 자체의 종착점이었다. 따라서 철도차량이 연장되었을 때는 역사 파사드와는 반대쪽으로 그저 플랫폼을 늘리면 되었다. 그러나 오르세역은 파리 중심부에 만들어진 통과역이었기 때문에 역사는 철도 길이에 맞춰 지어졌다. 그리고 차량의 길이가 오르세역의 홀 길이를 넘어섰을 때 이 거대 공간과 철도와의 관계는 분단되고 만다. 1939년에는 장거리 간선철도 역으로서의 사용이 정지되고 지하 부분만이 파리와 교외를 연결하는 근교 노선 역으로 계속 사용되었다.[3]

## 재개발 계획에서 문화재+재이용으로

이렇게 오르세역의 홀은 역할을 잃고 말았다. 제2차 세계대전 중에는 포로수용소나 물자 운송 센터 등으로도 사용되었던 듯한데,[4] 전후가 되면 필요 없어진 역사의 재개발 계획이 수면 위로 올라온다. 1955년에는 역사를 재건축하고 여기에 회의장과 오피스 등으로 이뤄진 복합 시설을 신축하는 최초의 계획이 등장한다. 그 후 몇몇 계획 변경을 거쳐 1961년에는 프랑스 국철 SNCF가 여기에 거대 호텔

---

**2** — Caroline Mathieu, *Musée d'Orsay*, Scala, 2013, pp.19, 24

**3** — ibid., p.29

**4** — ibid.

  5장. 20세기의 건축 시간론

을 신축할 것을 계획하고 설계 공모를 개
최한다. 이 재개발 계획에는 르코르뷔지
에를 비롯한 건축가들이 호텔 디자인을
제안했으나 공모에서 채택된 것은 기욤
질레(Guillaume Gillet)와 르네 쿠론(René Coulon)
의 제안이었다.[1]

〈그림 5-15〉 1970년경의 구 오르세역 홀 내부

두 건축가는 공모안을 바탕으로 그
후 약 10년간 실시계획을 진행했던 듯하
다. 그러나 1971년이 되어 문화부 장관 자크 뒤하멜(Jacques Duhamel)에 의해 갑자기
건설 계획이 중단된다. 지금 생각하면 이 시점에 이르러서 오히려 오래된 역사가
철거되지 않은 것은 요행이었다고 할 수 있다. 이 무렵 구 오르세역의 홀 사진을
보면 천장의 피복재는 벗겨지고 철골조가 노출되어 있으며 잔해가 바닥에 흩어
져 있다(그림 5-15). 보기에도 위험한 폐허 그 자체다. 그러나 프랑스 정부는 1973년
에 이 건물을 역사적 기념물의 추가 리스트에 등록하고 이 건물의 보호를 결정
했다. 공모에서 정식으로 선정되어 설계를 진행하고 있던 두 명의 건축가와 사업
주인 SNCF는 공사 정지 철회를 요구하며 소송을 했고, 그것이 소용없다는 걸 알
자 이번에는 손해 배상을 요구하며 소송을 일으켰다.[2] 그러나 이 결정이 뒤집히
는 일은 없었다.

이 오래된 역사 철거가 철회되자 바로 프랑스 박물관국은 이 건물을 미술관
으로 재이용할 계획을 검토하기 시작한다. 공사 중지가 결정된 1971년은 조르주
퐁피두 대통령 아래에서 현대 미술의 새로운 미술관 건설 공모가 개최되어 렌조
피아노와 리처드 로저스의 참신한 제안이 채택되었던 해이기도 했다. 박물관국
은 1977년에 개관할 예정인 퐁피두 센터에 수장된 현대 미술보다도 오래되고, 루

---


1 —  ArchiWebture: inventaires d'archives d'architectes en ligne, "Fonds Gillet, Guillaume
      (1912~1987)", 152 Ifa, Cité de l'architecture et du patrimoine.

2 —  ibid.

브르 미술관에 수장된 전근대의 미술 작품보다도 새로운 19세기부터 20세기 초의 미술을 수장하는 또 하나의 미술관을 제안한다. 이 제안을 대통령 퐁피두가 승인하여 오르세 미술관 구상이 시작되었다. 1978년 이 건물은 정식으로 프랑스의 역사적 기념물로 지정되었다. 같은 해 구 역사를 미술관으로 컨버전하는 설계 공모가 개최되어 젊은 건축가 그룹 ACT의 제안이 채용되었다.[3]

오르세 미술관이 개관한 것은 그로부터 8년 후인 1986년의 일이다. 그러나 이 건물의 환생(after life)은 1978년까지 결정되어 있었다. 그것은 그야말로 문화재적 가치관과 재이용적 가치관의 하이브리드였다. 건설 당시의 아름다운 부분은 수복되어 그 우아함이 강조되었다. 또한 필요할 경우 변경은 대담하게 이루어졌다. 이 해에 이코모스와 퐁피두 센터가 연이어 역사적 건축 재이용의 가능성에 관한 리서치를 시작했던 것은 역시 우연이 아니었던 것처럼 생각된다.


## 오르세부터 현재까지

1978년에 새로운 운명을 받게 된 오르세는 당시로서는 아직 예외적인 시도였다고 할 수 있다. 그러나 1990년대 중반이 되면 유사한 사례가 차례차례 등장하여 현재에 이르기까지 계속해서 늘고 있다.[4]

예를 들어 런던에서는 템스 강변의 뱅크사이드 발전소를 미술관으로 전용하려는 계획을 위해 1994년에 설계 공모가 개최되었고 여기에서 당선된 건축가 헤어초크 앤 드뫼롱(Herzog & de Meuron)에 의해 2000년에 테이트 모던이 개관했다. 원래 이 발전소는 4장에서 다룬 영국의 수복건축가 조지 길버트 스콧 경의 손자뻘인 자일스 길버트 스콧 경이 20세기 중반에 설계한 것으로, 근대 산업유산이라

---

**3** — Caroline Mathieu, *Musée d'Orsay*, Scala, 2013, pp.35~36

**4** — 최근의 기존 건물 재이용 사례를 '컨버전'이라는 관점에서 수집·분석한 연구로는 다음의 두 권을 들 수 있다. 小林克弘·三田村哲哉·橘高義典·鳥海基樹,《世界のコンバージョン建築》, 鹿島出版会, 2008; 小林克弘·三田村哲哉·角野渉編著,《建築転生 世界のコンバージョン建築II》, 鹿島出版会, 2013



5장. 20세기의 건축 시간론

고 부를 만한 것이었다.

빈에서도 19세기 말에 건조된 가스 탱크(Gasometer)가 있었는데, 1995년에 재이용이 결정된다. 네 동의 원통형 구조체가 장 누벨(Jean Nouvel)과 쿱 힘멜블라우(Coop Himmelb(l)au) 등 건축가들에 의해 리노베이션되어 2001년에 학생 기숙사와 쇼핑센터 등으로 재탄생했다.

독일에서는 콜룸바 미술관(Kolumba) 사례가 유명하다. 이 미술관은 1853년에 설립된 후 제2차 세계대전의 공습 피해 등으로 이전을 반복하다가 1996년에 성 콜룸바 성당 터로 이전한다. 성콜룸바 성당은 고대로 거슬러 올라가는 역사를 가진 교회당으로 역사상 몇 번이고 개축되어왔는데, 제2차 세계대전의 공습으로 큰 피해를 입어 폐허가 되었다. 전후 부분적으로 수복되었고 또 발굴 조사로 지하에서는 고대와 중세 건물의 기초가 발견되었던 이 폐허에 1997년에 새로운 대주교구 미술관을 위한 설계 공모가 진행되었고, 여기에서 당선된 것이 건축가 페터 춤토르(Peter Zumthor)였다. 2007년에 완성된 콜룸바 미술관은 현대 폐허 재이용의 걸작이다.

파리에서는 19세기 중반에 건설된 구 바스티유 선의 고가철도가 평행하여 달리는 지하철로 바뀌며 폐선이 되어 그곳이 재이용의 무대가 되었다. 건축가 패트릭 베르제(Patrik Berger) 의 협력으로 1990년경부터 1997년에 걸쳐 옛 고가는 녹음이 풍부한 산책로로 변모했다. 고가 아래에 나란히 서 있는 거대한 아치에는 큰 유리가 설치되어 실내공간으로 변모하였고 거기에 아트 갤러리, 공방 카페 등이 입주했다. 예술 고가교(Viaduc des Arts)라고 명명된 이 콘셉트는 과연 파리답다.

폐선이 된 철도 고가의 재이용은 뉴욕에서도 이뤄졌다. 폐선된 하이라인 선로 터를 녹지공원으로 재생시키기 위한 공사가 2006년부터 시작되어 맨해튼의 빌딩 숲 계곡을 통과해 거리를 내려다보는 공중 녹지공원으로 훌륭하게 재생되었다.

2013년에는 도쿄에서도 도심 고가 녹지공원이 탄생할 기회가 있었다고 할 수 있다. 도큐도요코센(東急東横線) 시부야역이 지하철과 일체화되어 시부야와 다이칸야마 사이의 고가선로가 폐선이 되었기 때문이다. 그러나 도쿄는 파리, 뉴욕처럼은 하지 않았다. 반원형 지붕으로 불리며 친숙했던 구 도요코센 시부야역 플랫폼은 폐업된 후, 다음 개발 공사가 시작되기까지 짧은 기간 상업시설과 비어홀 등 일시적인 이벤트 공간으로 재이용된 후 바로 철거되고 말았다. 이 이벤트를 기획한 사람들은 도쿄에서는 드물게 여러 개의 홈을 가진 터미널 역으로서 어딘가 구미의 역 같은 분위기를 가지고 있던 이 역사 공간을 재이용할 가능성을 느끼고 있었을 것이다. 그러나 도쿄에서는 최근 더욱 역 빌딩을 고층화하여 경제 이익을 낳는 것이 지상명제가 되고 있으며 '재이용'의 가능성은 '재개발'의 경제성에 길을 내줬다.

## 현대사회에서 재이용의 의의

시부야역의 사례에서는 분명 구미와 같은 기존 건물의 재이용은 실현되지 않았다. 그러나 일본에서도 구미에 뒤지지 않는 매력적인 재이용 사례가 차례차례 등장하기 시작했다. 건축가가 주체적으로 관여하여 역사적 건물을 창조적으로 재이용하는 사례는 전 세계에서 더욱더 늘어날 것이다. 이런 기존 건물의 재이용이라는 현상을 평가할 때 재개발과 문화재라는 양극단 사이에서 타협적인 해결책으로 받아들이지 않도록 주의해야만 한다.

이 책에서 살펴봤듯 재이용은 16세기에 활발해진 재개발과 19세기에 탄생한 문화재보다도 훨씬 오래전부터 이뤄져 온 건축행위였다. 지금 전 세계에서 볼 수 있는 건축의 재이용은 카스텔베키오나 오르세에서 처음 등장하여 1990년대 이후에 꽃핀 것처럼 이야기하기 쉽다. 20세기라는 경이적인 성장 시대에서 다음 시대로 이행하려고 하는 과도기적 국면 속에서 태어난 사회현상으로서는 그처럼 이야기할 수도 있을 것이다. 그러나 오랜 역사를 생각했을 때 재이용이란 결코 재개발과 문화재 사이의 타협안이 아니었다는 것을 이해할 수 있다.

실제로 5장에서 살펴봤듯이 20세기 후반의 건축 시간론 속에도 재개발(신축)과 문화재(보존)와 재이용(변경)의 삼파전 같은 관계성이 싹을 틔웠다는 것을 알 수 있었다. 팀텐이나 메타볼리즘 그룹의 건축가들은 재개발하고 신축하여 건축의 미래 재이용의 가능성을 생각했다. 〈베니스 헌장〉 이후 건축가들은 역사적 건축을 문화재적인 이념에 바탕하여 창조적으로 재생할 가능성을 모색하게 되었다. 그리고 구 오르세역의 재이용 프로젝트 무렵부터는 문화재적이고 역사적인 가치를 가졌다고 판단된 건물을 적극적으로 변경하면서 재이용할 가능성이 모색되어 왔다. 이들 논의 속에서 재개발의 경제성과 문화재의 윤리성과 비교하여 재이용을 낮은 층위에 자리매김하지는 않았을 터다.

경제적 발전을 유일무이의 정답으로 삼아온 재개발적 가치관과 인류의 역사적 유산을 보존하는 것을 도덕적이고 올바른 태도라고 평가해 온 문화재적 가치관. 아마 이것들은 근대라는 성장 시대이기에 태어나 자란 가치관이었다고 할 수 있을 것이다. 근대적 가치관 속에서 재이용은 오히려 야만적인 행위로써 침잠하게 되었다. 그러나 현 사회가 근대에서 다음 시대로 변해가는 역사적 전환점을 맞이하고 있다면, 건축 재이용이라는 행위를 근대적 가치관을 기준으로 낮게 어림할 것이 아니라 세 개의 건축행위를 동등하게 평가하는 것이야말로 중요하지 않을까.

# 끝으로

고대부터 20세기까지의 건축관 변화를 주로 서양 역사를 중심으로 개관해 왔다. 건축의 전문 영역에 갇히지 않고 이 책의 논의가 널리 일반적으로 파급된다면 이보다 더 기쁜 일은 없을 것이다. 왜냐면 건축 재이용은 건물 소유자가 희망해야만 실현되는 것이기 때문이다. 건물에서 살고 건물을 이용하는 사람들이 건물에 대한 가치관을 재고하는데 이 책이 일조할 수 있길 강하게 바란다.

내가 대학에서 이런 내용의 강의를 하면서 느끼는 것은 건축 전공 학생들은 기존 건물을 재이용할 가능성과 중요성을 조금씩 눈치채기 시작했다는 점이다. 한편 건축을 전문으로 하지 않는 일반 학생들에게 건축 재이용에 관한 이야기를 하면 반 정도의 학생들은 솔직하게 공감해주지만 나머지 반 정도의 학생은 "일본에서 재이용은 어렵지 않나요?"라는 감상을 안고 있는 것 같다. 그들이 반드시 제시하는 두 가지 반론이 있다. 첫째는 "일본건축은 서양의 석조건축과는 다르게 목조니까요"와 둘째는 "일본은 지진이 많잖아요"다.

그러나 실은 목조 건물은 석조 건물보다도 부자재를 교체하기 쉬워서 상한 재목을 교체하면서 건물을 오래 유지하는 기술과 전통이 일본에 있었다. 손상된 부재를 교환하는 김에 정원 쪽에 방 하나를 증축하는 개축 공사는 석조보다도 목조 쪽이 훨씬 간단하다. 이러한 건축행위는 서양의 재이용적 건축관과 어느 정도 비슷한 감각이었다고 할 수 있다. 동네 목수에게 부탁해서 목조 주택을 보수하거나 개축하는 행위는 일본에서는 아주 보편적인 광경이었다. 또 모종의 사정으로 해체된 건물의 훌륭한 부자재를 다른 건물에 재이용하는 것도 종종 있었던 일이다. 즉 스폴리아도 일본 건축의 전통에서 일반적인 행위였다고 할 수 있다.

지진에 대해서 말하자면, "일본은 지진이 많은 나라니까 바로 다시 세울 수 있는 목조 문화를 만들어 온 것 아닌가"하고 생각하는 사람이 있는가 하면, "기존 건물의 재이용보다도 신축 쪽이 기술적으로 안전하니까 건물의 재이용이 일본에서 보급되지 않은 것 아닌가"하고 주장하는 사람도 있는 것 같다. 그러나 무너지는 것을 전제로 하는 목조를 일본인의 정신적 전통에 존재하는 것처럼 이야기하는 것은 콘크리트 문명 이후의 근대적 가치관의 폐해를 입었기 때문이 아닐까? 목조는 반드시 지진에 약하지 않다. 전통적으로는 지진으로 건물이 기울어져 버렸다고 하더라도 '에잇!'하고 일으켜 세워서 계속 사용할 수 있는 것이 목조의 이점이었다. 유지보수가 필요 없는(maintenance free) 것을 당연하게 여기는 현대인이 보면 지진으로 건물이 기울어졌다는 사실만으로 야만적이고 기술력이 낮은 구조라고 생각할지도 모른다. 그러나 조금 손상됐다고 전체를 버리고 마는 '일회용'이야말로 근대 문명적이며, 보수하여 계속 사용하는 재이용의 감각이 야만적이고 전근대적이라고 느끼는 가치관에는 지극히 소박한 근대 신앙이 숨겨져 있지 않을까. 물론 기술 혁신은 중요하다. 그리고 재이용으로 건물을 개수할 때 최신 기술로 내진 보강하여 안전을 확보하고 최신 설비로 쾌적한 생활을 실현하는 것은 가능하다. 신축이야말로 가장 훌륭하다는 맹신은 짧은 생각이다.

　더욱이 근대가 되면 철근 콘크리트조나 철골조 건물이 보급되는데, 이것은 서양에서도 일본에서도 공통된 건축 구조다. 철골조로 된 오르세역 재이용은 일본에서도 가능하다. "일본은 목조건축의 나라니까 서양적인 건물의 재이용이라는 가치관과는 양립하지 않는다"처럼 세상 물정 다 안다는 식으로 말하는 것은 그만두자. 구미에서는 석조 건물뿐 아니라 철근 콘크리트조나 철골조 건물을 재이용하는 예도 많다. 그러한 사례를 제대로 배워서 손해를 보지는 않을 것이다. 일본은 19세기 말에 서양의 건축을 배웠다. 그러나 그 무렵 서양은 문화재적 가치관의 대두로 재이용적 건축관의 기운이 약해졌던 시기였다. 그 때문에 일본은 건축이 가진 가치관 중 재개발적 건축관과 문화재적 건축관만을 서양 건축의 본질이라고 배우고 재이용적인 가치관을 배우지 못하고 말았다. 현대 일본인이 건축 재이용에 익숙하지 않은 것은 일본이 목조문화여서도 지진이 많은 나라여서도 아니다.

경제 행위로서의 건축을 생각하더라도 건축 재이용은 높은 가능성을 가지고 있다. 무용지물이 되어 파리 중심부에 오랫동안 버려졌던 역사를 단순히 해체하고 신축하여 고층빌딩을 세우는 것이 아니라 다른 방법을 선택한 결과 오르세 미술관은 전 세계의 관광객을 모으는 유례없는 미술관이 되었다. 경제적 성공을 가져다주는 방법이 신축 빌딩 이외에도 있다는 선택지를 일본인은 좀 더 알아둬야 한다.

건축 재이용은 건물주의 판단에 달려있다. 문화재 보호는 제3자의 판단에 맡겨져 있다. 국가나 지자체 등 행정이 위에서 지정하는 것을 생각해 봐도, 철거 위기에 몰린 역사적 건물에 대한 보존 운동이 뜻있는 시민단체나 학회 등의 주도로 이뤄진다는 점을 생각해 봐도 문화재 보호는 건물 소유자가 아닌 다른 사람들에 의해 추진되는 일이 많다. 그걸 꺼리고 소유자가 건물 철거를 서두는 일도 종종 있다. 역사적 건물은 인류 공통의 공공 재산이라는 사고방식이 문화재의 이념이기 때문에 시민단체가 당사자로서 보존을 요구하는 것이 가능한 이유다.

그리고 문화재는 공공 재산이라는 인식의 결과 개발과 보존 사이에서 타협안으로서 자주 등장하는 것이 파사드 보존이다. 건물 외관은 공익에 이바지하는 부분이며 경관과의 조화, 경관의 보호라는 관점에서 특히 중요시되어 왔다. 외관은 보존하지만, 건물 내부는 소유자의 것이니까 건물주가 자유롭게 해도 좋다는 생각에 다다른다. 그 궁극적인 귀결이 도시 중심에서 볼 수 있는 역사적 건물의 껍질 한 장만 남기고 내부에 초고층 빌딩을 신축하는 수법이다.

그러나 기존 건물에 대한 사람들의 태도가 계속 이런 식이라면 건물을 창조적으로 재이용하는 풍요로운 건축문화를 갖기는 어려울 것이다. 역사적 건물의

　　　　　　　　　　　　끝으로

훌륭함은 외관에만 있지 않다. 예를 들어 기업 빌딩의 최상층에는 장엄한 장식을 갖춘 사장실이나 임원실이 숨어 있을지도 모른다.[1] 공공에 속하지 않은 오히려 한없이 사적인 공간과 장식을 재이용할 수 있는 것은 건물 소유주의 특권이다. 그 사장실을 공공에 개방하여 박물관처럼 유지하는 수법이 문화재적이라면, 자사 빌딩 재건축 때 신사옥에도 계승하여 회사의 역사와 전통을 어필하는 방법을 취하면 그것은 재이용적이라고 할 수 있을 것이다.

사장실 같은 고급공간이 아니어도 좋다. 세상을 떠난 조부가 사랑해마지않았던 오랜 주택에서도 그것은 마찬가지다. 공공 재산일 필요는 없다. 개인의 애착이야말로 재이용의 출발점이다.

이를 위해서는 '빈 땅부터 생각한다', '일단 부수고 나서 생각한다'는 태도를 바꿔보면 어떨까. 기존 건물이 거기에 있는 상태를 사고의 출발점으로 삼는 것이다. 그것은 고대 말기의 사람들이 무용지물이 된 원형경기장을 자연적인 지형처럼 받아들인 것과 같은 태도다. 그 위에 재개발과 문화재와 재이용의 가능성을 검토하면 가능성은 크게 확장될 것이다. 도움이 되는 강한 구조를 재이용하고 아름다운 장식과 공간을 재이용하고 어쩔 수 없는 부분은 철거하면 된다. 폐허가 된 오르세역은 공모전에서 재개발안이 선택되었음에도 바로 철거하지 않았기 때문에 오르세 미술관으로 다음 생을 얻을 수 있었다. 부지가 건축의 출발 지점인 것은 아니다. 기존 건물이 새로운 건축의 출발 지점이다.

---

1 ― フイリップ·デイヴィース《芸術の都 ロンドン大図鑑: 英国文化遺産と建築·インテリア·デザイン》(加藤耕一監訳, 西村書店, 2017)는 런던의 180여 역사적 건축을 다루며 일반에는 그다지 공개되지 않은 그 '숨은' 인테리어를 막대한 컬러 사진을 사용해 소개하였다. 그들 건물은 잉글리시 헤리티지에 등록되어 있으며 퍼블릭한 문화재 수복과 프라이빗한 리노베이션으로 컨버전을 반복하며 그 풍요로운 역사성을 현대에 계승한다.

이 책의 집필은 나에게 큰 도전이며 미지의 영역을 향한 모험이었다. 내 연구 대상은 지금까지 고딕 건축이 중심이었는데, 이 책은 고대 말기부터 현대에 이른다. 통사라고 부를 수 있는 긴 시간 간격을 다루게 되었다. 물론 이 책을 통사로 파악하려면 더욱 많은 사례를 세세하게 논해야만 했을 것이다. 이후의 세세한 연구는 앞으로의 과제다. 그러나 이 책에서는 양식사에 기반한 점의 건축사를 대신해 오래 지속하는 시간이라는 관점에서 건축의 역사를 다시 파악하여 선의 건축사로 바꿔 쓸 가능성과 그 틀을 제시할 수 있지 않을까 생각한다.

내가 고딕 건축 연구라는 중심 연구 영역의 장벽을 넘어 이 도전에 나설 수 있었던 것은 많은 선생님과 동료들 덕분이다. 여기에 모든 분의 이름을 언급할 수는 없지만 진심으로 감사한다.

그중에서도 이토 다케시(伊藤毅) 선생님과 후지이 게이스케(藤井惠介) 선생님에게는 각별하게 감사를 드리고 싶다. 두 분이 각각 주최한 연구회에 참가할 수 있었던 것, 또 일상적으로도 선생님들의 연구를 접할 수 있었던 것은 나의 시야를 크게 넓혀 주었다. 특히 이토 선생님은 큰 시간축 속에서 도시의 모뉴먼트조차도 변화해 간다는 것을, 그리고 후지이 선생님은 건축 양식사라는 틀 그 자체를 재구축할 수 있는 가능성을 깨닫게 해줬다.

또 AUSMIP라는 일본-유럽 교환유학제도의 책임 교원으로 몇 차례나 유럽 출장에 함께 해준 오노 히데토시(大野秀俊) 선생님과 마쓰무라 슈이치(松村秀一) 선생님은 유럽의 거리를 걸으면서 현대 일본이 직면한 건축과 도시의 문제에 다시금 눈을 뜨게 해줬다. 또 두 선생뿐 아니라 AUSMIP에 관계된 모든 일본과 유럽의 선생님들에게 다양한 관점에서 자극을 받았고, 파리에 단기 체재하며 필립 오귀스트 시벽에 관한 연구를 진행할 기회도 받았다.

    끝으로

2014년에 개최된 심포지엄 "시간 속의 건축: 리노베이션 시대의 서양건축사"
에서 각각 훌륭한 논고를 발표해 준 마쓰모토 유타카(松本裕) 씨, 구로다 다이스
케(黒田泰介) 씨, 나카무라 도모아키(中村智章) 씨, 이토 요시히코(伊藤喜彦) 씨, 오카
기타 잇코(岡北一孝) 씨, 또 적확하면서 자극적인 코멘트로 응해 준 시마바라 만조
(島原万丈) 씨, 요코테 요시히로(横手義洋) 씨, 미야베 히로유키(宮部浩幸) 씨, 그리고
심포지엄을 훌륭하게 총괄해 준 미야케 리이치(三宅理一) 선생님에게도 감사한다.
이 심포지엄이야말로 이 책의 원점이었다.

그리고 이 책이 간행될 수 있었던 것은 편집자인 가미베 마사후미(神部政文)
씨 덕분이다. 2년 전, 가나자와 21세기 미술관에서 권유해 준 것이 집필의 시작
지점이었다. 그때부터 때로는 격려해 주고 때로는 냉정한 충고로 책을 완성으로
이끌어 주었다.

마지막으로 언제나 나를 지지해 준 아내와 딸에게도 감사를 전하며 이 모험
을 마치려고 한다.

2017년 3월

가토 고이치

# 재이용적 건축관의 복권을 꿈꾸며

동네를 걷다 몇 년 전까지는 자주 가던 고깃집이 없어진 것을 발견했다. 그것도 건물 통째로. 그 고깃집은 1980년대쯤에 세워진 이층 양옥을 개조한 것이었는데, 오며 가며 눈 앞에 있으니 별 생각 없이 계속해서 그 자리에 있을 것만 같았다. 그런데 건물이 송두리째 없어져 버렸다. 서울에 살면 이런 일은 자주 있어서 실은 그리 낯설진 않다.

아니다. 사실은 낯선 일이다. 몇 십 년 넘게 그 자리에 있던 존재가 사라지고 낯설고도 커다란 덩어리가 그 자리를 차지하게 되니까 말이다. 서울을 걷다 보면 이러한 변화를 너무 자주 겪게 되어서 일상이라고 느끼게 될 뿐이다.

가끔은 이런 당연한 일상에 의문을 느낄 때도 있다. 멀쩡해 보이는 건물을 대체 왜 부수는 것일까. 한참은 더 쓸 수 있을 것 같은, 혹은 조금만 손을 보면 수명을 연장시킬 수 있을 것 같은 건물을 부수고 새로 짓다니, 요즘 같이 지구환경이 위협받고 있는 시대에 모순되지 않는가. 저런 낭비가 또 있을까.

그리고 거기에 있던 건물이 사라지고 나면 우리는 그 모습을 더 이상 볼 수 없다. 당연한 말이지만. 건축이 창조해 낸 분위기는 그 건축이 파괴되면 사라져 버린다. 도시의 경관을 구성하던 하나의 건축물이 사라진다는 것, 그것은 더이상 우리가 그 장소를 경험하지 못하며, 장소성마저 변하고 만다는 뜻이다.

게다가 기존의 건물을 부수고 들어선 건물들은 모두 비슷비슷해 보이는 건물들이 아닌가. 유리로 된 말끔하고 티끌 하나 없는 건물들. 사라진 과거의 건물은 이제 흉내 내려 해도 할 수 없고, 흉내를 내더라도 과거 스타일의 복제에 불과하다. 그 장소는 더이상 존재하지 않는다. 이렇게 빠르게 변화하는 오늘날의 도시는 건축의 시대적 다양성을 잃어간다.

그렇지만 쓰임새를 잃은 옛 건물을 유적으로 보존하는 것은 어떨까? 에드워드 랠프는 "세계는 죽은 장소들의 유골로 가득하다"라는 강한 표현을 쓴 바 있는

데, 계속적인 인간의 활동이 없는 장소, 무언가가 창조되고 이야기되어지지 않는, 의미가 생산되지 않는 장소는 그저 죽은 장소에 불과하다. 그 건물이 살아있기 위해서는 쓰임새를 변화시키면서도 계속해서 사용되어야 한다.

그런데 언제부터 우리가 사는 도시는 이렇게 빠르게 기존의 건축물을 허물고 새로 올리게 된 것일까. 이 책,《시간이 만든 건축》은 기존 건물을 대하는 태도를 기존 건물을 바꿔 가면서 계속해서 이용하는 '재이용', 파괴하고 신축하는 '재개발', 이상적인 모습으로 건축의 시간을 멈추거나 되돌리는 '수복·보존'의 세 가지로 파악한다. 그리고 기존의 건물을 파괴하고 신축하는(scrap & build) 개발적 건축관은 성장을 추구하는 근대의 정신을 체현하고 있다고 본다.

근대를 어떻게 파악해야 할까. 우리는 산업혁명을 근대의 시작으로 보며, 이 기준으로는 18세기 후반을 근대의 시작으로 파악하는 것이 보통이다. 그러나 이 책에서는 고밀도의 중세도시를 파괴하고 직선도로, 광장 등 파괴를 동반한 재개발이 서유럽에서 두드러지게 된 것을 16세기로 보고 재개발적 건축관의 시작을 이 시기로 파악한다.

그 이전까지는 기존의 건축을 활용하여 재이용하는 것이 당연했다. 견고한 기존 건축을 재이용하는 것은 경제성에 있어서도 이념적인 측면에 있어서도 유리했다. 고대부터 지금까지 재이용이라는 건축행위는 근대의 성장 시대를 제외하면 건축 역사상 본질적인 건축 행위였다. 그러나 르네상스 시기 이후 건축에 가치판단이 작용하면서 재개발적 건축관은 이전 시대의 건축과 도시를 야만 혹은 악취미라는 가치판단 하에 지워 나갔다.

이러한 재개발적 건축관에 대한 반발로 대두한 것은 19세기의 문화재적 건축관이다. 경제적 원리로 인해 사라져가는 기존 건축물을 문화재라는 경제 용어의 메타포를 사용함으로써 보존 나아가 복원해야 한다는 의식이 등장한 것이다. 그러나 이 책에서 지적하는 건축의 시간론을 염두에 두면 보존 및 복원에 문제가 생긴다. 건축에는 오랜 기간이 걸렸고, 이리하여 다양한 시간의 흔적이 뒤섞인 건축의 오리지널을 무엇으로 볼 것인가. 보존이란 자연스럽게 건축에 흐르던 시간을 멈춰버리는 행위가 아닌가.

이 점에서 이 책은 건축의 역사를 바라보는 시선을 '점의 건축사'에서 '선의 건축사'로 바꿀 것을 요구한다. 시간 속에서 계속 변화하는 건축을 어느 순간만으로 평가하는 '점의 건축사'는 마치 그것이 아무 것도 없던 그라운드 제로에서 시작된 것이라는 착각을 불러일으킬 수 있지만, '선의 건축사'는 건축에 흐르는 시간을 받아들이고 지속적인 시간의 흐름 전체를 평가한다.

이렇게 건축의 역사를 바라보는 시선을 전환하게 되면 또 하나의 선택지가 존재한다는 것을 역사 속에서 발견할 수 있다. 기존 건축의 재이용이다. 역사적 보존 가치가 있는 기존 건축은 보존하거나 복원하고, 그렇지 않은 건축은 파괴하여 신축하는 양자택일 만이 존재하는 것이 아니라 오랜 역사를 가지고 있으며, 근대의 압도적 성장시기에 잠시 잊혀진 재이용이라는 방법을 상기하고 기존 건축에 새로운 삶을 부여하는 방법이다.

저자는 현재를 우리가 성장 시대에서 축소 시대로 접어들고 있으니 건축의 세계에서 부상하는 여러 중요 과제들에 대응하려면 우리의 의식에 공고히 자리잡은 근대적 건축관을 근본적으로 바꿔야 한다고 본다. 그리고 건축의 역사를 시간의 측면에서 바라봄으로써 기존 건축에 대한 태도를 건축에 '시간이 계속 흐르게 하는' 재이용, '시간을 초기화하고 제로로 만드는' 재개발, '시간을 되감거나 멈추는' 수복·보존으로 나눈다. 그리고 지금 우리가 성장 시대에서 축소 시대로 접어들고 있다는 시대 인식 하에 잊혀진 듯 보였던 재이용적 건축관의 복권을 꿈꾼다.

277

# 덧붙임

이 책은 아래와 같은 연구조성금의 성과에 바탕을 두고 있다. 이에 감사 말씀 드린다.

JSPS 科研費 24560780 基盤研究（C）〈西洋建築史学の現代性に関する基盤的研究〉（研究代表者・加藤耕一, 2012~2014）

JSPS 科研費 15K06395 基盤研究（C）〈構築と再利用の観点による西洋建築史学の再構築のための基礎研究〉（研究代表者・加藤耕一, 2015~2018）

JSPS 科研費 20246093 基盤研究（A）〈日本建築様式史の再構築〉（研究代表者・藤井恵介, 2011~2012년에 연구분담）

JSPS 科研費 25249083基盤研究（A）〈被災・破損を起因とする建設の技術革新と建築様式に関する歴史的研究〉（研究代表者・藤井恵介, 2013~2017년에 연구분담）

JSPS 科研費 25630257挑戦的萌芽研究〈建築の図化の技術に関する歴史的研究〉（研究代表者・藤井恵介, 2013~2015년에 연구분담）

EACEA, Erasmus Mundus Action 2-Strand 2- Lot 2 Asia-Pacific "AUSMIP +"（2013, 2014년에 파리 단기 체재）


1장의 "기존 건물에 대한 세 가지 태도"와 "점의 건축사에서 선의 건축사로" 부분은 아래 발표 내용을 포함한다.

심포지움 〈시간의 건축—리노베이션 시대의 서양건축사(時間のなかの建築—リノベーション時代の西洋建築史)〉(2014년 11월 29일, 도쿄대학)


3장의 "파리의 시벽"은 아래 발표 내용을 포함한다.

JSPS 국가간 교류 세미나 〈전통도시의 이데아 인프라와 분절적인 사회=공간구조(伝統都市のイデア・インフラと分節的な社会＝空間構造)〉[세미나 대표자, 이토 다케시(伊藤毅. 2013년 11월 22일, 23일, 파리 4대학(Paris-Sorbonne)]

# 그림 출처

## 1장. 건축 시간론의 시도



## 2장. 재이용적 건축관: 사회 변동과 건축의 생존

## 3장. 재개발적 건축관: 가치의 층위와 건축의 형식화

## 4장. 문화재적 건축관: 문화재는 왜 시간을 되감았는가



## 5장. 20세기의 건축 시간론

# 참고문헌

## 1장. 건축 시간론의 시도

### 건축 관련

Bruno Brussele et Jacqueline Melet-Sanson, *La Bibliotheque nationale de France*, Gallimard, 1990

Charles Bloszies, *Old Buildings, New Designs: Architectural Transformations*, Princeton Architectural Press, 2012

Françoise Astorg Bollack, *Old Buildings New Forms, New Directions in Architectural Transformations*, The Monacelli Press, 2013

Marvin Trachtenberg, *Building-in- Time: From Giotto to Alberti and Modern Oblivion*, Yale University Press, 2010

マリオ・カルポ,《アルファベットそしてアルゴリズム: 表記法による建築—ルネサンスからデジタル革命へ》, 美濃部幸郎訳, 鹿島出版会, 2014

モーセン・ムスタファヴィ, デイヴィッド・レザボロー,《時間のなかの建築》, 黒石いずみ訳, 鹿島出版会, 1999

デヴィッド・ワトキン,《モラリティと建築》, 榎本弘之訳, 鹿島出版会, 1981

大野秀敏+MPF,《ファイバーシティ—縮小の時代の都市像》, 東京大学出版会, 2016

後藤治+オフィスビル総合研究所,《都市の記憶を失う前に 建築保存待ったなし！》, 白揚社新書, 2008

中谷礼仁,《セヴェラルネス+（プラス）—事物連鎖と都市·建築·人間》, 鹿島出版会, 2011

松村秀一,《建築 —新しい仕事のかたち— 箱の産業から場の産業へ》, 彰国社, 2013

### 그 외

イマニュエル・ウォーラーステイン,《近代世界システム I: 農業資本主義と〈ヨーロッパ世界経済〉の成立》, 川北稔訳, 名古屋大学出版会, 2013

イマニュエル・ウォーラーステイン,《史的システムとしての資本主義》, 川北稔訳, 岩波現代選書, 1985

パミラ·カイル・クロスリー,《グローバル・ヒストリーとは何か》, 佐藤彰一訳, 岩波書店, 2012

フェルナン・ブローデル,《ブローデル歴史集成II 歴史学の野心》, 浜名優美監訳, 藤原書店, 2005

フェルナン・ブローデル,《歴史入門》, 金塚貞文訳, 太田出版, 1995

セルジュ・ラトゥーシュ,《経済成長なき社会発展は可能か？:〈脱成長〉と〈ポスト開発〉の経済学》, 中野佳裕訳, 作品社, 2010

橋爪大三郎・大澤真幸,《ふしぎなキリスト教》, 講談社現代新書, 2011

水島司編,《グローバル・ヒストリーの挑戦》, 山川出版社, 2008

水野和夫,《人々はなぜグローバル経済の本質を見誤るのか》, 日本経済新聞社, 2007

水野和夫・大澤真幸,《資本主義という謎〈成長なき時代〉をどう生きるか》, NHK出版新書, 2013


## 2장. 재이용적 건축관: 사회 변동과 건축의 생존


### 건축 관련


Alain Erlande-Brandenburg, "Le Palais neuf des archevêques de Narbonne", *Bulletin monumental*, tome 131, no.4, 1973, p.373

Arnaud Timbert (dir.), *L'homme et la matière, l'emploi du plomb et du fer dans l'architecture gothique*, Actes du colloque Noyon, 16-17 novembre 2006, Picard, 2009

Arnold Wolff, *Cologne Cathedral*, Greven Verlag Koln, 2012

Branislav Brankovic, *La Basilique de Saint-Denis, Les étapes de sa construction*, Editions du Castelet, 1990

Bryan Ward-Perkins, "Re-using the Architectural Legacy of the Past, entre idéologie et pragmatisme", G. P. Brogiolo and Bryan Ward-Perkins (eds.), *The Idea and Ideal of the Town between Late Antiquity and the Early Middle Ages*, Brill, 1999, pp.225~244

Chantal Alibert, *Narbonne: Regards d'hier et d'aujour'hui*, Le Presses du Languedoc, 2005

Dale Kinney, "Spoliation in Medieval Rome", Stefan Altekamp, Carmen Marcks-Jacobs and Peter Seiler (eds.), *Perspektiven der Spolienforschung 1*, Berlin, Boston: De Gruyter, 2013, pp.261~286

Dale Kinney, "The Concept of Spolia", Conrad Rudolph (ed.), *A Companion to Medieval Art*, Blackwell, 2010, pp.233~252

Dieter Kimpel, "L'apparition des éléments de série dans les grands ouvrages", *Dossiers histoire et archéologie*, n.47, nov. 1980, pp.40~59

*Dictionnaire des églises de France*, Vb, Champagne, Flandre, Artois, Picardie, Éditions Robert Laffont, 1969

Emile Esperandieu, *L'amphithéatre de Nimes*, Petites Monographes des Grands Édifices, Paris: Henri Laurens, 1933

Erwin Panofsky, *Abbot Suger on the Abby Church of St.-Denis and Its Art Treasures*, Princeton University Press, Second Edition, 1979

François Arnaud et Xavier Fabre, *Réutiliser le patrimoine architectural*, Caisse nationale des monuments historiques et des sites, 2 vols., 1978

François Enaud, "Du bon et du mauvais usage des monuments anciens, essai d'interprétation historique", *MH: Monuments historiques*, no.5, 1978, pp.9~20

Hélène Rousteau, "La nef inachevée de la cathédrale de Narbonne: un exemple de construction en style gothique au XVIII$^e$ siècle", *Bulletin monumental*, tome 153, no.2, 1995, pp.143~165

Herbert Siebenhüner, "S. Maria Degli Angeli in Rom", *Münchner Jahrbuch der Bildenden Kunst*, 1955, ser. VI, pp.179~206

Jacques Rigaud, "Patrimoine, évolution culturelle", *MH: Monuments historiques*, no.5, 1978, pp.3~8

James S. Ackerman, *The Architecture of Michelangelo: Catalogue*, Zwemmer, 1964

Kenneth John Conant, *Carolingian Romanesque Architecture 800-1200*, Yale University Press, 1993

Louis Réau, *Histoire du Vandalisme: Les monuments détruits de l'art français*, 2 vols., Paris, Hachette, 1959

Lucien Bayrou, *Languedoc-Roussillon Gothique*, Picard, 2013

Marcel Aubert, *L'architecture cistercienne en France*, Paris, 1943

Maryse Bideault et Claudine Lautier, *Ile-de-France gothique*, Picard, 1987

Michael Greenhalgh, *The Survival of Roman Antiquities in the Middle Ages*, Duckworth: London, 1989

Michel Parent, "Le sens du patrimoine, l'architecture est-elle utile?", *MH: Monuments historiques*, no.5, 1978, pp.21~26

Paula Lieber Gerson (ed.), *Abbot Suger and Saint-Denis*, The Metropolitan Museum of Art, New York, 1986

Pierre Pinon, "Construire sur les ruines", *Faut-il restaurer les ruines? Actes des colloques de la Direction du Patrimoine*, 1990, pp.234~239

Richard Brilliant and Dale Kinney, *Reuse Value: Spolia and Appropriation in Art and Architecture from Constantine to Sherrie Levine*, Ashgate, 2011

Yves Boiret, "Les données de l'architecture: Les contraintes fonctionnelles et techniques", *Monuments historiques*, no.5, 1978, pp.27~31

ジェームズ・アッカーマン,《ミケランジェロの建築》, 中森義宗訳, 彰国社, 1976

ジャン・ギャンペル,《中世の産業革命》, 坂本賢三訳, 岩波書店, 1978

リチャード・クラウトハイマー,《ローマ ―ある都市の肖像 312~1308年》, 中山典夫訳, 中央公論美術出版, 2013

W. ブラウンフェルス,《図説 西欧の修道院建築》, 渡辺鴻訳, 八坂書房, 2009

アントニオ・マネッティ,《ブルネレスキ伝》, 浅井朋子訳, 中央公論美術出版, 1989

伊藤毅編,《バスティード ―フランス中世新都市と建築》, 中央公論美術出版, 2009

加藤耕一,《ゴシック様式成立史論》, 中央公論美術出版, 2012

黒田泰介,《ルッカ一ハ三八年 ―古代ローマ円形闘技場遺構の再生》, アセテート, 2006

森洋訳・編,《サン・ドニ修道院長シュジェール》中央公論美術出版, 2002 (GASPAR-RI, Françoise, Suger: œuvre I, Paris, 1996)

## 그 외

Bryan Ward-Perkins, *From Classical Antiquity to the Middle Ages. Urban Public Building in Northern and Central Italy AD 300-850*, Oxford University Press, 2002

Clyde Pharr (trans.), *The Theodosian Code*, The Lawbook Exchange, 2001

Henry S. Lucas, "The Great European Famine of 1315, 1316, and 1317", *Speculum, A Journal of Medieval Studies*, vol.5, no.4, Oct. 1930, pp.343~377

Jacques-Guy Petit, *Ces peines obscures: la prison pénale en France (1780-1875)*, Fayard, 1990

William M. Bowsky, "The Impact of the Black Death upon Sienese Government and Society", *Speculum*, vol. 39 no. 1, Jan. 1964, pp. 1~34

ブライアン・ウォード＝パーキンズ,《ローマ帝国の崩壊 —文明が終わるということ》, 南雲泰輔訳, 白水社, 2014

ジリアン・クラーク,《古代末期のローマ帝国 —多文化の織りなす世界》, 足立広明訳, 自水社, 2015

ブライアン・フェイガン,《歴史を変えた気候大変動》, 東郷えりか, 桃井緑美子訳, 河出文庫, 2009

ピーター・ブラウン,《古代末期の世界: ローマ帝国はなぜキリスト教化したか?》, 宮島直機訳, 刀水書房, 2006

ピーター・ブラウン,《古代末期の形成》, 足立広明訳, 慶應義塾大学出版会, 2006

ジャック・ル・ゴフ,《中世西欧文明》, 桐村泰次訳, 論創社, 2007

## 3장. 재개발적 건축관: 가치의 층위와 건축의 형식화

### 건축 관련

Georg Braun and Franz Hogenberg, *Cities of the World: 230 Colour Engravings Which Transformed Urban Cartography 1572-1617*, Taschen, 2015

Roland Fréart de Chambray, trans. by John Evelyn, *A Parallel of the Ancient Architecture with the Modern*, 1664

Sebastiano Serlio, *Tutte l'opere d'architettura di Sebastiano Serlio Bolognese*, Venetia, 1584

*Sebastiano Serlio on Architecture*, Volume I, trans. by Vaughan Hart and Peter Hicks, Yale University Press, 1996

*Sebastiano Serlio on Architecture*, Volume II, trans. by Vaughan Hart and Peter Hicks, Yale University Press, 2001

アルベルティ,《建築論》, 相川浩訳, 中央公論美術出版, 1982 (Leon Battista Alberti, *De re aedificatoria*, Argentorati: Strasbourg, 1541)

《ウィトルーウィウス建築書》, 森田慶一訳註, 東海大学出版会, 1979

ジョルジョ・ヴァザーリ,《美術家列伝》第1巻, 森田義之・越川倫明・甲斐教行・

宮下規久朗・高梨光正 監修, 中央公論美術出版, 2014

ジョルジョ・ヴァザーリ,《美術家列伝》第3巻, 森田義之・越川倫明・甲斐教行・
宮下規久朗・高梨光正 監修, 中央公論美術出版, 2015

《ヴァザーリの芸術論〈芸術家列伝〉における技法論と美学》, ヴァザーリ研究会編訳,
平凡社, 1980 (Giorgio Vasari, *Le vite de' più eccellenti pittori scultori e architettori: nelle redazioni del 1550 e 1568*,
Sansoni, Firenze, 1966~87)

《パラーディオ〈建築四書〉注解》, 桐敷真次郎編著, 中央公論美術出版, 1986 (Andrea Palladio, *I
quattro libri dell'architettura*, Venezia, 1570)

《ピエール・ル・ミュエ〈万人のための建築技法〉注解》, 鈴木隆訳・解説, 中央公論美術出版, 2003

コーリン・ロウ,〈理想的ヴィラの数学〉,《マニエリスムと近代建築》, 伊東豊雄・松永安光訳, 彰国社,
1981

稲川直樹・桑木野幸司・岡北一孝,《ブラマンテ: 盛期ルネサンス建築の構築者》, NTT出版, 2014

陣内秀信・大坂彰,《都市を読む＊イタリア》, 法政大学出版局, 1988

福田晴虔,《パッラーディオ》, 鹿島出版会, 1979

渡辺真弓,《イタリア建築紀行: ゲーテと旅する七つの都市》, 平凡社, 2015


## 파리의 역사

Académie des Sciences Morales et Politiques, Collection des ordonnances des rois de France,
*Catalogue des actes de François Ier*, tome deuxième, 1er Janvier 1531–31 Décembre 1534, Paris,
Imprimerie Nationale, 1888

Académie des Sciences Morales et Politiques, Collection des ordonnances des rois de France,
*Catalogue des actes de François Ier*, tome troisième, 1er Janvier 1535–Avril 1539, Paris, Imprimerie
Nationale, 1889

Académie des Sciences Morales et Politiques, Collection des ordonnances des rois de France,
*Catalogue des actes de François Ier*, tome quatrième, 7 Mai 1539–30 Décembre 1545, Paris, Imprimerie
Nationale, 1890

Béatrice de Andia, *Les enceintes de Paris*, Délégation à l'Action artistique de la Ville de Paris, 2001.

Michel Fleury et Maurice Berry, *L'enceinte et le Louvre de Philippe Auguste*, Délégation à l'Action
artistique de la Ville de Paris, 1988

Danielle Chadych et Dominique Leborgne, *Atlas de Paris*, Parigramme, 1999

Frédéric Pleybert, *Paris et Charles V, arts et architecture*, Délégation à l'Action artistique de la Ville de
Paris, 2001

Hilary Ballon, *The Paris of Henri IV, Architecture and Urbanism*, MIT Press, 1991

*Histoire général de Paris, Registres des délibérations du Bureau de la Ville de Paris*, tome première, 1499–
1526, Paris, 1883

*Histoire général de Paris, Registres des délibérations du Bureau de la Ville de Paris*, tome deuxème, 1527–
1539, Paris, 1886

*Histoire général de Paris, Registres des délibérations du Bureau de la Ville de Paris*, tome troisième, 1539–1552, Paris, 1886

Jean-Pierre Babelon, *Nouvelle histoire de Paris: Paris au XVIᵉ siècle*, Hachette, 1986

Philippe Lorentz et Dany Sandron, *Atlas de Paris au Moyen Âge, espace urbain, habitat, société, religion, lieux de pouvoir*, Parigramme, 2006

Pierre Pinon, Bertland le Boudec, *Les Plans de Paris, Histoire d'une capitale*, éditions Le Passage, 2004

Pierre Pinon, *Paris détruit*, Parigramme, 2011

Renaud Gagneux et Denis Prouvost, *Sur les traces des enceintes de Paris, promenades au long des murs disparus*, Parigramme, 2004

ジャン=マリー・ペルーズ・ド・モンクロ,《芸術の都パリ大図鑑 —建築・美術・デザイン・歴史》, 三宅理一監訳, 西村書店, 2012

シモーヌ・ルー,《中世パリの生活史》, 杉崎泰一郎監修, 吉田春美訳, 原書房, 2004

高澤紀恵,《近世パリに生きる —ソシアビリテと秩序》, 岩波書店, 2008

宮下志朗,《パリ歴史探偵術》, 講談社現代新書, 2002

## 그 외

Anthony Grafton, et al. (eds.), *The Classical Tradition*, Harvard University Press Reference Library, Belknap Press, 2010

イマニュエル・ウォーラーステイン,《ヨーロッパ的普遍主義: 近代世界システムにおける構造的暴力と権力の修辞学》, 山下範久訳, 明石費店, 2008

〈ゲーテ 文学論 美術論〉, 小栗浩訳,《世界の名著 続7 ヘルダー ゲーテ》, 中央公論社, 1975

カール・シュミット,《陸と海 —世界史的一考察》, 生松敬三・前野光弘訳, 福村出版, 1971

セプールベダ,《征服戦争は是か非か》, 柴田秀藤訳, 岩波書店, 1992

朝治敬三・渡辺節夫・加藤玄編著,《中世英仏関係史 1066-1500 —ノルマン征服から百年戦争終結まで》, 創元社, 2012

鷲田哲夫,「〈中世〉を意味する語の用法とその範囲について」,《早稲田大学大学院文学研究科紀要, 文学・芸術学編》, 1993, pp.37~53

## 4장. 문화재적 건축관: 문화재는 왜 시간을 되감았는가

### 건축 관련

Alain Erlande-Brandenburg, *Notre-Dame de Paris*, trans. by Caroline Rose, Harry N. Abrams, 1998

*Congrès international des architectes: compte-rendu de la quatrième session tenue à Bruxelles du 28 août au 2 septembre 1897 à l'occasion du XXVᵉ anniversaire de la fondation de la Société centrale d'architecture de Belgique*, Lyon-Claesen, 1897

*Congrès international des architectes, cinquième session tenue à Paris du 29 juillet au 4 août 1900*, Paris, 1906

VI<sup>e</sup> *Congres international des architectes, Madrid, Avril 1904*, Madrid, 1906

Viollet-le-Duc, *Dictionnaire raisonné de l'architecture française du XI<sup>e</sup> au XVI<sup>e</sup> siècle*, t. I-X, Paris, pp.1854~1868

E. Roger, *La Charité-sur-Loire*, Bernadat, 1967

George Gilbert Scott, *A Plea for the Faithful Restoration of our Ancient Churches*, London, 1850

Gregoire Henri, "Rapport sur les destructions opérées par le Vandalisme, et sur les moyens de le réprimer", *Séance du 14 Fructidor, l'an second de la République une et indivisible suivi du décret de la Convention nationale.*

*International Congress of Architects, Seventh Session held in London 16-21 July 1906*, London, 1908

John Ruskin, *The Seven Lamps of Architecture*, Dover Publications, 1989

Laurence de Finance et Jean-Michel Leniaud (dir.), *Viollet-le-Duc. Les visions d'un architecture*, Éditions Norma, 2014

Paul Barnoud, "La Charité-sur-Loire, un monastère dans la ville". *Bulletin du centre d'études médiévales d'Auxerre: BUCEMA*, Hors-série n.3. 2010

Robert de Lasteyrie, *L'architecture religieuse en France à l'époque gothique*, 2vols., Picard, 1927

Thomas Rickman, *An Attempt to Discriminate the Styles of English Architecture, from the Conquest to the Reformation*, London, 1817

Victor Hugo, "Guerre aux démolisseur!" (1825), *Oeuvres complètes de Victor Hugo*, Paris, 1934, pp.153~156

Victor Hugo, "Guerre aux démolisseur!" (1832), *Oeuvres complètes de Victor Hugo*, Paris, 1934, pp.156~166

フランソワーズ・ショエ,〈建築と都市の歴史的資産についての省察とその資産の管理において, オーンティシティーの概念を今日どう扱うか〉,《建築史学》第24号, 1995年 3月, pp.72~74

クリス・ブルックス,《ゴシック・リヴァイヴァル》, 鈴木博之, 豊口真衣子訳, 岩波書店, 2003

ハリー・フランシス・マルグレイヴ,《近代建築理論全史 1673-1968》, 加藤耕一監訳, 丸善出版, 2016

ヴィクトル・ユゴー,《ノートル゠ダム・ド・パリ》, 辻昶・松下和則訳, 潮出版社, 2000 (Victor Hugo, *Notre-Dame de Paris*, deuxième édition, définitive, Renduel, 1832)

ユッカ・ヨキレット,《建築遺産の保存 ─その歴史と現在》, 増田兼房監修, 秋枝ユミ・イザベル訳, アルヒーフ, 2005

泉美知子,《文化遺産としての中世 ─近代フランスの知・制度・完成に見る過去の保存》, 三元社, 2013

清水重敦,《建築保存概念の生成史》, 中央公論美術出版, 2013

鈴木博之,《ヴィクトリアン・ゴシックの崩壊》, 中央公論美術出版, 1996

辻善之助,〈古社寺保存の方法についての世評を論ず〉,《歴史地理》第参巻 第弐号, 1901年 2月, pp.7~16

羽生修二, 《ヴィオレ・ル・デュク ―歴史再生のラショナリスト》, 鹿島出版会, 1992

山岸常人, 〈文化財《復原》無用論〉, 《建築史学》, 第23号, 1994年 9月, pp.92–107


## 5장. 20세기의 건축 시간론


### 건축 관련

A. Smithson and P. Smithson, "The Aesthetic of Change", *Architect's Year Book*, 8, 1957

A. R. U. A., *Réutiliser les patrimoine architectural*, 2 vols., 1978

A. and P. Smithson, "The Theme of CIAM 10", *Architect's Year Book*, 7, 1956, pp.28~31

A. and P. Smithson, *The Charged Void: Urbanism*, The Monacelli Press, 2005

Alba di Lieto Paola Marini e Valeria Carullo, Carlo Scarpa. Museo di Castelvecchio Verona, Edition Axel Menges, 2016

Archi Webture: inventaires d'archives d'architectes en ligne, "Fonds Gillet, Guillaume (1912-1987)", 152 Ifa, Cité de l'architecture et du patrimoine

Caroline Mathieu, *Musée d'Orsay*, Scala, 2013

Centre national d'art et de culture Georges Pompidou, Centre de Création Industrielle, *Bâtiments anciens... Usages nouveaux: Images du possible*, 1978

Dominique Rouillard, "Le monument à l'ère de l'événement", *Monumental*, semestriel 1, 2013, pp.6~11

Eric Mumford, *The CIAM Discourse on Urbanism, 1928-1960*, The Mit Press, 2002

John Voelcker, "CIAM 10, Dubrovnik, 1956", *Architect's Year Book*, vol.8, 1957, pp.43~52

*MH: Monuments historiques*, no.5, 1978

Paola Marini (ed.), *Medioevo ideale e medioevo reale nella cultura urbana, Antonio Avena e la Verona del primo Novecento*, Verona, 2003

Richard Murphy, *Carlo Scarpa & Castelvecchio, Butterworth Architecture*, 1990

Stewart Brand, *How Buildings Learn: What Happens After They're Built*, Penguin Books, 1995

アルド・ロッシ, 《都市の建築》, 大島哲蔵, 福田晴虔訳, 大龍堂書店, 1991

五十嵐太郎 + リノベーション・スタディーズ編, 《リノベーション・スタディーズ》, INAX 出版, 2003

川添登編, 《METABOLISM / 1960: 都市への提案》, 美術出版社, 1960

小林克弘・三田村哲哉・橘高義典・鳥海基樹編, 《世界のコンバージョン建築》, 鹿島出版会, 2008

小林克弘・三田村哲哉・角野渉編, 《《建築転生: 世界のコンバージョン建築 II》, 鹿島出版会, 2013

SSC監修, フリックスタジオ編, 《東京リノベーション ―建物を転用する 93 のストーリー―》, 廣済堂出版, 2001

# 찾아보기_사람